普通高等教育机电类系列教材

工 程 制 图

第 5 版

主　编　孙培先
副主编　余焱群
参　编　袁宝民　牛文杰
主　审　刘衍聪　蓝晓民

U0380495

机械工业出版社

本书是根据教育部高等学校工程图学课程教学指导分委员会 2019 年修订的《高等学校工程图学课程教学基本要求》及近年来修订的《技术制图》和《机械制图》国家标准，通过教学内容和教学方法的改革实践，在前 4 版的基础上修订而成的。本书内容包括制图的基本知识、投影基础、基本体的投影、组合体的视图、机件的表达方法、标准件与常用件、零件图、装配图、焊接图、管路图、化工设备图等。本书突出课程特点，注重空间分析、形体分析、投影规律、表达特点、作图方法、注意问题等的归纳和总结。为便于教学，本书配套 PPT 课件，选用本书作为授课教材的教师可登录机械工业出版社教育服务网（www.cmpedu.com）免费下载。

本书可作为石油、化工类高等院校的非机械与近机械类各专业的"工程制图"课程教材，也适合高职高专等院校有关专业师生使用，还可供相应的工程技术人员参考。

图书在版编目（CIP）数据

工程制图/孙培先主编. —5 版. —北京：机械工业出版社，2024.5（2024.9重印）
普通高等教育机电类系列教材
ISBN 978-7-111-75783-2

Ⅰ.①工… Ⅱ.①孙… Ⅲ.①工程制图-高等学校-教材 Ⅳ.①TB23

中国国家版本馆 CIP 数据核字（2024）第 093964 号

机械工业出版社（北京市百万庄大街 22 号 邮政编码 100037）
策划编辑：徐鲁融 责任编辑：徐鲁融
责任校对：张勤思 王小童 景 飞 封面设计：王 旭
责任印制：任维东
三河市骏杰印刷有限公司印刷
2024 年 9 月第 5 版第 2 次印刷
184mm×260mm · 16.5 印张 · 406 千字
标准书号：ISBN 978-7-111-75783-2
定价：49.80 元

电话服务 网络服务
客服电话：010-88361066 机 工 官 网：www.cmpbook.com
　　　　　010-88379833 机 工 官 博：weibo.com/cmp1952
　　　　　010-68326294 金 书 网：www.golden-book.com
封底无防伪标均为盗版 机工教育服务网：www.cmpedu.com

前 言

PREFACE

本书是根据教育部高等学校工程图学课程教学指导分委员会 2019 年修订的《高等学校工程图学课程教学基本要求》及近年来修订的《技术制图》和《机械制图》国家标准，通过教学内容和教学方法的改革实践，在前 4 版的基础上修订而成。

经过多次修订，本书具有如下特点：

1）以充实基础知识、内容简明实用、注重实践过程、提高读绘技能为宗旨，力求内容科学、形式新颖、图文并茂，为培养具有空间想象和分析创新能力的科技人才发挥重要作用。

2）突出课程特点，注重空间分析、形体分析、投影规律、表达特点、作图方法、注意问题等的归纳和总结，力求以丰富的分析和作图过程训练学生的图物转换思维，以充足的图例提高学生的空间构思和应用分析能力。

3）剔除了较为陈旧的徒手绘图内容，同时将 AutoCAD 绘图技术、线面相对位置、投影变换、立体的轴测投影、轴承与弹簧等内容独立成节，以便于不同专业、不同学时教学的讲授与取舍。

4）所选图例紧密结合工程实际，内容符合现行《技术制图》和《机械制图》国家标准。

5）本书内容以制图理论与表达、工程图样的绘制与阅读为主，另编有石油、化工类专业中有特色的焊接图、管路图、化工设备图等内容，以满足石油、化工类相关专业对工程制图教学的需求。

6）设有思政拓展模块，让学生在学习"工程制图"课程知识之余，熟悉工程中真实的矿井提升机、汽轮机、煤矿液压支架安全阀等零部件，体会大国工匠的精神和品质，通过推动煤电清洁化利用的技术图纸、万吨水压机工程图等理解工程图样的重要价值，将党的二十大精神融入其中，树立学生的科技自立自强意识，助力培养德才兼备的高素质人才。

为便于教学，本书配套 PPT 课件，选用本书的教师可登录机械工业出版社教育服务网（www.cmpedu.com）免费下载。

本书可作为石油、化工类高等院校的非机械与近机械类各专业的"工程制图"课程教材，也适合高职高专等院校有关专业师生使用，还可供相应的工程技术人员参考。

本书由中国石油大学孙培先任主编，负责编写绪论，第二、四、五、七、八、十、十一章，余焱群任副主编，负责编写第一、三、六章，袁宝民负责编写第九章，牛文杰负责编写附录。本书经中国石油大学刘衍聪教授和辽宁石油化工大学蓝晓民教授审阅，还得到同行们的关心和支持，在此一并表示真诚的感谢。

本书中难免存在不当之处，热情欢迎广大读者提出宝贵意见。

编　者

CONTENTS

目 录

绪论

在现代学术研究和应用领域，必须具有良好的形象思维与图形表达能力。工程制图在培养空间想象力、进行科技交流和工业生产中发挥着重要作用。

一、"工程制图"学科的研究内容

在日常生活和工作中，人们常在分析、研究事物的客观规律，以及构思、设计和图解空间几何问题的过程中，广泛地应用投影的基本理论与方法。一些工程技术活动通常需要按照一定的方法、规律和技术规定，在图纸上正确地表示出建筑、机器、设备、零件、仪表及其他物体的结构、形状、大小、材料、规格和性能等内容。这种以图纸为载体的资料就称为工程图样，它是工程技术人员用来设计、表达和交流技术思想的工具。因此，图样是信息的重要载体，工程图样常被称为工程界的技术语言。

在机械工程中，常用的图样有零件图、装配图、展开图和焊接图。在石油化工工程中，常用的图样有管路图（工艺流程图和管路布置图）和化工设备图。在建筑工程中，常用的图样有建筑施工图、结构施工图和设备施工图等。在进行机器设备的设计和改进时，要通过图样来表达设计思想和要求；在制造机器过程中，加工、检验、装配等各个环节都要以图样作为依据；在使用机器时，也要依靠图样来了解机器的结构和性能。因此，工程图样是设计、制造、使用机器过程中的一种重要的工程技术文件。

随着计算机图形学的普及和发展，图形处理和绘制手段发生变革，工程界已越来越多地利用计算机来绘制工程图样，从而大大地提高了绘图的质量与速度。因此计算机绘图的基本知识和基本技能也是"工程制图"学科的一个重要组成部分。

本课程主要研究投影的基本理论与方法，完成由物到图和由图到物的转换过程，即研究空间物体与平面图形间的相互转换规律。"工程制图"是根据投影规律和技术规定来绘制和阅读工程图样的一门学科，是解决工程技术问题的重要手段，是工程技术人员都必须掌握的基本技能。

二、本课程的学习目标

"工程制图"是高等工科院校中一门既有系统理论又有较强实践性的重要技术基础课程。本课程的主要内容包括制图基础和工程图样两部分。

制图基础部分主要学习投影的形成和规律、表达空间线面关系和几何体形状的原理和方法，培养空间想象和分析能力。这部分的重点是掌握各视图间的对应规律和机件的表达方法，提高空间构形创新能力和绘图技能。

工程图样部分要求掌握机械零部件的表达特点和内容，熟悉制造工艺与技术要求，了解不同专业图样的绘制方法和有关规定，熟练掌握阅读机械工程零件图和装配图的基本技能，以及阅读其他专业图样的方法和步骤。

学习本课程的主要任务和目标是：

1）研究工程制图中投影的基本理论与方法。

2）学习工程制图技术的相关标准和基本知识。

3）掌握绘制和阅读专业工程图样的基本技能。

4）培养分析空间形体和解决工程问题的综合能力。

随着学习过程的推进和实践经验的积累，逐步达到学习目标，为后续课程的学习和研究解决工程技术问题打下坚实的基础，以适应现代化建设的需要，发展成为具有较强空间形象思维能力的创新型人才。

三、本课程的学习方法

由于本课程主要研究空间形体与平面图形之间的对应关系，因此，为顺利地完成本课程的学习任务，必须有适合"工程制图"课程特点的学习方法。

1）必须抓住空间形体分析与形象思维能力培养的训练特点。

利用投影原理反复进行空间与平面对应元素之间相互转换过程的想象和理解。分析空间形体与平面图形之间的对应关系和规律，通过形体分析和形象思维活动，体会三维和二维间的对立和统一。

2）必须充分应用投影理论与方法来进行由物到图再由图到物的对应练习。

通过表达物体和阅读图样的反复实践，掌握制图与读图的基本技能，提高空间想象能力。因此，在学习过程中必须坚持进行多画、多读和多想的综合训练。

3）必须抓住机体表达与阅读不同专业图样的特点。

对绘制和阅读的不同类别的对象，要善于归纳该类别对象的投影规律、表达特点和作图方法，以加深对所学内容的理解。这样既便于快速掌握理论知识，熟练进行实际运用，又能提高学习效率。

4）必须培养耐心细致的工作作风，树立严谨认真的工作态度。

坚持理论联系实际的学风，养成刻苦学习的良好习惯。注意熟悉制图国家标准和有关技术规定，逐步提高绘制和阅读工程图样的能力，提高构思与创新能力。

第一篇

制 图 基 础

第一章 制图的基本知识

《技术制图》和《机械制图》国家标准是根据生产实践总结的规律，并参考国际标准化组织（International Organization for Standardization，ISO）制定的国际标准而制定的，起着统一图样画法、提高生产率、便于技术交流的作用，包括关于图线、视图、尺寸注法等内容的一系列标准。《技术制图》和《机械制图》国家标准与其他标准一样，为了满足生产技术发展的需要，进行过多次修改和补充。

国家标准简称国标，代号为"GB"。它包括强制性国标"GB"、推荐性国标"GB/T"、指导性国标"GB/Z"。代号后的数字为标准号，由顺序号和发布的年代号组成。例如，关于图线的标准号为 GB/T 4457.4—2002，名称为《机械制图　图样画法　图线》。

第一节 制图的一般规定

一、图纸幅面和格式（GB/T 14689—2008）

1. 图纸幅面

为了便于图样管理与交流，绘制图样时，应优先选用表 1-1 所列的图纸幅面，并采用图 1-1 或图 1-2 所示的图框格式。图幅代号为 A0、A1、A2、A3、A4 五种，必要时可按有关规定加大幅面。

表 1-1　图纸幅面　　　　　　　　　　　（单位：mm）

幅面代号	A0	A1	A2	A3	A4
$B×L$	841×1189	594×841	420×594	297×420	210×297
a	25				
c	10			5	
e	20		10		

2. 图框格式

在图纸上必须用粗实线画出图框线，其格式分为不留装订边和留装订边两种。不留装订边的图框格式如图 1-1 所示，留装订边的图框格式如图 1-2 所示。

需要注意的是，同一产品的图样只能采用同一种图框格式。当选用留装订边的图框格式时，一般应采用 A3 幅面横装或 A4 幅面竖装。

3. 标题栏

在每张图纸的右下角都要画出标题栏，其位置配置与看图方向一致。标题栏的格式和尺寸由 GB/T 10609.1—2008 规定，装配图中的明细栏由 GB/T 10609.2—2009 规定。

在制图课程学习期间，可采用简化的标题栏格式，如图 1-3 所示。

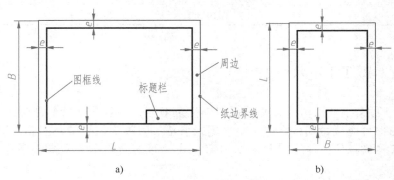

图 1-1　不留装订边的图框格式

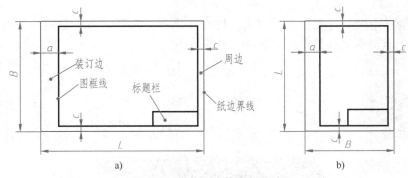

图 1-2　留装订边的图框格式

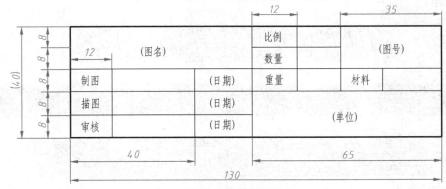

图 1-3　简化的标题栏格式

二、比例（GB/T 14690—1993）

图样中图形与其实物相应要素的线性尺寸之比，称为比例。比例分为原值比例、缩小比例和放大比例三种。绘图时一般应从表 1-2 所列比例系列中选取适当的比例。

表 1-2 比例系列

种类	比例				
原值比例	1:1				
缩小比例	1:2	1:5	$1:1\times10^n$	$1:2\times10^n$	$1:5\times10^n$
放大比例	2:1	5:1	$1\times10^n:1$	$2\times10^n:1$	$5\times10^n:1$

注：n 为正整数。

三、字体（GB/T 14691—1993）

在图样中书写文字或数值时，必须按国标规定书写，一般遵循以下要求：

1）汉字的书写应该做到：字体工整、笔画清楚、间隔均匀、排列整齐、符合规定。

2）汉字应写成长仿宋体字，并采用国家正式公布的简化字，字高 h 不应小于 3.5mm，字宽一般为 $h/\sqrt{2}$。

简化字的号数即字体高度，其公称尺寸系列为：1.8mm、2.5mm、3.5mm、5mm、7mm、10mm、14mm、20mm。

3）工程图样中的字母和数值可写成斜体或直体。斜体字字头向右倾斜，与水平基准线成 75°。汉字、数字和字母的书写示例如图 1-4 所示。

横平竖直　　注意起落　　结构均匀　　填满方格

字体工整　　笔画清楚　　间隔均匀　　排列整齐

制图审核描图比例材料重量　　石油化工机械钻井开发炼制

图 1-4　汉字、数字和字母的书写示例

四、图线（GB/T 4457.4—2002）

1. 基本线型与应用

在绘制工程图样时，应根据需要采用表 1-3 中所列的基本线型。

图线的宽度 d 应根据图形的大小和复杂程度，在下列数系中选择：0.18mm、0.25mm、0.35mm、0.5mm、0.7mm、1mm、1.4mm，2mm。该数系的公比为 $1:\sqrt{2}$。

表 1-3　基本线型及应用

图线名称	图线型式	线宽	图线应用举例
粗实线	——————	d	可见轮廓线、相贯线
细虚线	– – – – – –		不可见轮廓线
细实线	——————		过渡线、尺寸线、尺寸界线、指引线和基准线、剖面线、重合断面的轮廓线、短中心线、螺纹牙底线及齿轮的齿根线等
波浪线	∿∿∿∿	$d/2$	断裂处边界线、视图与剖视图的分界线①
双折线	⌐╲⌐╲		断裂处边界线、视图与剖视图的分界线①
细点画线	—·—·—·—		轴线、对称中心线、剖切线
细双点画线	—··—··—		相邻辅助零件的轮廓线、可动零件的极限位置的轮廓线、轨迹线
粗点画线	—·—·—·—	d	限定范围表示线

① 在一张图样上一般采用一种线型，即采用波浪线或双折线。

在机械图样中一般只采用粗、细两种线宽，其宽度之比为 2∶1。在通常情况下，粗线的宽度应按图样的大小和复杂程度在 0.5~1mm 之间选择。

图线的应用示例如图 1-5 所示。

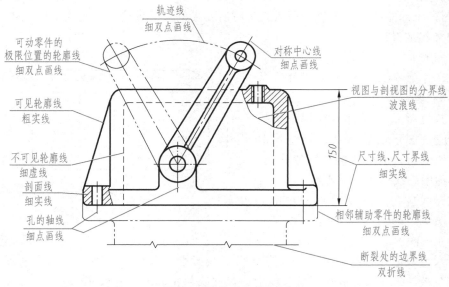

图 1-5　图线的应用示例

2. 图线的画法

采用基本图线绘图时，需要注意以下几点：

1）在同一图样中，同类图线的宽度应基本一致，线段长度和间隔应大致相等。

2）点画线和双点画线的首末两端应是长画；彼此相交时，其交点应在长画处。

3）绘制轴线或对称中心线时，点画线的两端应超出图形轮廓线 2～5mm。

4）绘图时当细虚线位于粗实线的延长线上时，两种线段之间应留有间隙。当细虚线与其他图线相交时，应在画处相交。

5）在较小的图形上绘制细点画线时，可用细实线代替。

图线的画法示例如图1-6所示。

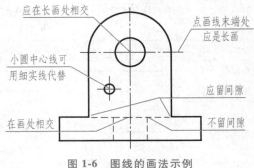

图1-6　图线的画法示例

五、尺寸注法（GB/T 4458.4—2003）

在图样中，图形只能表达机件的结构形状，而机件的大小则由标注的尺寸确定。标注尺寸是一项极为重要的工作，必须认真细致，一丝不苟，并要严格遵守国标中对尺寸标注的一系列规定。

1. 基本规则

1）机件大小应以图样上所注的尺寸数值为依据，与图形的大小及绘图准确度无关。

2）图样中的尺寸，以毫米为单位时，不需注写单位符号或名称；若采用其他单位，则需注明相应的单位符号。

3）机件的每一个尺寸，一般只标注一次，并应标注在反映该结构最清晰的图形上。

4）图样中标注的尺寸为机件最后完工时所要求的尺寸数值，否则应加以说明。

2. 尺寸组成及注法

一个完整的尺寸应包括尺寸界线、尺寸线、尺寸数字、尺寸线终端及符号等，如图1-7所示。

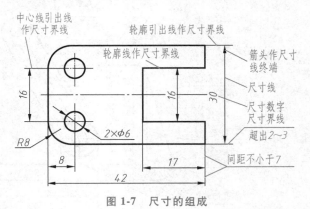

图1-7　尺寸的组成

（1）尺寸界线　尺寸界线用细实线绘制，并应由图形的轮廓线、轴线或对称中心线处引出，也可直接利用轮廓线、轴线或对称中心线作为尺寸界线。

尺寸界线应与尺寸线垂直，并超出尺寸线终端 2～3mm。必要时也允许尺寸界线与尺寸线倾斜。

（2）尺寸线　尺寸线用细实线绘制。尺寸线必须单独画出，不能用图上任何其他图线代替，也不能与图线重合或在其延长线上。尺寸线与轮廓线或两尺寸线的间隔不小于7mm。

标注线性尺寸时，尺寸线必须与所标注的线段平行。互相平行的尺寸线间隔要均匀，间隔一般为 6～8mm。

当标注圆或圆弧的直径或半径尺寸时，尺寸线一般应通过圆心，或者延长线通过圆心。

（3）尺寸线终端 尺寸线终端即用来表示尺寸线起止的图形符号，它有两种形式：箭头和斜线，如图1-8所示。

箭头适用于各种类型的图形。箭头的长度应为3~6mm，宽度与粗实线相同。箭头的尖端要与尺寸界线接触，不得超出也不得分开。

当尺寸线终端采用斜线形式时，尺寸线与尺寸界线必须相互垂直。细斜线的画法如图1-8b所示。

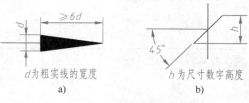

图 1-8 尺寸线终端的画法
a）箭头 b）斜线

注意：同一图样中只能采用一种尺寸线终端形式。机械图样中一般采用箭头。

（4）尺寸数字 线性尺寸的尺寸数字一般注写在尺寸线的上方或尺寸线的中断处，但同一图样上最好保持一致。当位置不够时可引出标注。

尺寸数字应按图1-9a所示的方向注写，并尽量避免在图1-9a所示的30°范围内标注尺寸，当无法避免时，可按图1-9b所示的形式标注尺寸。尺寸数字不可被任何图线所通过，否则应将该图线断开，如图1-10所示。

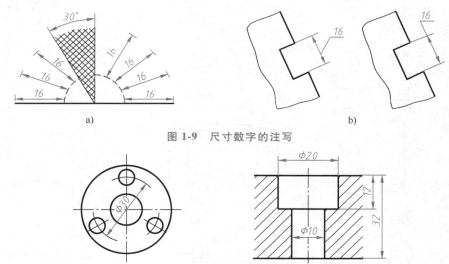

图 1-9 尺寸数字的注写

图 1-10 尺寸数字不能与图线相交

（5）尺寸符号 在工程图样中，常用不同的符号来区分不同类型的尺寸。部分尺寸符号及缩写词的含义和举例见表1-4。

表 1-4 部分尺寸符号及缩写词的含义和举例

符号或缩写词	含 义	举 例	符号或缩写词	含 义	举 例
φ	直径	φ20	×	参数分隔符	3×φ12
R	半径	R10	±	正负偏差	±0.18
S	球面	SR10	□	正方形	□15
M	普通螺纹	M16	↓	深度	↓5
EQS	均布	3×M5 EQS	⊔	沉孔或锪平	⊔φ26
t	薄板件厚度	t2	⌵	埋头孔	⌵φ13×90°
C	45°倒角	C1.5	⌒	弧长	⌒28

3. 尺寸标注示例

尺寸标注示例见表 1-5。

表 1-5 尺寸标注示例

标注对象	图 例	说 明
角度	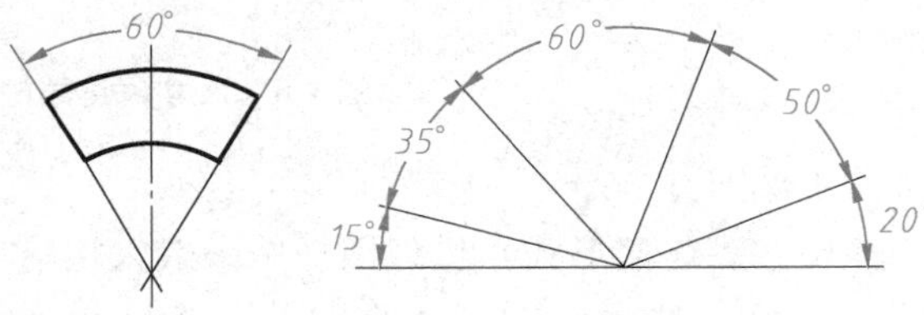	1. 标注角度的尺寸界线应从圆心沿径向引出 2. 标注角度时尺寸线应画成圆弧,其圆心是该角的顶点 3. 角度的数字一律水平书写,一般注写在尺寸线的中断处,必要时也可标注在尺寸线外侧或引出标注
圆	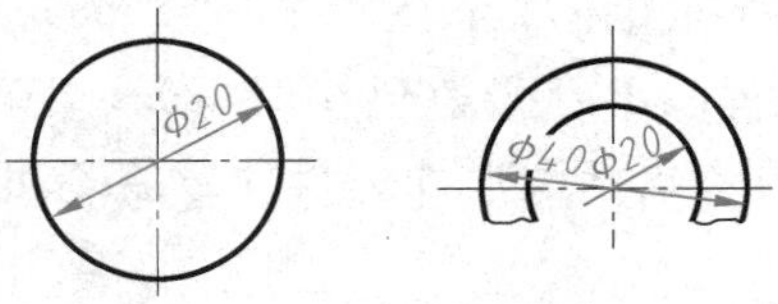	1. 直径尺寸应在尺寸数字前加注符号"φ" 2. 尺寸线应通过圆心 3. 整圆或大于半圆注直径
圆弧	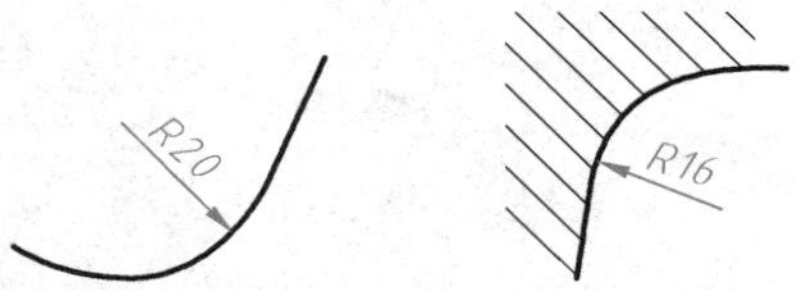	1. 半径尺寸数字前应加注符号"R" 2. 半径尺寸必须注在投影为圆弧的图形上 3. 半圆或小于半圆的圆弧标注半径尺寸
大圆弧	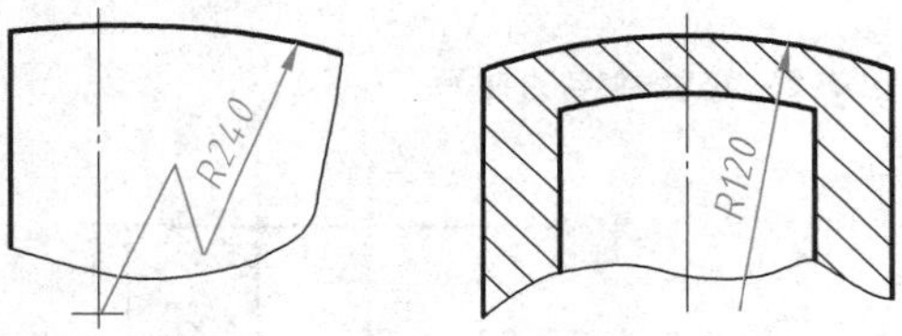	当圆弧过大无法在图纸范围内标出其圆心时,可按左图所示形式标注。当不需要标注其圆心位置时,可按右图所示形式标注
球面	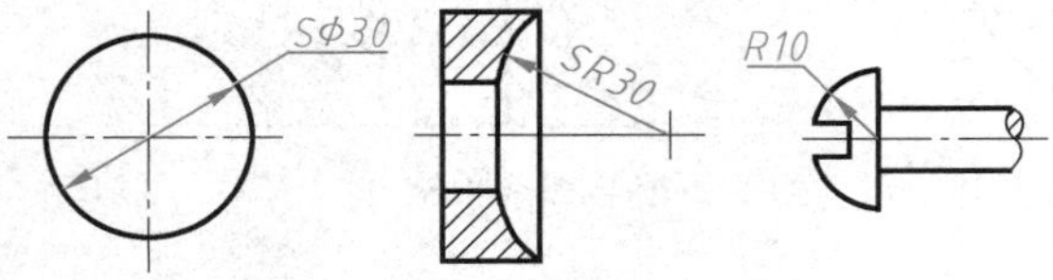	标注球面直径或半径时,应在"φ"或"R"前加注符号"S"。对标准件、轴及手柄的前端,在不致引起误解的情况下,可省略"S"
光滑过渡处	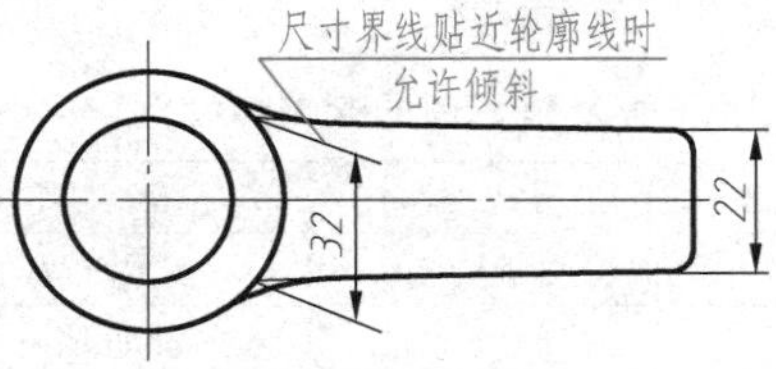	在光滑过渡处标注尺寸时,必须用细实线将轮廓线延长,从它们的交点处引出尺寸界线
板状零件	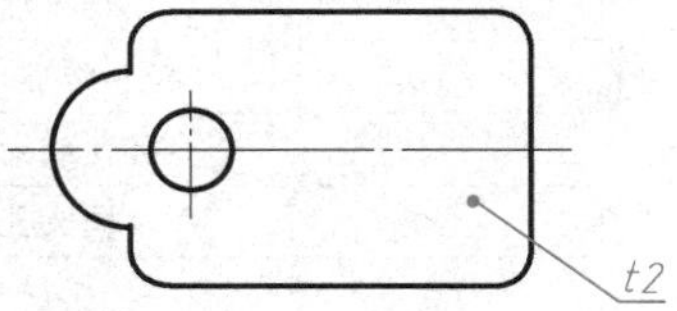	标注板状零件厚度时,可在尺寸数字前加注符号"t"

（续）

标注对象	图 例	说 明
狭小部位	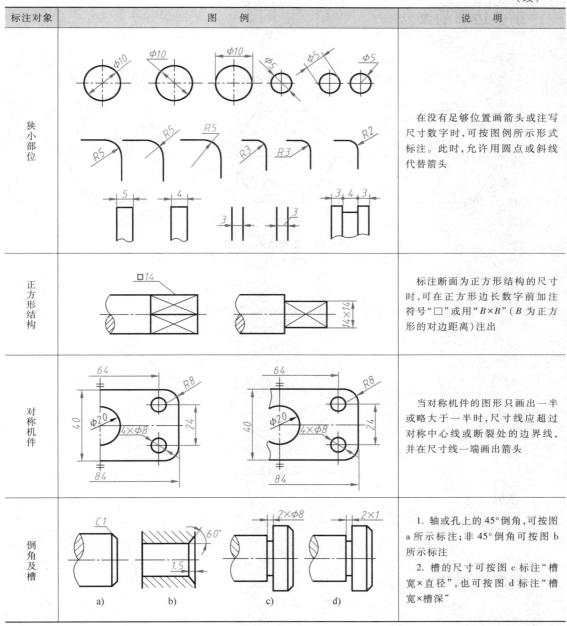	在没有足够位置画箭头或注写尺寸数字时，可按图例所示形式标注。此时，允许用圆点或斜线代替箭头
正方形结构		标注断面为正方形结构的尺寸时，可在正方形边长数字前加注符号"□"或用"$B \times B$"（B 为正方形的对边距离）注出
对称机件		当对称机件的图形只画出一半或略大于一半时，尺寸线应超过对称中心线或断裂处的边界线，并在尺寸线一端画出箭头
倒角及槽		1. 轴或孔上的 45°倒角，可按图 a 所示标注；非 45°倒角可按图 b 所示标注 2. 槽的尺寸可按图 c 标注"槽宽×直径"，也可按图 d 标注"槽宽×槽深"

第二节 几何图形的作图

　　立体的轮廓形状一般都是由不同的几何图形所构成的。熟练地掌握几何图形的作图方法，将会提高作图的速度和质量。几何图形作图也可简称为几何作图，几何作图的内容较多，本节仅介绍常用的正多边形、斜度和锥度、椭圆及圆弧连接的作图方法。

一、正多边形的画法

1. 正六边形

已知外接圆直径 *AB* 或内接圆直径 *CD* 作正六边形，其作图方法如图 1-11 所示。

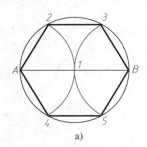
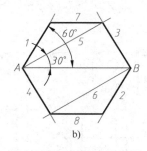
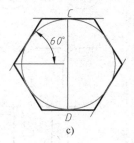

a)　　　　　　　　　b)　　　　　　　　　c)

图 1-11　正六边形的作图

a）用圆规作图　b）用三角板作图　c）用三角板及圆规作图

2. 正五边形

已知外接圆直径 *AB* 作正五边形，其作图方法如图 1-12 所示。

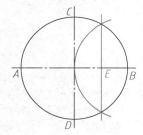
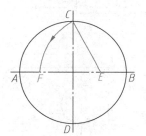
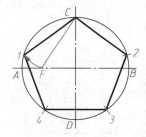

图 1-12　正五边形的作图

3. 正 *n* 边形

已知外接圆直径 *AB* 作正 *n* 边形，其作图方法如图 1-13 所示。

二、斜度和锥度

1. 斜度

斜度是指一直线对另一直线或一平面对另一平面的倾斜程度。

斜度的大小可用两直线或两平面夹角的正切表示，即斜度 $= \tan\alpha = H/L$，如图 1-14a 所示，并常以 $1:n$ 的比例形式标注。斜度符号如图 1-14b 所示，其作图方法和标注形式如图 1-14c 所示。标注时要注意符号的斜线方向应与斜度方向相一致。

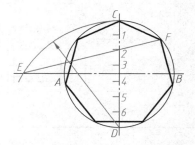

图 1-13　正 *n* 边形的作图

2. 锥度

锥度是指正圆锥的底圆直径与圆锥高度之比。锥度的大小可用圆锥素线与轴线夹角的正

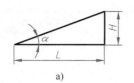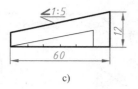

图 1-14　斜度

a）斜度的定义　b）斜度符号　c）斜度作图和标注

切的两倍表示，即锥度 = $2\tan\alpha = D/L$，如图 1-15a 所示。在图样中常以 $1:n$ 的比例形式标注锥度，如图 1-15b 所示。锥度的作图步骤如图 1-15c 所示。

　　注意：标注时，锥度符号斜线的方向应与锥度方向相一致。

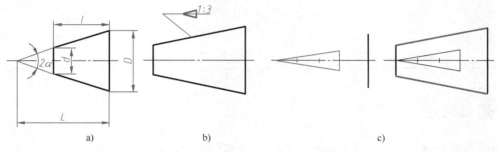

图 1-15　锥度

a）锥度的定义　b）锥度标注　c）锥度作图步骤

三、椭圆的画法

　　椭圆有各种不同的画法，在此仅介绍已知长、短轴来绘制椭圆的精确画法和近似画法，见表 1-6。

表 1-6　椭圆的画法

类型	作图步骤（已知长、短轴）		画图步骤
精确画法	a)	b)	a）以椭圆中心为圆心，分别以长轴、短轴长度为直径，作两个同心圆 b）作一任意直径，交大圆于 1、2 两点，交小圆于 3、4 两点，分别过 1、2 引垂线，过 3、4 引水平线，它们的交点 a、b 即为椭圆上的点 c）按步骤 b）的方法重复作图，求出椭圆上一系列的点 d）光滑连接各点
	c)	d)	

（续）

类型	作图步骤（已知长、短轴）	画图步骤
近似画法	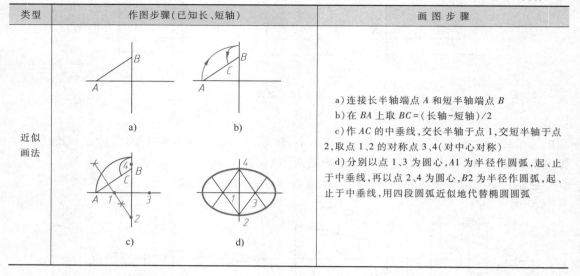	a）连接长半轴端点 A 和短半轴端点 B b）在 BA 上取 $BC=$（长轴−短轴）/2 c）作 AC 的中垂线，交长半轴于点 1，交短半轴于点 2，取点 1、2 的对称点 3、4（对中心对称） d）分别以点 1、3 为圆心，$A1$ 为半径作圆弧，起、止于中垂线，再以点 2、4 为圆心，$B2$ 为半径作圆弧，起、止于中垂线，用四段圆弧近似地代替椭圆圆弧

四、圆弧连接

在绘制机件图形时常会遇到圆弧与直线、圆弧与圆弧光滑过渡的情况。这种光滑过渡就是平面几何中的相切，也就是用圆弧把两已知线段光滑地连接起来——即相切。这在制图中被称为圆弧连接，其中的圆弧为连接弧，切点为连接点。

圆弧连接的关键是：在已知连接弧半径和连接线段时，求出连接弧的圆心和连接点。

1. 圆弧连接的连接弧

1）当与已知直线相切的圆弧半径为 R 时，其圆心轨迹是一条与已知直线距离为 R 且与已知直线平行的直线。如从选定的圆心向已知直线作垂线，其垂足就是切点，如图 1-16a 所示。

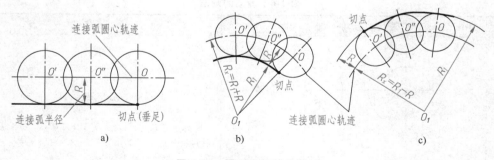

图 1-16　圆弧连接的作图法

2）当已知圆弧的圆心为 O_1、半径为 R_1，且与其相切的连接弧半径为 R 时，连接弧圆心 O 的轨迹为已知弧的同心圆。该轨迹圆半径 R_x 要根据相切情况而定：当两圆外切时，$R_x=R_1+R$，如图 1-16b 所示；当两圆内切时，$R_x=R_1-R$，如图 1-16c 所示。两圆弧的切点在连心线或其延长线与已知圆弧的交点处。

2. 圆弧连接作图示例

圆弧连接作图示例见表 1-7，在四种不同连接要求下，均应按照求圆心 O，求切点 K_1、K_2，画连接圆弧的方法和步骤作图。

表 1-7 圆弧连接作图示例

连接要求	作图方法和步骤		
	求圆心 O	求切点 K_1、K_2	画连接圆弧
连接相交两直线	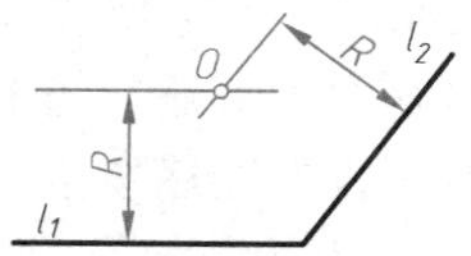	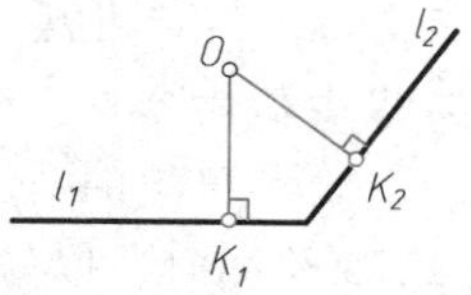	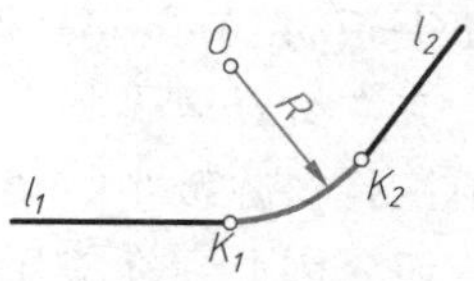
连接一直线和一圆弧	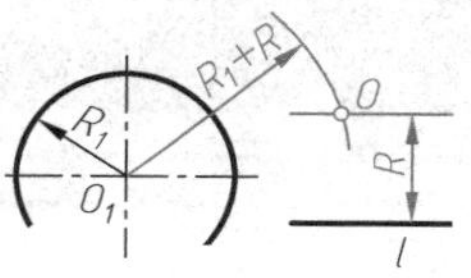	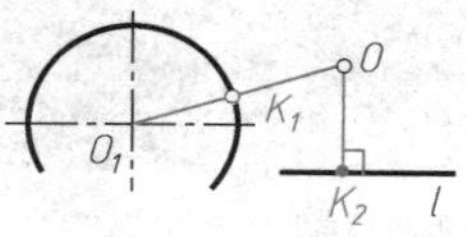	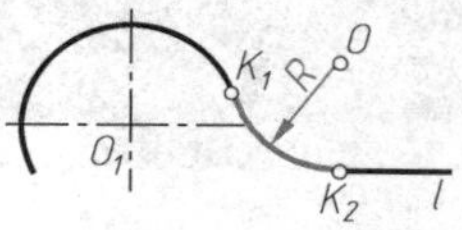
外接两圆弧	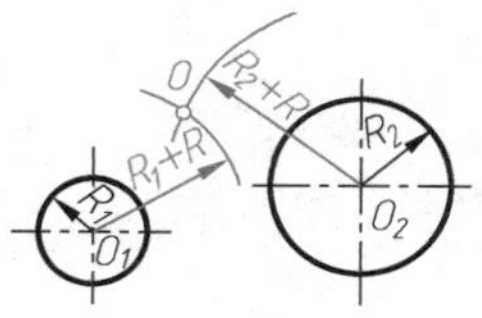	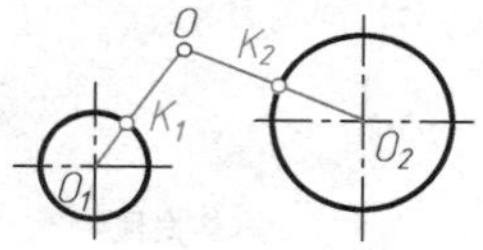	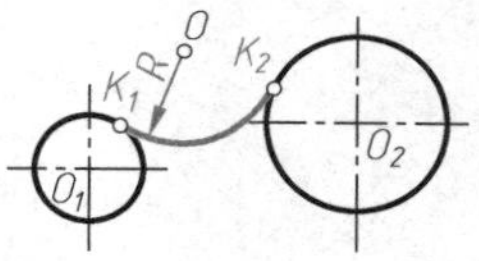
内接两圆弧	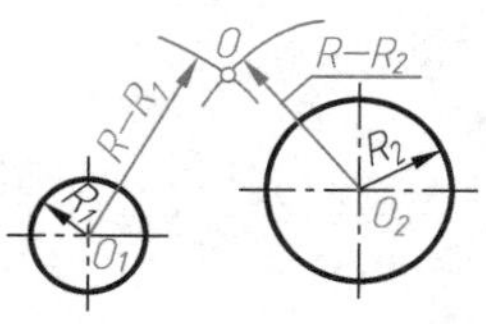	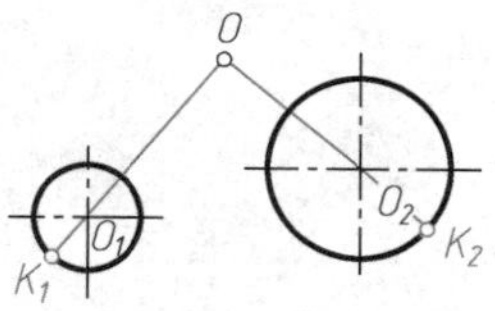	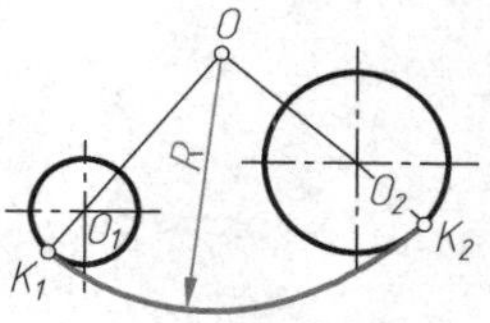

第三节 AutoCAD 绘图技术

计算机绘图是在计算机图形系统平台上完成产品设计中的制图过程。传统的产品设计结果通常表现为某种图样，图样作为设计思想的体现，需要设计人员一笔一画手工绘制；即使是产品改型设计中的少量修改，通常也需重新绘制图样。因此，传统方式的制图工作是一项单调、低效的劳动，不利于设计过程中创新性思维的实现。计算机绘图的优点是便于修改、设计结果易于交换且易于与现代制造技术相匹配。随着计算机设备性价比的提高、计算机图形处理技术的完善，计算机绘图已经成为常用的制图手段。

　　AutoCAD 是美国 Autodesk 公司推出的通用二维绘图、三维造型软件系统，是目前国内应用最广泛的绘图软件之一。本节对 AutoCAD 2023 中文版的二维绘图功能做较详细的介绍。

一、AutoCAD 绘图与编辑

　　图 1-17 是 AutoCAD 2023 中文版窗口。窗口可视为被分成绘图区、下拉菜单区、图标按钮区、文本交互区、状态控制区。除极少数命令外，绝大部分命令均可通过选中下拉菜单中的选项执行；除极少数菜单选项外，下拉菜单中的命令选项都可以在图标按钮区找到相应的图标按钮。因此，在应用 AutoCAD 2023 绘图时，以鼠标左键单击图标按钮和状态控制按钮、以鼠标右键控制点选择及用鼠标左键选择下拉菜单命令选项为主要操作。

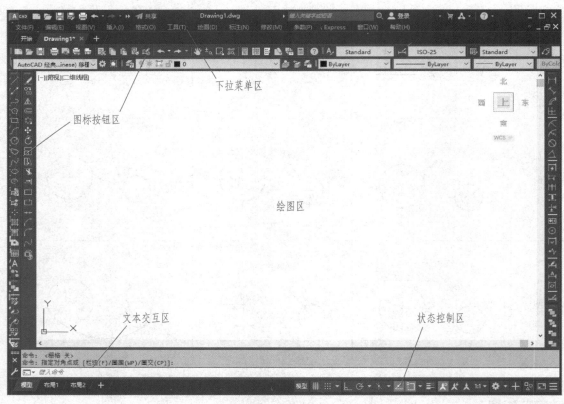

图 1-17　AutoCAD 2023 中文版窗口

1. 基本命令

　　（1）启动 AutoCAD 2023　启动 AutoCAD 2023 有多种方式，其中以双击图标 最为常用。

　　（2）开始绘制一张新图　新图可以通过依次选择"文件"→"新建"菜单命令开始，还

可以通过单击图标 开始。

（3）打开一个原有文件　依次选择"文件"→"打开"菜单命令，或者单击图标 均可打开已有的原文件。

（4）保存图形文件　依次选择"文件"→"保存"菜单命令，或者单击图标 均可，将所绘图形保存在已命名的文件中。如果所要保存的文件尚未命名，则需在弹出的对话框中输入文件名。

（5）退出 AutoCAD　当完成了建立、编辑图形文件之后，想从 AutoCAD 中退出，可依次选择"文件"→"退出"菜单命令。

2. 绘图坐标系统

AutoCAD 的坐标点形式有以下 4 种。

1）绝对直角坐标：x, y。绝对直角坐标（x, y）是新点相对于原点（0, 0）在水平与竖直方向的位移。

2）相对直角坐标：@x, y。相对坐标（x, y）是新点相对于前一个输入点在水平与竖直方向的位移。

3）绝对极坐标：$r<\alpha$。绝对极坐标（r, α）是新点相对于原点（0, 0）的矢径及矢径与 X 轴正向的夹角。逆时针方向为正。

4）相对极坐标：@$r<\alpha$。相对极坐标（r, α）是新点相对于上一个输入点的矢径及矢径与 X 轴正向的夹角。同样逆时针方向为正。

3. 绘图操作程式

启动 AutoCAD 2023 之后，通常需要做一些绘图前的设置。特别是绘制相关联的一批图样时，需要保证线型、线宽、颜色、图层、文字字体、字号的一致性，采用样板文件可以较好地解决这个问题。

单击图标 可打开"图层特性管理层"选项板，单击"新建图层"按钮，创立新的图层。单击图层的名称可以修改图层名，单击图层的颜色、线型、线宽会打开新对话框，从中选择该图层的颜色、线型或线宽。若线型对话框中没有所需线型，则通过单击"加载"按钮调出线型，从中选择所需的线型调入内存线型库中，进而为图层中的线型设置所用。

依次选择"格式"→"文字样式"菜单命令可打开"文字样式"对话框，进而设置图样字型与字号。

在完成以上设置后，可以进一步设置图纸的幅面、绘制图框等，也可将图幅、标题栏做成块的形式，在绘图结束后插入。

除了以上绘图设置之外，还可以设置自动保存周期、文件保存路径、绘图光标大小等所需要的内容。

设置结束后，依次选择"文件"→"另存为"菜单命令可打开"图形另存为"对话框，在"文件类型"下拉列表中选择"图形样板（*.dwt）"文件类型，给出样板文件名称，然后保存。则当再创建新图时，可以选用此样板，从而提高作图效率，保证图样设置的一致性。

4. 绘制平面图形

以图 1-17 中的绘图工具条为参照，常用二维绘图命令的操作见表 1-8，其中"✓"表示输入内容后按<Enter>键。

表 1-8 常用二维绘图命令的操作

图标命令功能	命令操作示例	绘图图例	说明
LINE 绘制直线段	命令：_line 指定第一点：10,10 ✓ //输入"10,10"后按<Enter>键 指定下一点或[放弃(U)]：@10,0 ✓ 指定下一点或[放弃(U)]：@10<90 ✓ 指定下一点或[闭合(C)/放弃(U)]：c ✓	(20,20) (10,10) (20,10)	画出由一组点连接成的直线段，直接按<Enter>键或通过单击鼠标右键结束命令 输入"u"则取消上一坐标点，输入"c"则将所绘线段与起点连接，然后结束此命令
POLYGON 绘制正多边形边	命令：_polygon 输入侧面数<4>：6 ✓ 指定正多边形的中心点或[边(E)]：100,100 ✓ 输入选项[内接于圆(I)/外切于圆(C)]<I>：c ✓ 指定圆的半径：10 ✓	(100,110) (100,100)	正多边形的默认边数为 4。可通过指定形心或起始边的方式绘制
RECTANG 绘制矩形	命令：_rectang ✓ 指定第一个角点或[倒角(C)/标高(E)/圆角(F)/厚度(T)/宽度(W)]：10,10 ✓ 指定另一个角点：30,20 ✓	(30,20) (10,10)	通过指定矩形的对角点坐标绘制矩形。输入"c"或"f"则使绘制的矩形带倒角或圆角
ARC 绘制圆弧	命令：_arc 指定圆弧的起点或[圆心(C)]：10,10 ✓ 指定圆弧的第二点或[圆心(C)/端点(E)]：20,20 ✓ 指定圆弧的端点：5,20 ✓	(5,20) (20,20) (10,10)	生成圆弧的方向默认为逆时针方向。通过指定圆弧上三点或圆心、起点等绘制圆弧
CIRCLE 绘制圆	命令：_circle 指定圆的圆心或[三点(3P)/两点(2P)/切点、切点、半径(T)]：100,100 ✓ 指定圆的半径或[直径(D)]：20 ✓	(100,100)	半径或直径值可通过在屏幕上连续指定两点获得 输入"3p"则通过圆上三点绘制圆；输入"2p"则通过圆上直径两端点绘制圆；输入"t"则以指定的半径与已有两线相切绘制圆

SPLINE 绘制样条曲线	命令：_spline
	指定第一个点或[方式(M)/节点(K)/对象(O)]：10,10 ✓
	输入下一个点或[起点切向(T)/公差(L)]：T ✓
	指定起点切向：10,0 ✓
	输入下一个点或[起点切向(T)/公差(L)]：20,20 ✓ //再根据提示依次输入"30,5""40,15""50,10"
	输入下一个点或[端点相切(T)/公差(L)/放弃(U)/闭合(C)]：T ✓
	指定端点切向：60,0 ✓
		(20,20) (40,15)
		(50,10)
		(10,10)
		(30,5) (60,0)
		(10,0)
			绘制的曲线通过指定坐标的一组点，常用来绘制波浪线
			输入点坐标后，还需指定样条曲线的起点切矢与终点切矢的方向

（续）

图标命令功能	命令操作示例	绘图图例	说明

 **MTEXT** 创建多行文字	命令：_mtext
	当前文字样式："Standard"文字高度：2.5 注释性：否
	  指定第一角点：10,10↙
	  指定对角点或[高度（H）/对正（J）/行距（L）/旋转（R）/样式（S）/宽度（W）/栏（C）]：50,20↙//在弹出的"文字格式"编辑器中输入"12345678"
		12345678 × (50,20)
		× (10,10)
			在矩形文本框内写文字
			输入"r"则旋转矩形文本框，改变文字走向；输入"h"或"w"可以指定文字的高度或宽度；输入"j"则指定文字在矩形文本框内的排列形式

BHATCH 图案填充	命令：_bhatch		用于在图形的封闭区域内填充，常用于绘制剖面线 在弹出的对话框中可选择填充图案、剖面线的方向（角度）、剖面线的间距（比例）。单击"拾取点"按钮后选择待填充区域内部点，再单击"预览"按钮可观察填充效果，单击"确定"按钮完成操作

5. 编辑平面图形

生成的图形经常要进行编辑操作。AutoCAD 2023 提供了图形复制、移动、镜像、修剪等操作的命令，便于随时编辑修改图形。在调用图形编辑命令时，须选择操作的对象；也可以先选择对象，再调用编辑命令。选中的对象将以虚线显示，同时提示选中的实体数量。表 1-9 中列出了编辑命令简介。

20

表 1-9　编辑命令简介

图标命令功能	命令操作示例	编辑图例
ERASE 删除选中的对象	命令：_erase 选择对象：找到 1 个//选中斜线 选择对象：//单击鼠标右键结束选择	
COPY 复制选中的对象	命令：_copy 选择对象：找到 1 个//选中一个圆 选择对象：找到 1 个,总计 2 个//选中另一个圆 选择对象：//单击鼠标右键结束选择 指定基点或［位移（D）/模式（O）］：//指定圆心为基点 指定位移的第二点或＜用第一点作位移＞：//指定线段交叉点为第二点	
MIRROR 镜像复制选中的对象	命令：_mirror 选择对象：找到 3 个//选择三条直线段 选择对象：//单击鼠标右键结束对象选择 指定镜像线的第一点：//选中点画线一端点 指定镜像线的第二点：//选中点画线的另一端点 是否删除源对象？［是（Y）/否（N）］＜N＞：	
OFFSET 创建等距线	命令：_offset 指定偏移距离或［通过（T）/删除（E）/图层（L）］＜1.0000＞：10 ↙ 选择要偏移的对象或［退出（E）/放弃（U）］：//选中圆 指定点以确定偏移所在一侧：//圆外单击 选择要偏移的对象或［退出（E）/放弃（U）］：	
ARRAY 阵列选中的对象	命令：_array array 选择对象：找到 1 个//选中圆 array 选择对象：//单击鼠标右键结束对象选择 array 输入阵列类型［矩形（R）/路径（PA）/极轴（PO）］＜矩形＞：//三个选项分别对应矩形阵列 ▦、路径阵列 •••、环形阵列 • 选择夹点以编辑阵列或［关联（AS）/基点（B）/计数（COU）/间距（S）/列数（COL）/行数（R）/层数（L）/退出（X）］＜退出＞：//选择合适选项	

（续）

图标命令功能	命令操作示例	编辑图例
MOVE 平移选中的对象	命令：_move 选择对象：指定对角点：找到 4 个//选中两个圆和两条点画线 选择对象：//单击鼠标右键结束选择 指定基点或[位移(D)]：//选中圆心 指定位移的第二点或<用第一点作位移>：//指定目标点	
ROTATE 旋转选中的对象	命令：_rotate UCS 当前的正角方向：ANGDIR＝逆时针 ANGBASE＝0 选择对象：找到 1 个//选中矩形 选择对象：//单击鼠标右键结束选择 指定基点：//指定矩形左下角点为旋转中心 指定旋转角度或[复制(C)/参照(R)]：30↙	
SCALE 比例缩放选中的对象	命令：_scale 选择对象：找到 1 个//选中矩形 选择对象：//单击鼠标右键结束选择 指定基点：//指定矩形左下角 指定比例因子或[复制(C)/参照(R)]：2↙	
STRETCH 移动及拉伸对象	命令：_stretch 以交叉窗口或交叉多边形选择要拉伸的对象… 选择对象：指定对角点：找到 13 个//拖动鼠标拉出虚线窗口选中图形对象 选择对象：//单击鼠标右键结束选择 指定基点或位移：//选中点画线的右端 指定位移的第二点：	
TRIM 修剪对象	命令：_trim 当前设置：投影＝UCS 边＝延伸 选择剪切边… 选择对象：//选择剪剪的边界,选中后虚线显示 选择对象：//单击鼠标右键结束选择 选择要修剪的对象或[栏选(F)/窗交(C)/投影(P)/边(E)/删除(R)/放弃(U)]：//选择待修剪部分 选择要修剪的对象或[栏选(F)/窗交(C)/投影(P)/边(E)/删除(R)/放弃(U)]：	
EXTEND 延伸对象至指定边界	命令：_extend 当前设置：投影＝UCS 边＝延伸 选择边界的边… 选择对象：//选择延伸的边界,选中后虚线显示 选择对象：//单击鼠标右键结束边界选择 选择要延伸的对象或[栏选(F)/窗交(C)/投影(P)/边(E)/放弃(U)]：//在待延长线的延长端单击 选择要延伸的对象或[栏选(F)/窗交(C)/投影(P)/边(E)/放弃(U)]：//单击鼠标右键结束选择	

（续）

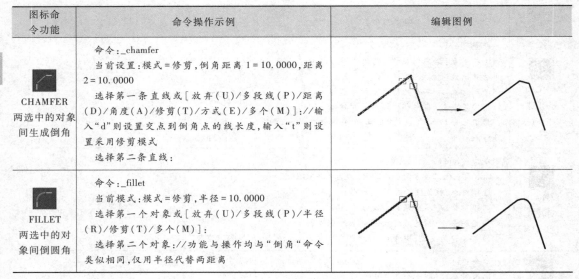

图标命令功能	命令操作示例	编辑图例
CHAMFER 两选中的对象间生成倒角	命令:_chamfer 　当前设置:模式＝修剪,倒角距离1＝10.0000,距离2＝10.0000 　选择第一条直线或［放弃(U)/多段线(P)/距离(D)/角度(A)/修剪(T)/方式(E)/多个(M)］://输入"d"则设置交点到倒角点的线长度,输入"t"则设置采用修剪模式 　选择第二条直线:	
FILLET 两选中的对象间倒圆角	命令:_fillet 　当前模式:模式＝修剪,半径＝10.0000 　选择第一个对象或［放弃(U)/多段线(P)/半径(R)/修剪(T)/多个(M)］: 　选择第二个对象://功能与操作均与"倒角"命令类似相同,仅用半径代替两距离	

二、AutoCAD作图辅助功能

绘图中经常用到已有图形对象上的特征点，如线段端点、线段中点、圆心、直线与圆弧的切点、两直线的垂足等；另外，在绘制较大幅面的图样时，经常要将显示器上显示的内容做缩放变换，显示效果的控制对绘图效率影响很大。AutoCAD 2023提供了很多方便易用的图形控制功能，可极大地提高作图效率。

1. 图形显示控制

AutoCAD 2023提供了很多图标按钮及命令选项，以便于控制显示状态。在图标按钮区单击鼠标右键，在弹出的快捷菜单中选择"缩放"选项，则软件窗口中显示出缩放工具条。此外，工具条中的图标按钮也经常在控制显示时用到。

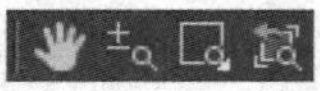

表1-10列出了常用的图形显示控制图标功能。

表1-10　常用的图形显示控制图标功能

图标	功能	说明
	窗口放大	用鼠标拖出待放大区域
	动态缩放	按住鼠标左键,上下移动鼠标或滚动鼠标中键,则可动态缩放屏幕
	回到上一显示状态	常用于局部放大修改后,回到原来的显示状态
	显示所有绘图区内容	用于观察整个图形布置和各部分的相对位置
	移动图纸	在相同的比例下浏览图面

2. 图形要点捕捉

对已有图形对象的特征进行捕捉前，需要设置待捕捉点的类型。设置后的特征点捕捉有效性分两种：长期有效和一次有效。

（1）长期有效特征点捕捉方式　在 AutoCAD 2023 窗口的状态控制区单击鼠标右键并选择"设置"选项，在弹出"草图设置"对话框中单击展开"对象捕捉"选项卡，如图1-18 所示。在"对象捕捉模式"选项组勾选需要的捕捉类型，激活对应的特征点捕捉模式，各特征点类型前的符号为捕捉特征点时将显示的符号。所设置的特征点捕捉类型只有在启动捕捉模式时才有效，可以通过勾选图1-18 所示"对象捕捉"选项卡左上角的"启用对象捕捉"复选框启动捕捉模式，也可单击窗口状态控制区的"对象捕捉"按钮而启动捕捉模式。

（2）一次有效的特征点捕捉方式　当需要捕捉一些不常用的特征点，或者有多个特征点很接近而难以准确捕捉所需特征点时，采用上述方式修改设置比较繁琐，则可启用 AutoCAD 的临时特征点捕捉功能，完成一次捕捉后即捕捉功能失效。

按<Shift>键同时单击鼠标右键，弹出的快捷菜单如图1-19 所示，从中选择所需捕捉类型即可。也可以单击状态控制区的对象捕捉功能按钮进行一次性特征点捕捉。一次有效的特征点捕捉设置优先于长期有效的特征点捕捉设置，且不受状态控制区的对象捕捉功能按钮的控制。

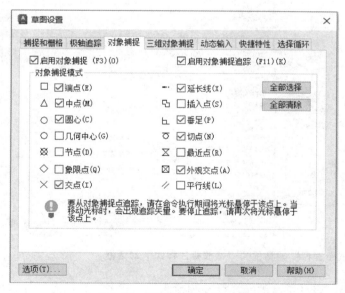

图 1-18　"草图设置"对话框

图 1-19　临时捕捉设置快捷菜单

3. 其他辅助功能

栅格是指辅助绘图的网状点。单击展开图1-18 所示"草图设置"对话框中的"捕捉和栅格"选项卡，可以设置平面栅格的间距、栅格显示状态、栅格的方向，也可设置栅格模式为等轴测绘图模式（用于绘制正等轴测图）。

单击展开图1-18 所示"草图设置"对话框中的"极轴追踪"选项卡，可以设置极轴角增量值和可追踪的极轴数量；可以利用附加角设置初始极轴的位置。当光标位置与上一点的连线靠近极轴时，绘图区给出临近极轴提示，该功能对绘制环形分布的结构图形很有意义。

状态控制区的线宽按钮控制绘图区的线宽显示状态。为消除线宽对绘图工作的干扰，通常在检查图形时才启用线宽显示功能，绘图过程中以关闭线宽显示功能为好。

三、AutoCAD 尺寸标注

AutoCAD 提供了大量有关尺寸标注的设置、使用和修改的功能。工程图样中除了图形、尺寸外，还有文字、符号的注写，最常见的是表面粗糙度符号及数值，以及带有公差的尺寸与几何公差的注写。

1. 尺寸标注设置

与绘图相比，尺寸标注形式多样，变化复杂。在 AutoCAD 中通过设置尺寸线、尺寸界线、箭头样式、文字大小，以及文字与尺寸线的位置等内容，使标注出的尺寸符合图样格式要求。

依次选择"格式"→"标注样式"菜单命令，在弹出"标注样式管理器"对话框中单击"修改"按钮，系统弹出"修改标注样式"对话框，如图 1-20 所示。也可以在"标注样式管理器"对话框中单击"新建"按钮，创建新的标注样式。

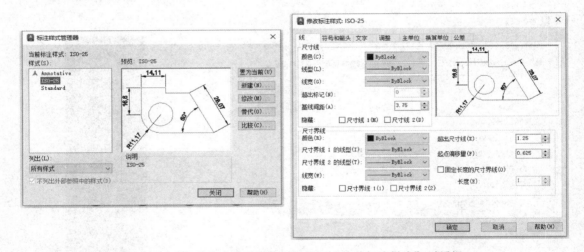

图 1-20　"标注样式管理器"对话框和"修改标注样式"对话框

在"修改标注样式"对话框中，通过单击展开"符号和箭头""文字""调整"等选项卡，可修改相应的内容，完成对尺寸样式的设置。在"符号和箭头"选项卡中，可通过隐藏一个尺寸线设置单箭头尺寸、设置尺寸线末端的样式等；在"文字"选项卡中，可设置文字的大小、文字与尺寸线的相对位置；在"调整"选项卡中，可设置当尺寸界线间距较小时箭头与尺寸数字的放置模式。通过以上设置，可以大大降低尺寸标注后的修改工作量，从而提高了绘图速度。

2. 尺寸标注命令

在 AutoCAD 中绘制图样的常用尺寸标注命令见表 1-11。

表 1-11　常用尺寸标注命令及其功能

图标	功能	示例
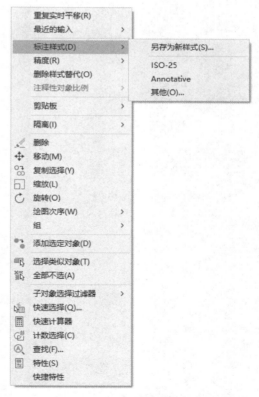	标注水平或竖直型尺寸	
	标注任意方位尺寸	
	标注圆或圆弧的半径	
	标注圆或圆弧的直径	
	标注角度	
	标注引线型尺寸	

3. 尺寸的编辑

有时采用一种标注格式难以满足尺寸标注的要求，可以通过"标注样式管理器"对话框建立多种标注样式，然后在"标注"工具条的下拉列表中单击选择相应的标注样式并进行标注。对于已经标注的尺寸，若要变更标注样式，首先从"标注"工具条下拉列表框中单击选择相应的标注样式，然后单击图标 ，选择待修改的尺寸标注，再单击鼠标左键即可完成修改。

另一个经常使用的尺寸标注修改功能是改变现有尺寸标注文字的注写位置。通过单击待修改的尺寸将其激活，然后单击鼠标右键，弹出的快捷菜单如图 1-21 所示，利用该菜单完成标注尺寸文字中的位置或文字位置与尺寸线的修改。

当计算机自动标注的尺寸值与设计的尺寸值不等时，除了可以在标注尺寸时输入"T"选择人工输入尺寸数值外，还可以依次选择"修改"→"对象"→"文字"→"编辑"菜单命令，然后单击待修改的文字，在弹出的"文字格式"对话框中重新输入数值、改变字型及字号等，然后单击"确定"按钮结束文字编辑。

图 1-21　尺寸编辑的快捷菜单

思政拓展："工程未动，图纸先行"，一项改造工程的成功可能需要成百上千，甚至上万张设计图样，扫描右侧二维码了解推动煤电清洁化利用过程中技术图样的重要作用，并在实践中体会如何利用计算机绘图软件提供的各种命令功能提高绘图效率。

推动煤电清洁化利用的技术图纸

第二章　投影基础

　　工程中所使用的图样都是采用投影的方法绘制出来的，不同的投影方法有不同的特性，从而决定了不同投影方法的应用领域。

一、中心投影法

　　当人处在阳光或路灯下时，地面上就会出现人的影子，这就是常见的投影现象。

　　如图 2-1 所示，建立一个以 S 为投射中心、以 S 发出的光线为投射线、以 P 为投影面的投影体系，将三角形板 ABC 置于投射中心 S 与投影面 P 之间，这样在投影面 P 上就得到了三角形板 ABC 的投影 abc。由于投射线是从一中心点发出的，因此投影 abc 称为中心投影。这种得到投影 abc 的方法称为中心投影法。

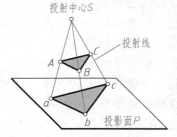

图 2-1　中心投影法

　　由此可见，中心投影法的投影特点：

　　★投影的大小随着物体与投影面距离的变化而变化。

　　由于中心投影一般不能反映物体的实际大小，作图又比较复杂，因此用中心投影法绘制的图样一般用在摄影、效果图、建筑透视图中作为辅助图样。

二、平行投影法

　　若将投射中心移至无限远处，则投射线变为互相平行的状态，这样在投影面 P 上得到空间三角板 ABC 的投影 abc，这种方法称为平行投影法，如图 2-2 所示。

　　由此可见，平行投影法的投影特点：

　　★在投影体系中平行移动空间物体时，其投影的形状和大小都不改变。

　　平行投影法按投射方向是否与投影面垂直，可分为正投影法（图 2-2a）和斜投影法（图 2-2b）两种。

　　用一束互相平行且与投影面垂直的投射线，将空间物体向投影面进行投射的方法称为正

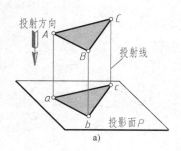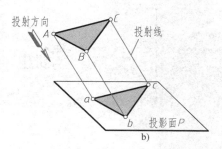

图 2-2 平行投影法

a）正投影法 b）斜投影法

投影法，如图 2-2a 所示，所得到的投影 *abc* 称为正投影。工程图样通常都是采用正投影法绘制的。

三、建立多面投影体系

如图 2-3 所示，两个形状不同的立体在投影面 *V* 上的正投影完全相同。这说明仅用一个投影不能确切地表达立体的形状，因为这个投影只反映了物体一个方向上的情况。所以要把立体的形状表达清楚，常需要两个以上的投影。因此，必须建立多个投影面的投影体系。

如图 2-4a 所示，正立的投影面称为正投影面，记作 *V* 面；将与正投影面垂直且一般设在其下方的投影面称为水平投影面，记作 *H* 面。这样就由投影面 *V*、*H* 建立起一个互相垂直的两面投影体系。正投影面 *V* 与水平投影面 *H* 的相交线称为投影轴，记作 *Ox* 轴。

如图 2-4b 所示，在正投影面 *V* 和水平投影面 *H* 的右侧加一个侧投影面，记作 *W* 面，使投影面 *W* 与 *V*、*H* 分别垂直，这样就由投影

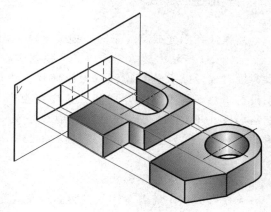

图 2-3 单面投影

面 *V*、*H*、*W* 建立起一个互相垂直的三面投影体系，且投影面 *H* 与 *W* 交有投影轴 *Oy*，投影面 *V* 与 *W* 交有投影轴 *Oz*。

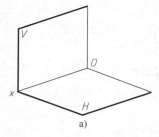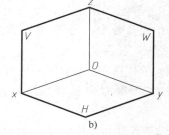

图 2-4 多面投影体系

四、直线和平面的投影特点

在正投影法体系中，直线和平面的投影有以下三个重要特点：

1）立体上凡是与投影面平行的直线或平面，其投影反映直线的实长或平面的实形。

如图 2-5a 所示，直线 AB//H 面，其投影 ab 反映直线 AB 的实长；平面 $\triangle CDE$//H 面，其投影 $\triangle cde$ 反映平面 $\triangle CDE$ 的实形。

2）立体上凡是与投影面垂直的直线和平面，其投影都具有积聚性。

如图 2-5b 所示，直线 $AB \perp H$ 面，其投影积聚成一点 $a(b)$；平面 $\triangle CDE \perp H$ 面，其投影积聚成一直线 dce。

3）立体上凡是与投影面倾斜的直线和平面，其投影均缩小成类似形。

如图 2-5c 所示，直线 AB 和平面 $\triangle CDE$ 都与 H 面倾斜，直线 AB 的投影变短为 ab，平面 $\triangle CDE$ 的投影缩小为类似形 $\triangle cde$。

29

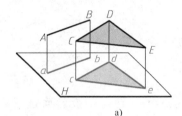 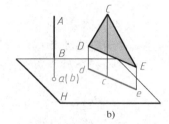 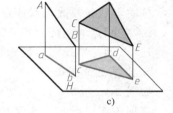

a)   b)   c)

图 2-5 直线和平面的投影特点

第二节 点与直线的投影

空间形体的形状都是由表面轮廓的形状所决定的，绘制一个空间立体在某个投影面上的正投影图，就是要绘制出该立体表面上所有轮廓线、表面的投影。本节主要介绍空间几何元素——点与直线的投影问题。

一、点的投影

1. 点的两面投影

如图 2-6a 所示，将处在 V、H 两面投影体系中的空间点 A 分别向两投影面进行投射，得到正面投影 a' 和水平投影 a。可以看出点的正投影实际上就是过空间点的投射线与投影面的交点。

为将两投影画在同一平面内，使 V 面保持不动，将 H 面绕 Ox 轴向下展开，使之与 V 面重合，如图 2-6b 所示，即为将两投影 a'、a 展开后画在同一平面内的投影图。省略投影面的投影图如图 2-6c 所示。

由图 2-6 可见，因为 $Aa' \perp V$ 面，又 $Aa \perp H$ 面，所以平面 $a'Aa \perp Ox$ 轴并交 Ox 轴于点 a_x，

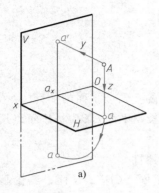
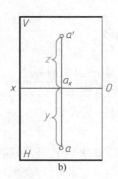
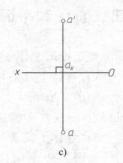

图 2-6 点的两面投影

由于 H 面 $\perp V$ 面，$Aa' \perp a'a_x$，$Aa \perp aa_x$，则必有 $a'a_x \perp aa_x$，$Aa'a_x a$ 为一矩形。由此可见，空间点 A 到 V 面的距离 $Aa' = aa_x$，点 A 到 H 面的距离 $Aa = a'a_x$。展开后 $a'a_x$ 与 aa_x 形成投影连线 $a'a$ 且垂直于 Ox 轴。

从而得到在两面投影体系中点的投影规律：

1）空间点的两面投影之间的连线必定垂直于相应的投影轴。

2）点到一个投影面的距离等于另一面投影到投影轴的距离。

2. 点的三面投影

如图 2-7a 所示，将处在 V、H、W 三面投影体系中的空间点 A 分别向三投影面进行投射，得到正面投影 a'、水平投影 a 和侧面投影 a''。

现使 V 面不动，将 H 绕 Ox 轴向下旋转而 W 面绕 Oz 轴向右旋转展开，使 H、W 与 V 面重合成一平面。图 2-7b、c 即为展开后 a、a'、a'' 的三面投影图。

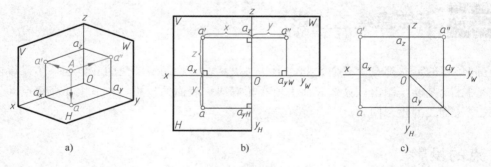

图 2-7 点的三面投影

由图 2-7 分析可见，在三面投影体系中点的投影规律：

1）点的两面投影的连线垂直于它们之间的投影轴，或者通过 45°斜线垂直于相应的投影轴，即

$$a'a \perp Ox, \quad a'a'' \perp Oz, \quad aa_y \perp Oy_H, \quad a''a_y \perp Oy_W$$

2）点到某个投影面的距离等于另两面上的投影到相应投影轴的距离，即

$$Aa'' = a'a_z = aa_y = x, \quad Aa' = aa_x = a''a_z = y, \quad Aa = a'a_x = a''a_y = z$$

根据点的三面投影规律，可以由空间点的两面投影作出第三面投影。

[例 2-1]　如图 2-8 所示，已知空间点 A 的两面投影 a' 和 a，求作其侧面投影 a''。

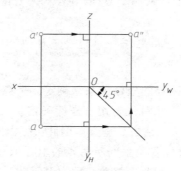

图 2-8　由两投影求第三投影

作图：1）过 a' 作 Oz 轴垂线，另由点 O 画 45°斜线。

2）过 a 作 Oy_H 轴垂线，遇 45°斜线后竖直向上作出 Oy_W 轴垂线，与过 a' 所作 Oz 轴垂线的交点即为 a''。

3. 点的坐标与投影

如图 2-7 所示，在三面投影体系中，点的一面投影可反映出该点的两个坐标，两面投影可反映出该点的三个坐标，因此，由空间点的坐标（x，y，z）可作出它的三面投影。

在图 2-9a 所示投影体系中，当点 B（x，y，z）的坐标值 $y=0$ 时，点 B 在 V 面上，其 V 面投影 b' 为点 B 本身，H 面投影 b 在 Ox 轴上。当点 C（x，y，z）的坐标值 $z=0$ 时，点 C 在 H 面上。同理可知，若一个点的坐标值 $x=0$ 时，则该点一定在 W 面上。

对点的三个坐标中有两个坐标值等于零的情况，例如，点 D 的坐标 $y=0$，$z=0$ 时，点 D 在 Ox 轴上。图 2-9b 所示为展开后 B、C、D 三点的三面投影图。

因此，投影面与投影轴上点的投影特性：

1）投影面上点的该面投影为其本身，另两面投影必定在相应的投影轴上。

2）投影轴上点的两面投影为其本身，另一面投影必在该投影轴的原点上。

[例 2-2]　已知空间点 A（20，15，10）与点 B（10，10，5）的坐标值，试作出点 A 和点 B 的三面投影。

作图：作图过程及结果如图 2-10 所示，具体步骤如下。

1）作出互相垂直的投影轴和 45°斜线，并在投影轴上分别标出长度单位。

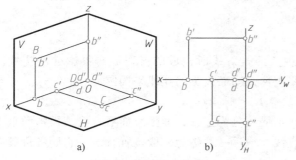

a)　　　　　　　　　b)

图 2-9　投影面上的点

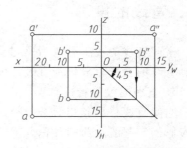

图 2-10　由点的坐标作投影

2）由点 A 的 x 坐标值 20，垂直于 Ox 轴作出 V、H 面投影连线。由 y 坐标值 15 作 Oy_H 和 Oy_W 轴的垂线。由 z 坐标值 10，垂直于 Oz 轴作出 V、W 面投影连线。由投影连线两两相交即可相应得到点 A 的投影 a、a'、a''。

3）同理，由点 B（10，10，5）的坐标值作出点 B 的三面投影 b、b'、b''。

4. 两点的相对位置

两点在空间的相对位置可由两点的坐标关系来确定。两点的左右相对位置由 x 坐标确定，前后相对位置由 y 坐标确定，上下相对位置由 z 坐标确定。两点中坐标值大的即在左方、前方、上方，而坐标值小的即在右方、后方、下方。因此，可由两点的坐标值差确定投影位置。

反过来，也可由两点的相对位置关系判断两点的坐标值相对大小关系。从图 2-11a 所示点 A 与点 B 的位置可知，点 B 在点 A 的左方、后方和下方，这说明点 B 的 x 坐标值比点 A 大，而 y、z 坐标比点 A 小。

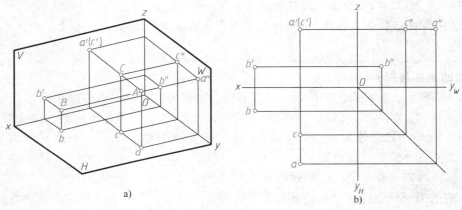

图 2-11 两点的相对位置

从图 2-11a 所示点 A 与点 C 的位置可知，点 C 在点 A 的正后方，说明点 C 的 y 坐标值比点 A 的小，而 x、z 坐标值与点 A 相同，即两点的 x、z 坐标值差等于零。因此，点 A 与点 C 的正面投影 a' 和 c' 相重合，称为重影点。因点 C 在点 A 的正后方，其正面投影 c' 其实是不可见的，需加括号，即标记为（c'）。

重影点可见性的判断要由两点对该投影面的坐标值大小来确定，对该投影面坐标值大的其投影可见，而坐标值小的不可见。图 2-11b 所示为两点的相对位置的投影图。

二、直线的投影

空间直线的投影可认为是过直线上各点的投射线所构成的投射面与投影面的交线。因此，直线的投影一般仍为直线，可由直线上两点同面投影的连线来确定。

1. 直线的投影特性

空间直线根据其相对于投影面位置的不同可分为三种，即投影面平行线、投影面垂直线和投影面倾斜线。前两种称为特殊位置直线，最后一种称为一般位置直线，它们各自具有不同的投影特性。

（1）投影面平行线　若直线在三面投影体系中仅平行于其中一个投影面，则此直线为该投影面的平行线。其中，平行于 V 面的直线称为正平线，平行于 H 面的直线称为水平线，平行于 W 面的直线称为侧平线。某一个投影面的平行线必然与另外两个投影面倾斜。

图 2-12 所示为正平线 AB 的立体图和三面投影图，分析其投影特性可知：直线 AB 上各点的 y 坐标值相等，$a'b'//AB$，$a'b'=AB$，$ab//Ox$ 轴，$a''b''//Oz$ 轴。

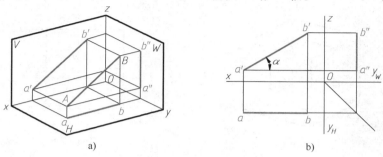

图 2-12　正平线的投影

进一步分析可知：$a'b'$ 与 Ox、Oz 轴的夹角即为直线 AB 对投影面 H、W 的真实倾角 α、γ，直线 AB 对投影面 V 的倾角 $\beta=0$。同理可以分析出水平线和侧平线所具有的投影特性。

所以，投影面平行线具有下列投影特性：

1）在所平行的投影面上的投影反映直线的真实长度。

2）在所倾斜的两个投影面上的投影与相应的投影轴平行且长度变短。

3）反映实长的投影呈现对另两个投影面的真实倾角。

表 2-1 列出了投影面平行线的立体图、投影图及投影特性。

表 2-1　投影面平行线的立体图、投影图及投影特性

名称	水平线（$AB//H$ 面）	正平线（$CD//V$ 面）	侧平线（$EF//W$ 面）
立体图			
投影图			
投影特性	1. $ab=AB$ 2. ab 与 Ox、Oy_H 轴的夹角分别为 β、γ 3. $a'b'//Ox$ 轴，$a''b''//Oy_W$ 轴	1. $c'd'=CD$ 2. $c'd'$ 与 Ox、Oz 轴的夹角分别为 α、γ 3. $cd//Ox$ 轴，$c''d''//Oz$ 轴	1. $e''f''=EF$ 2. $e''f''$ 与 Oy_W、Oz 轴的夹角分别为 α、β 3. $ef//Oy_H$ 轴，$e'f'//Oz$ 轴

（2）投影面垂直线　若直线在三面投影体系中仅垂直于其中一个投影面，则此直线为该投影面垂直线。其中，垂直于 H 面的直线称为铅垂线，垂直于 V 面的直线称为正垂线，垂直于 W 面的直线称为侧垂线。某一个投影面的垂直线必然与另外两个投影面平行。

图 2-13 所示为铅垂线 AB 的立体图和三面投影图，分析其投影特性可知：直线 AB 上各点的 x、y 坐标值相等，AB 的水平投影积聚成 a（b），$a'b'\perp Ox$ 轴，$a''b''\perp Oy_W$ 轴，$a'b'=AB=a''b''$。

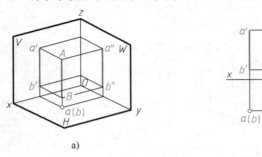

图 2-13　铅垂线的投影

进一步分析可知，铅垂线 AB 对投影面的倾角 $\alpha=90°$，$\beta=\gamma=0$。同理可以分析出正垂线和侧垂线所具有的投影特性。

所以，投影面垂直线具有下列投影特性：

1）在所垂直的投影面上的投影具有积聚性，即投影成一点。

2）在不垂直的投影面上的投影与相应的投影轴垂直且反映直线的真实长度。

表 2-2 列出了投影面垂直线的立体图、投影图及投影特性。

表 2-2　投影面垂直线的立体图、投影图及投影特性

名称	正垂线（$AB\perp V$ 面）	铅垂线（$CD\perp H$ 面）	侧垂线（$EF\perp W$ 面）
立体图			
投影图			
投影特性	1. $a'(b')$ 积聚为一点 2. $ab\perp Ox$ 轴，$a''b''\perp Oz$ 轴 3. $ab=a''b''=AB$	1. $c(d)$ 积聚为一点 2. $c'd'\perp Ox$ 轴，$c''d''\perp Oy_W$ 轴 3. $c'd'=c''d''=CD$	1. $e''(f'')$ 积聚为一点 2. $e'f'\perp Oz$ 轴，$ef\perp Oy_H$ 轴 3. $ef=e'f'=EF$

（3）一般位置直线　既不平行也不垂直于任何投影面的直线称为一般位置直线。

图 2-14a 所示为一般位置直线 AB 在三面投影体系中的投影。先作出直线 AB 两端点的三面投影，然后连接同面投影即可作出该直线的三面投影。

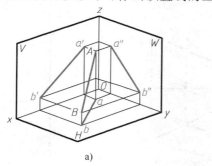 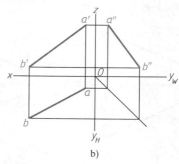

图 2-14　一般位置直线的投影

图 2-14b 所示为展开的一般位置直线 AB 的三面投影图。可见投影 ab、a'b'、a"b"分别与相应的投影轴倾斜，分析得出一般位置直线具有下列投影特性：

1）一般位置直线的三面投影既不反映实长，也没有积聚性。

2）一般位置直线的三面投影与坐标轴都倾斜，且长度变短。

2. 直线上点的投影

如图 2-15 所示，空间点 E 在直线 AB 上，其投影 e 在 ab 上，e' 在 a'b' 上。直线 AB 被点 E 分割成 AE 与 EB 两段，可证：$AE:EB=ae:eb=a'e':e'b'$。同理可知点 E 的侧面投影 e" 必在 a"b" 上，且 $AE:EB=a"e":e"b"$。

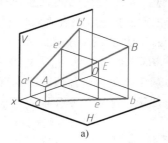 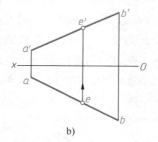

图 2-15　直线上的点的投影

所以，直线上的点具有下列投影特性：

1）直线上点的投影必在该直线的同面投影上。

2）点分割空间线段之比等于线段的投影之比。

[**例 2-3**]　如图 2-16a 所示，试在直线 AB 上取一点 D，使 $AD:DB=3:2$。

分析：因点分割空间线段之比等于其投影之比，所以应有 $AD:DB=ad:db=a'd':d'b'=3:2$。

作图：作图过程及结果如图 2-16b 所示，具体步骤如下。

1）过投影 a 任作一斜线 aB_0，度量五等份，按 $aD_0:D_0B_0=3:2$ 确定点 D_0。

2）作连线 B_0b，再过点 D_0 作 $D_0d/\!/B_0b$，由交点 d 对应作出 d'。

[**例 2-4**] 如图 2-17a 所示，已知直线 AB 上点 E 的正面投影 e'，求作水平投影 e。

分析：由直线 AB 的两面投影可知 AB 为侧平线，由 e' 不能直接对应作出投影 e，因此可用定比法作出水平投影 e。

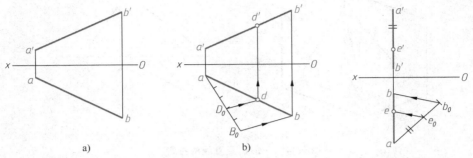

图 2-16 直线上取点   图 2-17 求直线上点的投影

作图：过直线端点的投影 a 任作一斜线 $ab_0 = a'b'$，取 $ae_0 = a'e'$，$e_0b_0 = e'b'$，再连接 b_0b 并作 $e_0e /\!/ b_0b$ 即可。也可先作出直线 AB 的侧面投影 $a''b''$，由 e' 按对应关系求出 e''，而后对应求出水平投影 e。

三、一般位置直线的实长及倾角

特殊位置的平行线和垂直线，在三面投影中可直接显示直线的实长和对投影面的倾角，而一般位置直线的投影则不能。这里介绍用直角三角形法求一般位置直线的实长和倾角。

图 2-18a 所示为空间一般位置直线的投影过程，在过 AB 的铅垂投射面 $ABba$ 内，作 $AK /\!/ ab$，得到直角 $\triangle ABK$。在该直角三角形中，直角边 $AK = ab$，$BK = Bb - Aa = z_B - z_A$，斜边 AB 为实长；AB 与 AK 的夹角就是直线 AB 对 H 面的倾角 α。因此可以利用投影和坐标值差确定直角边作出三角形，进而求出一般位置直线的实长和倾角，如图 2-18b 所示，这种方法称为直角三角形法。

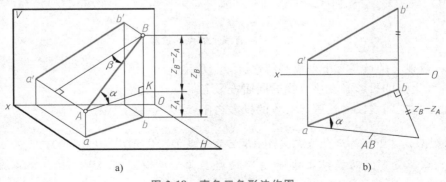

图 2-18 直角三角形法作图

直角三角形法具有如下作图特点：

1）以其中一面投影作为一条直角边，以直线两端点对该投影面的坐标差为另一条直角边，连接斜边作出三角形。

2）该三角形的斜边为直线的实长，斜边与投影边的夹角为直线对该投影面的倾角。

注意：求直线对哪个投影面的倾角，就要利用那个投影面上的投影为一条直角边作三角形。

[例2-5]　如图2-19a所示，已知空间直线AB的投影ab及b'，且$AB=33$mm，求作出正面投影$a'b'$。

分析：由水平投影ab和AB的实长，只要求出AB的正面投影$a'b'$的长度，或正面投影两端点对H面的坐标值差$z_{a'}-z_{b'}$，即可作出正面投影$a'b'$。因此，可用直角三角形法求作。

作图：作图过程及结果如图2-19b所示，具体步骤如下。

1）以直线AB的水平投影ab两端点的y坐标值差be作为一条直角边，并过其端点e作直线$ef\perp be$。

2）以投影b为圆心，33mm为半径作圆弧，圆弧与直线ef相交确定另一条直角边ea_0，ea_0长度即为直线AB的正面投影$a'b'$的长度。

3）以投影b'为圆心、ea_0为半径作圆弧，与过a的Ox轴垂线交于a'，连接投影a'和b'即完成正面投影$a'b'$。

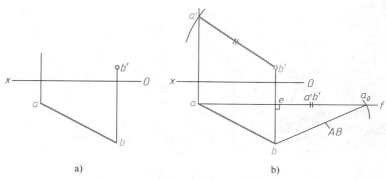

图2-19　求直线的正面投影

第三节　空间平面的投影

空间平面是构成立体表面的重要元素，其投影常用点、线、三角形等几何元素的投影来表示，如图2-20所示。

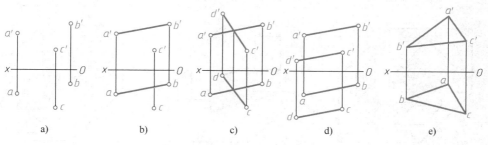

图2-20　空间平面的投影表示法

一、平面的投影特性

平面相对于投影面的位置可分为三种，即投影面垂直面、投影面平行面和一般位置平面，前两种称为特殊位置平面。三种类型的平面各自具有不同的投影特性。

1. 投影面垂直面

在三面投影体系中，若平面仅垂直于一个投影面，则称该平面为投影面垂直面。其中，垂直于 H 面的平面称为铅垂面，垂直于 V 面的平面称为正垂面，垂直于 W 面的平面称为侧垂面。

图 2-21 所示为铅垂面的立体图和三面投影图，铅垂面 $\triangle ABC$ 垂直于 H 面，并与 V、W 面都倾斜。因此过 $\triangle ABC$ 向 H 面投射的投射面与 H 面相交于一直线，该直线 abc 即为平面 $\triangle ABC$ 在 H 面上的积聚性投影。另外，铅垂面 $\triangle ABC$ 对 H 面的倾角 $\alpha = 90°$，投影 abc 与 Ox、Oy 轴的夹角即为平面 $\triangle ABC$ 对 V、W 面的真实倾角 β、γ。同理可以分析出正垂面和侧垂面所具有的投影性质。

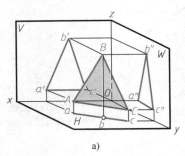 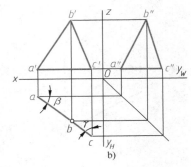

图 2-21 铅垂面的投影

所以，投影面垂直面具有下列投影特性：

1）平面在所垂直的投影面上的投影具有积聚性，即投影成一直线。

2）平面在所倾斜的两投影面上的投影均为类似形，但图形面积会缩小。

3）具有积聚性的投影与投影轴的夹角即为该平面对相应投影面的真实倾角。

表 2-3 列出了投影面垂直面的立体图、投影图及投影特性。

表 2-3 投影面垂直面的立体图、投影图及投影特性

名称	正垂面（P 面 $\perp V$ 面）	铅垂面（P 面 $\perp H$ 面）	侧垂面（P 面 $\perp W$ 面）
立体图			

（续）

名称	正垂面（P 面 $\perp V$ 面）	铅垂面（P 面 $\perp H$ 面）	侧垂面（P 面 $\perp W$ 面）
投影图			
投影特性	1. V 面投影积聚成一直线 p' 2. p' 与 Ox、Oz 轴夹角为 α、γ 3. p 与 p'' 为平面类似形	1. H 面投影积聚成一直线 p 2. p 与 Ox、Oy_H 轴夹角为 β、γ 3. p' 与 p'' 为平面类似形	1. W 面投影积聚成一直线 p'' 2. p'' 与 Oy_W、Oz 轴夹角为 α、β 3. p' 与 p 为平面类似形

2. 投影面平行面

在三面投影体系中，若平面平行于一个投影面，则称该平面为投影面平行面。其中，平行于 V 面的平面称为正平面，平行于 H 面的平面称为水平面，平行于 W 面的平面称为侧平面。

图 2-22 所示为正平面的立体图和三面投影图，平面 $\triangle ABC$ 平行于 V 面，并同时垂直于 H、W 面，因此平面 $\triangle ABC$ 的 V 面投影反映实形。平面 $\triangle ABC$ 的另两面投影具有积聚性，且积聚成直线的投影平行于相应的投影轴。另外，平面 $\triangle ABC$ 对投影面的倾角 $\beta = 0°$，$\alpha = \gamma = 90°$。同理，可以分析出水平面和侧平面所具有的投影特性。

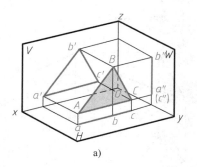
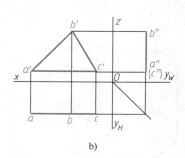

图 2-22 正平面的投影

所以，投影面平行面具有下列投影特性：

1）平面在所平行的投影面上的投影反映该平面的实形。

2）平面在不平行的两投影面上的投影积聚成直线且平行于相应的投影轴。

表 2-4 列出了投影面平行面的立体图、投影图及投影特性。

39

表 2-4　投影面平行面的立体图、投影图及投影特性

名称	正平面(P 面//V 面)	水平面(P 面//H 面)	侧平面(P 面//W 面)
立体图			
投影图			
投影特性	1. V 面投影 p′反映实形 2. H、W 面投影积聚成直线 3. p//Ox 轴,p″//Oz 轴	1. H 面投影 p 反映实形 2. V、W 面投影积聚成直线 3. p′//Ox 轴,p″//Oy_W 轴	1. W 面投影 p″反映实形 2. V、H 面投影积聚成直线 3. p′//Oz 轴,p//Oy_H 轴

3. 一般位置平面

在三面投影体系中，既不垂直也不平行于任何投影面的平面，称为一般位置平面。因此，一般位置平面的三面投影，既没有投影面垂直面的投影性质，也不具有投影面平行面的投影性质。

图 2-23 展示了一般位置平面△ABC 的立体图和三面投影图。

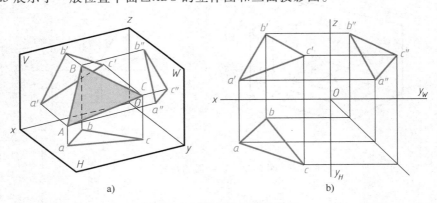

a)　　　　　　　　　　　b)

图 2-23　一般位置平面的投影

一般位置平面具有下列投影特性：

1）一般位置平面的三面投影既不反映实形，也不具有积聚性。

2）一般位置平面的三面投影均为空间平面的类似形，但图形面积会缩小。

二、平面内的点和线

在空间平面内确定点或直线是一个基本的作图问题。首先需要明确点、线、面之间所依存的几何关系，由立体几何的知识可知，平面内的点和直线具有下列几何条件：

1）若点在平面内，则该点必然在平面内的一条直线上。

2）若直线在平面内，则该直线必然通过平面内的两个点。

3）若直线通过平面内的一个点且平行于平面内的一条直线，则该直线必在平面内。

1. 平面内取点和线

在平面内取点，要先在该平面内取线，然后在该直线上取点；反之，要在平面内取线，先要在该平面内取点，然后通过该点作平面内的直线。

[例2-6]　如图2-24所示，试作出平面△ABC内点E的水平投影e，并由点F的两面投影f、f'判断点F是否在平面△ABC内。

作图：作图过程及结果如图2-24所示，具体步骤如下。

1）在正面投影△a'b'c'内过e'作直线c'm'，并对应作出水平投影cm。

2）根据线上点的投影特性，由e'对应在水平投影cm上作出点E的水平投影e。

3）过投影f'在正面投影△a'b'c'内作直线c'n'，并对应作出水平投影cn。若投影f在投影cn上，则说明点F在平面△ABC内，反之不在，由作图结果可知点F不在平面△ABC内。

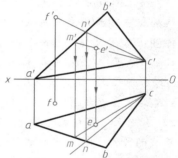

图2-24　平面上点的投影

[例2-7]　如图2-25a所示，已知平面五边形ABCDE的部分投影，试完成该五边形平面的水平投影。

作图：作图过程及结果如图2-25b所示，具体步骤如下。

1）在平面五边形ABCDE的正面投影内连接c'e'，接着连接d'a'并交c'e'于点m'，连接d'b'并交c'e'于点n'。

2）由投影m'和n'对应在水平投影ce上作出m和n，连接并延长dm和dn。

3）由正面投影a'和b'分别在dm和dn上对应作出水平投影a和b，并连接eabc完成平面五边形的水平投影abcde。

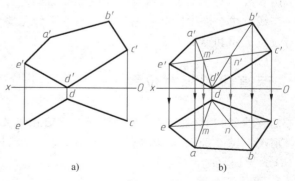

a)　　　　　　b)

图2-25　完成平面五边形的投影

2. 平面内的特殊直线

平面内不同位置的直线对投影面的倾角各不相同。其中,有一种是对投影面倾角为零的投影面的平行线,在投影图中反映为有两面投影与相应的投影轴平行,不平行于投影轴的投影反映实长。

如图 2-26 所示,平面 △ABC 内的水平线 AE 的正面投影 a'e'//Ox 轴,水平投影 ae = AE;平面 △ABC 内的正平线 AF 的水平投影 af//Ox 轴,正面投影 a'f' = AF。

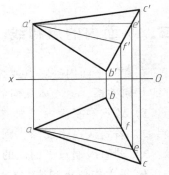

图 2-26 平面内的平行线

[例 2-8] 如图 2-27 所示,已知四边形 ABCD 的两面投影,试在四边形 ABCD 内取一点 K,使点 K 距 H 面 10mm、距 V 面 15mm,作出点 K 的两面投影。

分析:一个平面内距 H 面 10mm 的各点必然形成一条水平线,距 V 面 15mm 的各点必然形成一条正平线,这两条特殊直线的交点即为所求的点 K。

作图:作图过程及结果如图 2-27 所示。

1)在平面 ABCD 的正面投影 a'b'c'd' 内作出距 H 面 10mm 的水平线 EF 的投影 e'f',对应作出该直线的水平投影 ef。点 K 必然在直线 EF 上。

2)在平面 ABCD 的水平投影 abcd 内作出距 V 面 15mm 的正平线的投影,并与水平投影 ef 相交确定点 K 的水平投影 k,由 k 对应在 e'f' 上作出 k' 即完成作图。

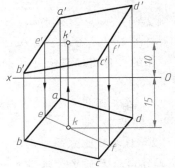

图 2-27 平面内点的作图

第四节 线面的相对位置

两直线、两平面、直线与平面间的相对位置有平行、相交、垂直等,它们之间会产生交点或交线,也会产生距离、角度等关系。下面主要讨论特殊位置直线、平面以及它们之间的相对位置关系和作图方法。

一、两直线的相对位置

两直线的相对位置有三种:平行、相交和交叉。图 2-28 所示为不同相对位置两直线的投影情况。图 2-28a、b 所示直线 AB 与直线 CD 为同面直线,图 2-28c、d 所示直线 AB 与直线 CD 为异面直线。

1. 平行两直线

平行两直线的投影即为过两直线上各点投射向投影面的投射线所构成的两个投射面与投影面的交线,由空间两直线平行和投射线平行可证两投射面平行,又因为两平行平面与第三个平面的交线一定互相平行,所以平行两直线的各同面投影必然互相平行。如图 2-29 所示,

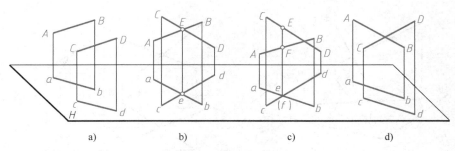

图 2-28 两直线的相对位置

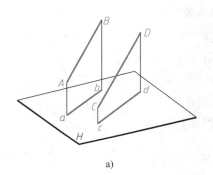

a)

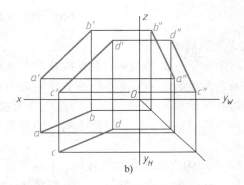

b)

图 2-29 平行两直线的投影

$AB//CD$，其投影 $ab//cd$，$a'b'//c'd'$，$a''b''//c''d''$。

如图 2-30 所示，直线 EF 和 MN 的投影同时平行于 Oz 轴和 Oy_H 轴，它们的侧面投影 $e''f''$ 与 $m''n''$ 相交，可以判断直线 EF 和 MN 不平行。

一般情况下，当两直线的两面投影分别互相平行时，可判定空间两直线相互平行；但是当两直线同为某一投影面的平行线时，则必须要看所平行的那个投影面上的投影是否平行。

所以，空间平行两直线具有下列投影特性：

★ 平行两直线的各同面投影必然互相平行。

2. 相交两直线

相交两直线的交点为两直线的共有点，该点的投影

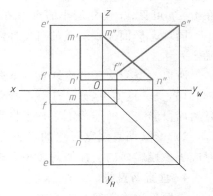

图 2-30 两侧平线的投影

应具有直线上点的投影性质。因此，空间相交两直线共有点的投影，一定是两直线同面投影的交点。

图 2-31 所示为空间相交两直线 AB、CD 的投影，直线 AB、CD 相交于点 K，在三面投影图中可见，两直线交点 K 的投影 k、k'、k'' 分别为直线 AB 与 CD 同面投影的交点。

所以，空间相交两直线具有下列投影特性：

1）相交两直线的同面投影必然相交。

2）交点的投影应符合点的投影规律。

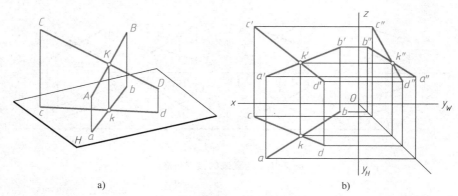

a)   b)

图 2-31　相交两直线的投影

3. 交叉两直线

在空间既不平行也不相交的两直线称为交叉两直线。交叉两直线的各面投影既不具有平行两直线的投影性质，也不具有相交两直线的投影性质。交叉两直线同面投影的交点，实际上是两直线对该投影面坐标值不同点的投影相重合形成的，即重影点。

图 2-32 所示为交叉两直线的投影。V 面上重影点的可见性需要由 y 坐标值的大小来确定，y 坐标值大的点 M 在前，m' 可见，y 坐标值小的点 N 在后，n' 不可见。H 面上重影点的可见性需要由 z 坐标值的大小来确定，z 坐标值大的点 P 在上，p 可见，z 坐标值小的点 Q 在下，q 不可见。

同理，W 面上重影点的可见性需要由 x 坐标值的大小来确定。

所以，空间交叉两直线具有下列投影特性：

1）交叉两直线至少有一个投影面上的同面投影相交，且两面投影交点的连线不垂直于投影轴。

2）交叉两直线重影点的可见性，需要由两直线上的点对应于该投影面的坐标值的大小来确定。

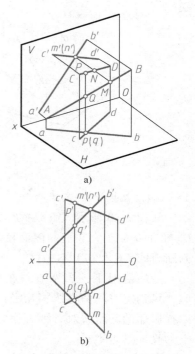

a)

b)

图 2-32　交叉两直线的投影

4. 垂直两直线

下面仅讨论空间互相垂直的两直线中至少有一条直线平行于投影面时的投影情况。

如图 2-33a 所示，空间直线 $AB \perp CD$，其中 $AB /\!/ H$ 面，而 CD 倾斜于 H 面，因为有 $AB /\!/ ab$，$Bb \perp H$ 面，所以 $Bb \perp AB$，$Bb \perp ab$，又由于 $AB \perp CD$，则 $AB \perp$ 面 $CcdD$，$ab \perp$ 面 $CcdD$，所以 $ab \perp cd$。两面投影图如图 2-33b 所示，即平行于 H 面的直线 AB 和与其垂线 CD 在 H 面上的投影成直角。

因此，有直角投影定理：

★当空间垂直两直线中有一条直线平行于某个投影面时，那么垂直两直线在该投影面上的投影必呈直角。

注意：空间两垂直交叉直线的投影，同样具有这样的直角投影定理的性质。

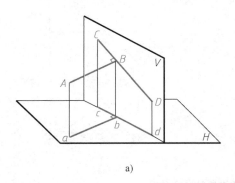 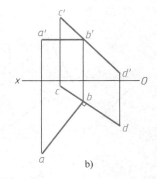

图 2-33　垂直两直线的投影

[例 2-9]　如图 2-34a 所示，试作出点 A 到直线 CD 的垂线 AB 的投影 ab、a'b'。

分析：由图 2-34a 可见 cd//Ox 轴，即 CD//V 面，又由于所求直线 AB⊥CD，根据直角投影定理，应有正面投影 a'b'⊥c'd'。

作图：作图过程及结果如图 2-34b 所示，具体步骤如下。

1) 先过 a' 作投影 a'b'⊥c'd'，求出交点 b'。

2) 再由 b' 在 cd 上对应作出 b，连接 ab 即可作出投影 ab。

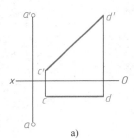 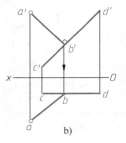

图 2-34　作垂线的投影

[例 2-10]　如图 2-35a 所示，试作出交叉两直线 AB、CD 的公垂线 EF 的两面投影。

分析：由图 2-35a 可见，直线 AB⊥H 面，又因 EF⊥AB，所以有 EF//H 面。又因 EF⊥CD，且 EF//H 面，所以根据直角投影定理，直线 EF 与 CD 的水平投影 ef⊥cd。

作图：作图过程及结果如图 2-35b 所示，具体步骤如下。

1) 先过积聚性投影 a(b) 作投影 ef⊥cd，求出交点 f。

2) 由 f 在投影 c'd' 上求出 f'，再由 f' 作投影 e'f'//Ox 轴，即完成作图。

二、直线与平面、平面与平面的相对位置

直线与平面、平面与平面的相对位置有：平行、相交、垂直。当两几何元素中至少有一个对投影面处于特殊位置时，便可利用投影的积聚性解决位置关系判断及其投影作图问题。

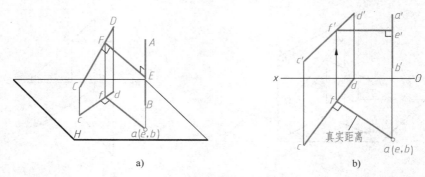

图 2-35 作交叉两直线的公垂线的投影

1. 平行问题

（1）直线与平面平行 若直线与平面平行，当平面为投影面垂直面时，则该投影面上的直线的投影必然与平面具有积聚性的投影平行。

如图 2-36a 所示，空间直线 AB 平行于平面▱DEFG，平面▱DEFG 垂直于 H 面，其水平投影积聚成直线 $d(g)e(f)$，所以直线 AB 的水平投影 ab//$d(g)e(f)$，如图 2-36b 所示。应注意直线 AB 在 V 面上的投影 $a'b'$ 的方向需根据其他条件确定。

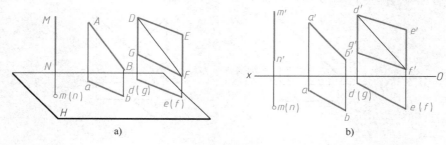

图 2-36 直线与平面平行

另外由图 2-36 可见，直线 MN 与平面▱DEFG 的水平投影都具有积聚性，说明直线 MN 与平面▱DEFG 平行，即 MN//▱DEFG。

空间一般位置直线与平面平行，则该直线必然平行于平面内的一条直线，反过来也成立。图 2-36a 所示的直线 AB 与平面▱DEFG 内的直线 DF 平行，因此，直线 AB//▱DEFG。

如图 2-37 所示，直线 MN 为一般位置直线，由于投影 $m'n'$//$c'e'$，mn//ce，因此直线 MN//CE；由于直线 CE 在 △ABC 平面内，因此空间直线 MN 与平面 △ABC 平行。

（2）平面与平面平行 若空间两平面互相平行又同时垂直于一个投影面，则在该投影面上的投影既有积聚性又必然平行。

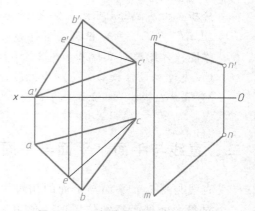

图 2-37 一般位置直线平行于平面

如图 2-38 所示，平面 △ABC // 平面 ▱DEFG，平面 ▱DEFG⊥H 面，其投影积聚成直线 $d(g)e(f)$，平面 △ABC 的 H 面投影也积聚成直线 bac，因此，两平行平面在所垂直投影面上具有积聚性的投影 $bac // d(g)e(f)$。

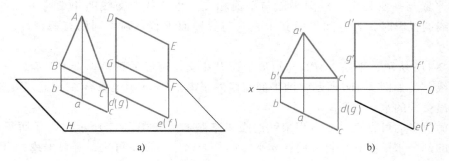

图 2-38 两垂直面平行

两一般位置平面互相平行，则须有一平面内的两相交直线与另一平面内的两相交直线对应平行。如图 2-39 所示，$a'b' // e'f'$，$ab // ef$，又有 $a'c' // g'h'$，$ac // gh$，因此直线 $AB // EF$，$AC // GH$；由于相交两直线 AB、AC 与平面 △EFG 内的相交两直线对应平行，因此，空间平面 $ABC // △EFG$。

2. 相交问题

（1）直线与平面相交 空间直线与平面相交会产生交点，交点即直线与平面的共有点。在求作交点的投影时，若空间直线或平面其中之一与投影面垂直，则可利用有积聚性的投影直接作图。

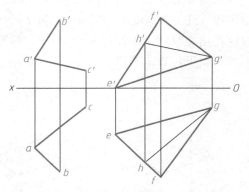

图 2-39 两一般平面平行

如图 2-40 所示，空间直线 AB 与平面 ▱DEFG 相交于点 K，▱DEFG⊥H 面，其水平投影积聚成直线 $d(g)e(f)$，因共有点 K 的水平投影 k 既要在 $d(g)e(f)$ 上，又要在 ab 上，所以投影 $d(g)e(f)$ 与 ab 的交点即为投影 k，再由 k 对应在 $a'b'$ 上确定交点 K 的正面投影 k'。

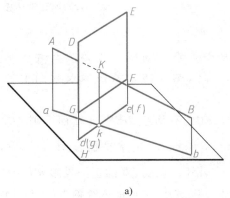

a)   b)

图 2-40 直线与平面相交

直线 AB 的正面投影 $a'b'$ 的可见性需要利用水平投影由其 y 坐标来判断。在 $\square DEFG$ 积聚性投影 $d(g)e(f)$ 前面的部分可见，而在投影 $d(g)e(f)$ 后面的部分不可见，画成虚线，交点为可见与不可见部分的分界点。

（2）平面与平面相交　空间平面与平面相交产生交线，交线即相交两平面的共有线。在求作交线的投影时，若空间平面其中之一与投影面垂直，则可利用有积聚性的投影直接作图。

如图 2-41a 所示，平面 $\triangle ABC$ 与矩形平面 P 相交，矩形平面 P 垂直于 V 面，其正面投影积聚成直线 p'。如图 2-41b 所示，两平面交线的正面投影 $m'n'$ 也重合在 p' 上，可直接求出，再对应作出交线的水平投影 mn。

两平面投影的可见性需要由积聚性的投影来判断，如图 2-41 所示，在平面积聚性的投影 p' 上面的部分水平投影可见，而在 p' 下面的部分水平投影不可见，画成虚线，可见与不可见部分的分界线为两平面的交线。

如图 2-42 所示，平面 $\triangle ABC$ 和 $\triangle DEF$ 相交并同时垂直于 V 面，两平面的正面投影分别积聚成直线 $a'b'c'$ 和 $d'e'f'$，$a'b'c'$ 和 $d'e'f'$ 的交点即为两平面交线的正面投影，由正面投影可对应作出交线的水平投影 mn。同样，两平面水平投影的可见性需要由具有积聚性的正面投影的上、下位置来确定。

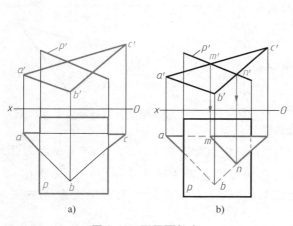

图 2-41　两平面相交

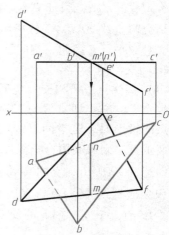

图 2-42　两正垂面相交

3. 垂直问题

（1）直线与平面垂直　若空间直线与平面垂直，则该直线必然垂直于平面上的所有直线。当平面为一个投影面的垂直面时，那么两几何元素在该投影面上的投影必然垂直。

如图 2-43 所示，空间直线 $AB\perp$ 平面 $\square DEFG$，平面 $\square DEFG\perp H$ 面，则 $AB/\!/H$ 面。因 $\square DEFG$ 平面的水平投影积聚成直线 $d(g)e(f)$，直线 AB 的水平投影 $ab/\!/AB$，所以，直线 AB 与平面 $\square DEFG$ 的水平投影 $ab\perp d(g)e(f)$。另外，直线 AB 的正面投影 $a'b'/\!/Ox$ 轴。

（2）平面与平面垂直　若两平面相互垂直，则其中一平面必然垂直于另一平面内的一条直线。若空间直线与一平面垂直，则过该直线的所有平面都垂直于另一平面。

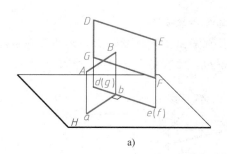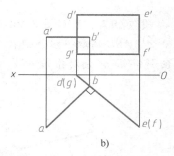

图 2-43 直线与投影面垂直

如图 2-44 所示，平面 P 的正面投影积聚成直线 p'，平面 P 为一正垂面，又因为空间平面 $\triangle ABC$ 内直线 AE 的投影 $a'e' \perp p'$，而 $ae /\!\!/ Ox$ 轴，因此直线 $AE \perp$ 平面 P，所以过直线 AE 的平面 $\triangle ABC \perp$ 平面 P。

如图 2-45 所示，平面 $\square ABCD$ 与 $\triangle BCE$ 互相垂直，$\square ABCD$ 与 $\triangle BCE$ 的水平投影分别积聚成直线 $a(d)b(c)$ 和 $b(c)e$，且 $a(d)b(c) \perp b(c)e$，因此 $\square ABCD \perp \triangle BCE$。

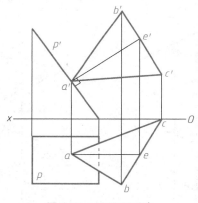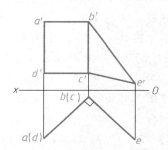

图 2-44 两平面垂直

图 2-45 垂直两平面的投影

所以，当垂直两平面同时垂直于一个投影面时，其在该投影面上的投影既有积聚性又必然垂直。另外可知，两平面在另两个投影面上的投影可以是对应的平面图形。

三、线、面综合问题分析

空间直线与平面间的相对位置关系可以用投影图清晰地表达出来，应掌握看投影图判断相对位置关系能力。此外，也应具备利用一组投影展示出空间几何元素之间的平行、相交、垂直、距离、角度等关系的能力。下面举例分析。

[例 2-11] 如图 2-46a 所示，试过已知点 M 作一水平线 MN 的两面投影，使 MN 与平面 $\triangle ABC$ 平行。

分析：平面 $\triangle ABC$ 内有若干条水平线，但它们均互相平行，即方向完全一致，因此，过点 M 且平行于平面 $\triangle ABC$ 的水平线是唯一的，必须使 MN 与平面 $\triangle ABC$ 内的一条水平线平行。

作图：作图过程及结果如图 2-46b 所示，具体步骤如下。

1）在平面 △ABC 内取一水平线，即取 a'd'//Ox 轴，并对应作出其水平投影 ad。

2）由投影 m' 和 m 分别作 m'n'//a'd'，mn//ad，则有水平线 MN//平面 △ABC。

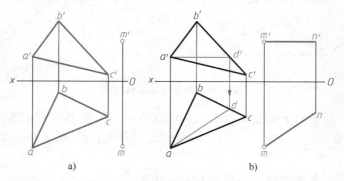

图 2-46 过点 M 作 MN//△ABC

[例 2-12] 如图 2-47a 所示，求作直线 EF 与平面 ABCD 交点 K 的两面投影，并判断可见性。

分析：由图 2-47a 可见，直线 EF⊥V 面，其投影积聚成 e'(f')。交点 K 的正面投影既要在 e'(f') 上，又要在 a'b'c'd' 内的一条直线上，因此 k' 与 e'(f') 重合。

作图：作图过程及结果如图 2-47b 所示，具体步骤如下。

1）在 e'(f') 上标出交点的投影 k'，连 a'k' 交 b'c' 于 m'，并在 bc 上求作 m。

2）在水平投影中连接 am，投影 am 与 ef 的共有点 k 即为直线 EF 与平面 ABCD 交点 K 的水平投影。

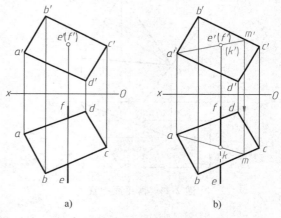

图 2-47 求直线与平面的交点

[例 2-13] 如图 2-48a 所示，试过空间点 A 作平面 △ABC，使平面 △ABC 既平行于直线 MN 又垂直于平面 ▱DEFG。

分析：平面 ▱DEFG 垂直于 H 面，其水平投影积聚成直线 d(g)e(f)。若过点 A 作直线 AB⊥平面 ▱DEFG，则过直线 AB 的所有平面都垂直于 ▱DEFG 平面。此时必有直线 AB//H 面。

由于过点 A 的平面还要平行于直线 MN，根据直线平行于平面的几何条件，作 AC//MN 即可。则所构成的平面 △ABC 既平行于直线 MN 又垂直于平面 ▱DEFG。

作图：作图过程及结果如图 2-48b 所示，具体步骤如下。

1）过点 A 的水平投影 a 作投影 $ab \perp d(g)e(f)$，并确定垂足 b。

2）过点 A 作水平线 AB 的正面投影 $a'b'$，其正面投影 $a'b' // Ox$ 轴。

3）过点 A 的投影对应作出 $ac // mn$，$a'c' // m'n'$，连接 abc 与 $a'b'c'$ 即可得到平面 $\triangle ABC$ 的两投影。

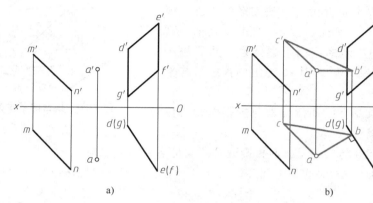

图 2-48　过点 A 作平面

[例 2-14]　如图 2-49a 所示，试过空间直线 AB 的端点 B 作平面 $\triangle BCD$，并使平面 $\triangle BCD \perp$ 直线 AB。

分析：因 AB 为一般位置直线，与其垂直的平面 $\triangle BCD$ 必然也是一般位置平面。又因 $AB \perp \triangle BCD$，故直线 AB 必垂直于平面 $\triangle BCD$ 内的所有直线，所以，直线 AB 必垂直于平面 $\triangle BCD$ 内的投影面平行线。因此，可利用两垂线的直角投影定理作图。

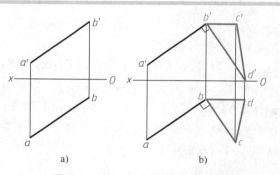

图 2-49　作一般位置直线的垂面

作图：作图过程及结果如图 2-49b 所示，具体步骤如下 。

1）求作垂直于直线 AB 的水平线 BC 的两面投影，即作 $b'c' // Ox$ 轴，$bc \perp ab$。

2）求作垂直于直线 AB 的正平线 BD 的两面投影，即作 $bd // Ox$ 轴，$b'd' \perp a'b'$。

3）分别连接 cd 与 $c'd'$，即完成所求平面 $\triangle BCD$ 的作图。

第五节　投影变换

一、投影变换的概念

从前面的讨论可知，当空间几何元素在两面投影体系中处于特殊位置时，其投影可直接反映实长、实形及对投影面的真实倾角。而要解决一般位置直线、平面的实长、实形及倾角问题，可以更换投影面，使几何元素对新的投影面处于特殊位置，以便利用特殊位置直线、平面的投影特性求解。

如图 2-50 所示，空间平面 $\triangle CDE$ 在 V/H 两面投影体系中，垂直于 H 面但并没有反映实形的投影。现作新的投影面 V_1 平行于平面 $\triangle CDE$，且 $V_1 \perp H$ 面，这样 V_1 面与 H 面便构成新的两面投影体系。然后将平面 $\triangle CDE$ 向 V_1 面进行投射，则 V_1 面上的投影反映平面 $\triangle CDE$ 的实形。

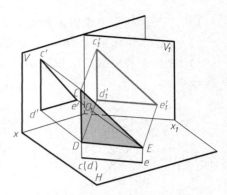

图 2-50 换面的基本方法

更换投影面来改变空间几何元素与投影面相对位置的方法，称为换面法。

用换面法解空间几何问题时，新投影面必须满足下列两条原则：

1）新投影面必须对相关联的空间几何元素处于有利于解题的特殊位置。

2）新投影面必须垂直于原有的一个投影面，以构成新的两面投影体系。

二、点的换面规律

点是最基本的几何元素，因此，必须首先掌握点的换面的作图方法及规律。

1. 点的一次换面

图 2-51 展示了将 V/H 投影体系中的空间点 A 转换成 V_1/H 投影体系的投影的换面方法。

如图 2-51a 所示，保持 H 面不变，用与 H 面垂直的新投影面 V_1 来代替 V 面，建立新投影体系 V_1/H，V_1 面与 H 面的交线 $O_1 x_1$ 作为新的投影轴，空间点 A 在 V_1 面上的投影用 a_1' 表示。在新投影面展开时，将 V_1 面绕 $O_1 x_1$ 轴旋转到与 H 面重合，使投影 a 和 a_1' 处在同一平面内。用新投影体系 V_1/H 中的投影 a 和 a_1'，同样可以确定点 A 的空间位置。

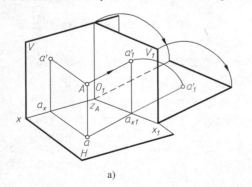
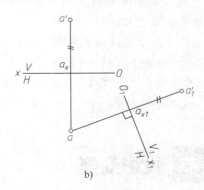

a) b)

图 2-51 点的一次换面

由图 2-51b 可知，点 A 的新投影 a_1' 的位置与原投影 a 和 a' 的关系：点 A 的投影 a_1' 与 a 的连线 $aa_1' \perp O_1 x_1$ 轴，a_1' 与 a' 的位置保持着 $a_1' a_{x1} = a' a_x = Aa$ 的关系。

根据以上分析，可总结出点的换面法规律：

1）在新体系中点的新投影与不变投影的连线必垂直于新的投影轴。

2）新投影到新投影轴的距离等于被替换的投影到旧投影轴的距离。

2. 点的二次换面

利用上述规律可以由点的两个旧投影求作出新投影。在解决某些问题时仅更换一次投影面还不够，而需要连续多次变换投影面。

图 2-52 展示了点 A 的两次换面的方法。第一次用 V_1 面替换 V 面，第二次用 H_2 面替换 H 面。在第二次换面中，新投影面 H_2 必须与第一次更换的投影面 V_1 垂直，以构成相互垂直的新投影体系 V_1/H_2。

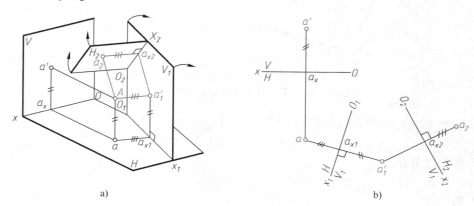

图 2-52　点的二次换面

在第二次换面中，当求作点 A 在 H_2 面上的新投影时，以 V_1/H 投影体系中的投影 a 和 a_1' 作为旧投影，运用点的换面法规律作出投影 a_2。由图 2-52b 可见，在 V_1/H 投影体系中 $aa_1' \perp O_1x_1$ 轴，$a_1'a_{x1} = a'a_x$，而在 H_2/V_1 新投影体系中 $a_1'a_2 \perp O_2x_2$ 轴，$a_2a_{x2} = aa_{x1}$。

在需要两次或多次换面时，也可以先换 H 面后换 V 面，即第一次用 H_1 替换 H 面，第二次用 V_2 面替换 V 面。

必须注意：更换投影面的先后顺序应根据解题需要确定。在进行多次换面时投影面的更换必须交替进行。

三、换面法的基本作图

下面将介绍换面法中的四个基本作图问题，它们都是将一般位置直线或平面变换成投影面的特殊位置直线或平面进而求解投影问题的。换面过程中只要遵循点的变换规律，求作出直线或平面上特殊位置点的新投影，便可确定直线或平面的新投影。

1. 将一般位置直线变换成投影面平行线

图 2-53 展示了将一般位置直线 AB 变换成投影面平行线的作图方法。构建新投影面 V_1 面，使 V_1 面 $//AB$，且 V_1 面 $\perp H$ 面并交于 O_1x_1 轴。在新投影体系 V_1/H 中，因直线 $AB//V_1$ 面，过直线 AB 的铅垂投射面 $ABba//V_1$ 面，所以 O_1x_1 轴 $//ab$。

作直线 AB 在 V_1 面上的投影时，先由投影 a、b 根据点的换面法规律作出投影 a_1'、b_1'，然后连接得到投影 $a_1'b_1'$。分析可知新投影 $a_1'b_1'$ 反映直线 AB 的实长，投影 $a_1'b_1'$ 与 O_1x_1 轴的夹角为空间直线 AB 对 H 面的真实倾角 α。

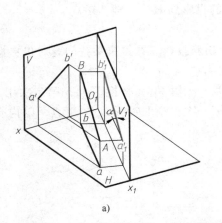

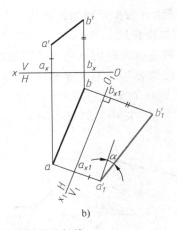

图 2-53　将一般位置直线变换成投影面平行线

如图 2-54 所示，若要求一般位置直线 AB 对 V 面的倾角 β，需使新投影轴 $O_1x_1 /\!/ a'b'$，所求投影 $a_1b_1 = AB$，而 a_1b_1 与 O_1x_1 轴的夹角即为倾角 β。

所以，由以上图例可得到将一般位置直线变换成投影面平行线的作图特点：

1）新投影轴必须平行于直线的一面投影，则可按点的换面法规律求出直线在新投影面上的投影，新投影反映直线的实长。

2）求直线对某投影面的倾角，新投影轴必须平行于直线在该投影面上的投影。

2. 将投影面平行线变换成投影面垂直线

图 2-55 展示了将水平线 CD 变换成投影面垂直线的作图方法。

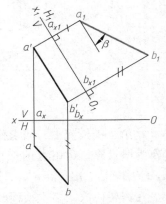

图 2-54　求直线 AB 的 β 倾角

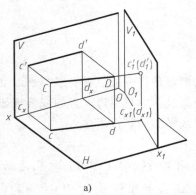

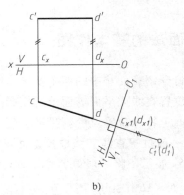

图 2-55　将水平线变换成投影面垂直线

构建新投影面 V_1 面，使 V_1 面 $\perp CD$，则有 V_1 面 $\perp H$ 面并交于 O_1x_1 轴。在新投影体系 V_1/H 中，直线 CD 为 V_1 面的垂直线，其投影具有积聚性。

可见新投影轴 O_1x_1 与直线 CD 的 H 面投影 cd 垂直，即 O_1x_1 轴 $\perp cd$。作图时运用点的换

面法规律作出直线 CD 的 V_1 面积聚性投影 $c'_1(d'_1)$。

所以，将投影面平行线变换成投影面垂直线的作图特点是：

★新投影轴必须与反映直线实长的那个投影垂直，则所得新投影具有积聚性。

从以上的分析与作图过程可知，要将一般位置直线变换成投影面垂直线，则需要经过两次变换。首先将一般位置直线变换成投影面平行线，再将其变换成投影面垂直线。

3. 将一般位置平面变换成投影面垂直面

图 2-56 展示了将一般位置平面 $\triangle ABC$ 变换成投影面垂直面的换面方法。

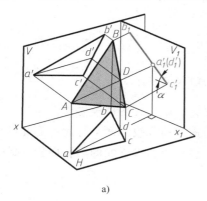
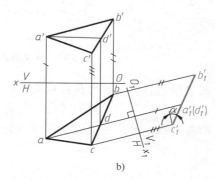

a)   b)

图 2-56　将一般位置平面变换成投影面垂直面

由于新投影面要既垂直于平面 $\triangle ABC$，又垂直于一原有投影面，因此，新投影轴必须垂直于平面 $\triangle ABC$ 内的投影面平行线，而后利用投影面平行线一次变换成投影面垂直线的方法作图。因为当平面内一直线垂直于投影面时，该平面也必然同时垂直于这个投影面。

如图 2-56 所示，先在平面 $\triangle ABC$ 内取水平线 AD，其投影 $a'd' /\!/ Ox$ 轴，$ad = AD$，为使水平线 AD 为新投影面 V_1 的投影面垂直线，令新投影轴 $O_1x_1 \perp ad$，则直线 AD 在新投影面 V_1 上的投影具有积聚性，同时平面 $\triangle ABC \perp V_1$ 面并在 V_1 面上投影积聚成直线 $b'_1a'_1c'_1$。平面 $\triangle ABC$ 即为新投影体系 V_1/H 中的投影面垂直面。

由图 2-56b 可见，平面 $\triangle ABC$ 具有积聚性的投影 $b'_1a'_1c'_1$ 与 O_1x_1 轴的夹角即为平面 $\triangle ABC$ 对 H 面的倾角 α。若要求平面 $\triangle ABC$ 对 V 面的倾角 β，必须在平面 $\triangle ABC$ 内取一条正平线，然后使正平线为新投影面 H_1 的投影面垂直线，则该平面 $\triangle ABC$ 在 H_1 面上的积聚性投影 $a_1b_1c_1$ 与 O_1x_1 轴的夹角即为 β 角。

所以，将一般位置平面变换成投影面垂直面的作图特点是：

1）取投影面的平行线，使新投影轴垂直于反映直线实长的投影。

2）若要求平面对某一投影面的倾角，必须取该投影面的平行线。

4. 将投影面垂直面变换成投影面平行面

图 2-57 展示了将投影面垂直面 $\triangle ABC$ 变换成投影面平行面的作图方法。

由图 2-57 可见，平面 $\triangle ABC \perp H$ 面，平面 $\triangle ABC$ 的水平投影积聚成直线 abc，因此要使新投影面 V_1 平行于平面 $\triangle ABC$，则新投影面 V_1 必须要垂直于 H 面，故作新投影轴 $O_1x_1 /\!/ abc$。然后对应在新投影体系 V_1/H 中作出 V_1 面上的新投影 $a'_1b'_1c'_1$，新投影 $a'_1b'_1c'_1$ 反映平面 $\triangle ABC$ 的实形。

所以，将投影面垂直面变换成投影面平行面的作图特点是：

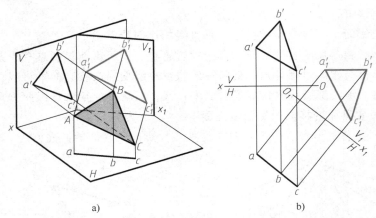

图 2-57 将投影面垂直面变换成投影面平行面

★新投影轴必须与平面具有积聚性的那个投影平行，则新投影反映实形。

从以上的分析与作图过程可知，要将一般位置平面变换成投影面平行面，需要进行两次变换，即首先将一般位置平面变换成投影面垂直面，然后将新投影面的垂直面变换成投影面平行面。

四、换面法的应用

应用换面法解题时，首先分析空间几何元素间的相对位置关系，几何元素处于特殊位置时才易于解题，然后确定换面的具体步骤，并应用上述基本方法进行作图求解。

图 2-58 展示了特殊位置几何元素的投影，可直接反映其空间距离、角度等关系。

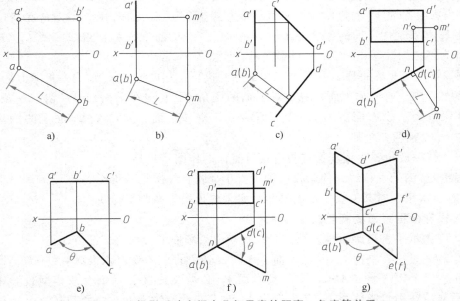

图 2-58 投影反映空间中几何元素的距离、角度等关系

a）两点间距离 b）点到直线的距离 c）两直线间距离 d）点到平面的距离
e）两直线间夹角 f）直线与平面的夹角 g）两平面间夹角

[例 2-15]　如图 2-59a 所示，求点 A 到直线 BC 的垂线 AF 的投影。

分析：图 2-59a 中直线 BC 为一般位置直线，不是投影面平行线，不能利用直角投影定理作图。因此，可用换面法将直线 BC 变换成投影面平行线，然后便可利用直角投影定理求直线 BC 的垂线的投影并返回。

另外，也可两次变换将平面 △ABC 变换成投影面垂直面，再将投影面垂直面变换成投影面平行面，求出垂线距离后返回 V/H 体系中求出垂线 AF 的两面投影。

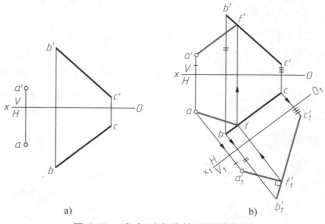

图 2-59　求点到直线的垂线的投影

作图：作图过程及结果如图 2-59b 所示，具体步骤如下。

1）先作 O_1x_1 轴 $//bc$，则 $BC//V_1$ 面，求出 V_1 面上的投影 a_1' 及 $b_1'c_1'$，则有 $b_1'c_1'=BC$ 实长。

2）过投影 a_1' 作垂线 $a_1'f_1' \perp b_1'c_1'$，由投影 f_1' 返回 V/H 体系中作出水平投影 af，再对应作出 $a'f'$ 即可。

[例 2-16]　如图 2-60a 所示，已知平面多边形 ABCDEF 对 H 面的倾角 $\alpha=45°$，补作出多边形 ABCDE 的正面投影。

分析：如图 2-60a 所示，由 $a'b'//Ox$ 轴可知边 $AB//H$ 面，则 AB 必然垂直于一铅垂投影面，平面多边形 ABCDE 也垂直于该投影面，其具有积聚性的投影与新投影轴的夹角即为平面多边形 ABCDE 的真实倾角 α。

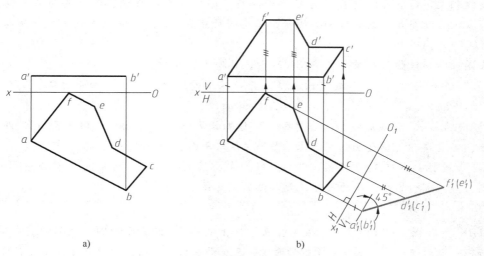

图 2-60　求平面的正面投影

作图：作图过程及结果如图 2-60b 所示，具体步骤如下。

1）用 V_1 面替换 V 面，使新投影轴 $O_1x_1 \perp ab$，则平面内边线 AB 在 V_1 面上的投影积聚成一点 $a'_1(b'_1)$。

2）过投影 $a'_1(b'_1)$ 作与 O_1x_1 轴成 45° 的直线，得到平面多边形 $ABCDE$ 积聚成直线的投影 $a'_1(b'_1)d'_1(c'_1)f'_1(e'_1)$。

3）由平面多边形 $ABCDE$ 的水平投影 $abcdef$ 作垂直于 Ox 轴的连线，分别对应度量 $a'_1(b'_1)$、$d'_1(c'_1)$、$f'_1(e'_1)$ 的坐标，返回作出平面多边形 $ABCDE$ 的正面投影 $a'b'c'd'e'f'$。

[例 2-17]　如图 2-61a 所示，试过点 A 作一条直线 AB 与已知两直线 CD 和 EF 同时相交，求作直线 AB 的两面投影。

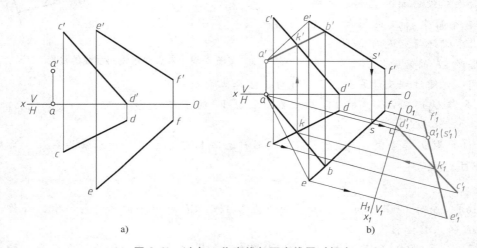

a)　　　　　　　　　　　b)

图 2-61　过点 A 作直线与两直线同时相交

分析：由图 2-61a 可知，直线 CD 与 EF 为两交叉直线，过点 A 可作无数条直线与其中一条直线相交，这些直线均在点与直线构成的平面内。要求所作直线还要与另一条直线相交，那么该直线与前面的点线构成的平面必有一交点 K，过点 A 和点 K 的直线必定与已知的直线 CD、EF 同时相交。

作图：作图过程及结果如图 2-61b 所示，具体步骤如下。

1）过点 A 与直线 EF 构成平面 AEF，并在该平面内取一条投影面平行线。现取平行于 H 面的水平线 AS，即作 $a's' /\!/ Ox$ 轴再对应求出 as。

2）将直线 AS 变换成投影面垂直线，即作新投影轴 $O_1x_1 \perp as$，此时平面 AEF 则变成了垂直面，可直接利用该面的积聚性求出直线 CD 与平面 AEF 的交点 K 的投影 k'_1。

3）由投影 k'_1 返回 V/H 投影体系求出投影 k、k'，连接 AK 的两面投影 ak 及 $a'k'$ 并延长，即得到与直线 EF 交于点 B 的投影，此时即完成作图。

[例 2-18]　如图 2-62a 所示，求变形接头零件上侧平面 $ABCD$ 和 $ABFE$ 之间的夹角。

分析：当两平面的交线垂直于投影面时，两平面在该投影面上的投影为两相交直线，它们之间的夹角即反映两平面间的真实夹角。因此，需要将两侧平面的交线变换成投影面垂直线。

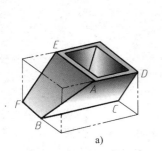

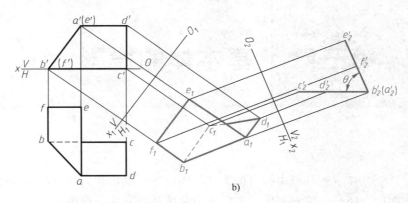

图 2-62　求两平面间的夹角

作图： 作图过程及结果如图 2-62b 所示，具体步骤如下。

1) 使侧平面 $ABCD$ 和 $ABFE$ 的交线 AB 经两次变换成为投影面垂直线，即先使投影轴 $O_1x_1 /\!/ a'b'$，再使投影轴 $O_2x_2 \perp a_1b_1$。

2) 在新投影体系 V_2/H_1 中，投影 $c_2'b_2'e_2'$ 即为变形接头零件上侧平面 $ABCD$ 和 $ABFE$ 之间的夹角 θ。

第三章 基本体的投影

立体一般都是由各自的表面所围成的，表面均为平面的立体称为平面立体，表面包含曲面的立体称为曲面立体。本章主要介绍基本立体的投影、立体表面上交线的投影及轴测投影作图。

本章的投影作图只研究立体的形状及其表面上线、面间的关系，并不讨论立体与投影面之间的位置，故作投影图时不再画出投影轴。

第一节 平面立体

平面立体是由几个多边形平面所围成的，不同数量和位置的空间平面将构成不同的平面立体。平面立体的表面有若干个交点、棱线和平面。

一、平面立体的投影

绘制平面立体的投影，首先要分析立体表面上平面的形状，以及线面间的位置关系，然后分别作出立体表面上不同位置的交点、棱线和平面的投影。

1. 棱柱的投影

图 3-1 展示了正五棱柱的投影过程和三面投影图。

分析：由图 3-1 可见，五棱柱有五个侧棱面，包括一个正平面和四个铅垂面，它们的水平投影均具有积聚性，后面的一个正平面的 V 面投影反映实形，侧面投影具有积聚性，四个铅垂面的正面和侧面投影均为面积缩小的类似形。五棱柱的顶面和底面都是水平面，它们的水平投影反映实形，正面和侧面投影均具有积聚性。

作图：首先作出五棱柱三面投影的中心线、对称线，并作五棱面具有积聚性的水平投影正五边形。然后作出五棱柱顶面和底面在 V、W 面上积聚为直线的投影，以确定棱柱的高度。再由五个侧棱面积聚为正五边形的水平投影，对应作出侧棱面相交的五条棱线在 V、W 面上的投影。

图 3-1 所示五棱柱表面上的点 M 在棱面 ABCD 上，由于棱面 ABCD 的水平投影积聚成直线 $a(d)b(c)$，故点 M 的水平投影必然在该面的积聚性投影上。若已知点 M 的正面投影 m'，可利用积聚性直接作出水平投影 m，再对应作出侧面投影 m''。

2. 棱锥的投影

图 3-2 展示了三棱锥的两面投影过程和三面投影图。

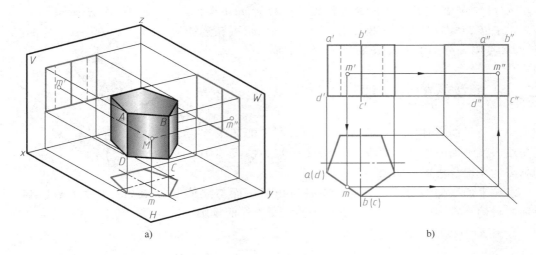

图 3-1　正五棱柱的投影

分析：由图 3-2 可见，三棱锥由四个平面所围成，其中，锥底面 $\triangle ABC$ 为水平面，其正面和侧面投影均具有积聚性；右侧面 $\triangle SBC$ 为正垂面，其正面投影具有积聚性；棱锥左部有前、后两个侧面，分别为平面 $\triangle SAB$、$\triangle SAC$，它们均为一般位置平面，所以三面投影均为类似形。

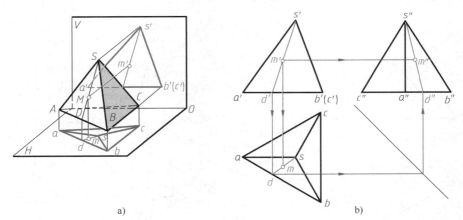

图 3-2　三棱锥的投影

作图：首先作出锥底面 $\triangle ABC$ 反映实形的水平投影 $\triangle abc$ 及具有积聚性的正面投影 $a'b'(c')$，并作右侧面 $\triangle SBC$ 具有积聚性的正面投影 $s'b'(c')$，再对应作出水平投影 $\triangle sbc$。然后连接正平棱线 SA 的正面投影 $s'a'$，再连接水平投影 sa、sb、sc，即完成两面投影图。

可根据三棱锥的两面投影对应作出其侧面投影，即先作出锥底面具有积聚性的侧面投影 $c''a''b''$，并对应作出顶点 s 的投影 s''，将投影 s'' 与锥底面的各点的投影相连接，得 $s''a''$、$s''b''$ 和 $s''c''$，即完成侧面投影。

图 3-2 所示点 M 为三棱锥表面上的点。若已知点 M 的正面投影 m'，求另两面投影。由

投影 m' 可知点 M 是棱面 $\triangle SAB$ 上的点，连接 $s'm'$ 并延长，交 $a'b'$ 于 d'，然后对应作出投影 sd 及 $s''d''$，由 m' 可在连线 SD 的各投影上分别求出 m 及 m''。

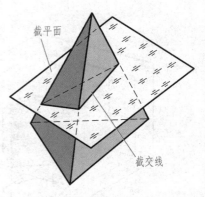

图 3-3 截交线与截平面

二、平面立体的截交线

平面与平面立体相交，在立体表面所产生的交线称为截交线，该平面一般称为截平面。截交线常为由直线围成的封闭的平面多边形，如图 3-3 所示。

求作平面立体截交线的投影，就是作出截平面与立体表面棱线的交点，以及截平面与立体表面截交直线的投影。

1. 平面与棱锥相交

[例 3-1] 如图 3-4a 所示，三棱锥被 P、Q 两平面截切，已知其正面投影，求作截切后三棱锥的另外两面投影图。

分析： 由图 3-4a 可见，三面投影所表达的基本形体即为图 3-2 所示三棱锥，被水平截面 Q 和正垂截面 P 切去顶部。水平截面 Q 与棱线 SA 有交点，与前后侧面 $\triangle SAB$ 及 $\triangle SAC$ 交出两条水平截交线。而正垂截面 P 与前后侧面 $\triangle SAB$ 及 $\triangle SAC$ 交出两条一般位置截交线，与右侧正垂面 $\triangle SBC$ 和水平截面 Q 同时截出两条正垂截交线。

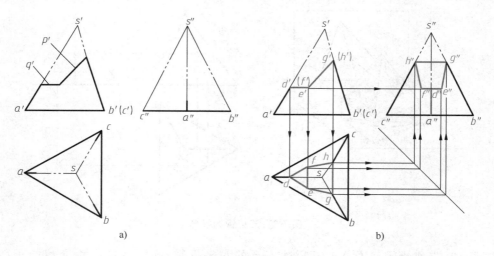

图 3-4 作三棱锥被截切后交线的投影

作图： 作图过程及结果如图 3-4b 所示，具体步骤如下。

1) 在正面投影中标出水平截面 Q 与棱线 SA 的交点投影 d'，以及水平截面 Q 与正垂截面 P 相交所产生的正垂线的投影 $e'(f')$，接着对应在水平投影 sa 上求出 d，过 d 作底边投影 ab 和 ac 的平行线 de 和 df，由正面投影 $e'(f')$ 确定 ef 位置。截交线 $\triangle DEF$ 的侧面投影积聚成直线 $f''d''e''$。

2) 在正面投影中标出正垂截面 P 与正垂面 $\triangle SBC$ 交出的正垂线的投影 $g'(h')$，并对应

在 $\triangle sbc$ 上求出 gh ，在 $\triangle s''b''c''$ 上求出 $g''h''$ 。再作正垂截面 P 与前后侧面 $\triangle SAB$ 、 $\triangle SAC$ 截交线的投影，即 eg 、 fh 及 $e''g''$ 、 $f''h''$ 。

2. 平面与棱柱相交

[例 3-2] 如图 3-5a 所示，五棱柱被平面 P 及平面 Q 截切，已知其正面投影，求作截切后五棱柱的另两投影图。

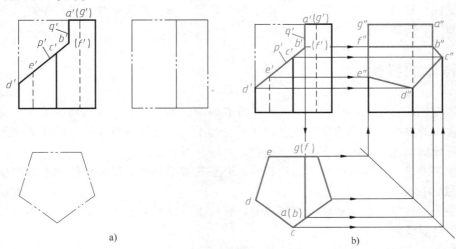

图 3-5 五棱柱被截切后交线的投影

分析：五棱柱的正面投影被平面 P 和平面 Q 所截切，其中平面 $P \perp V$ 面，平面 $Q /\!/ W$ 面，两截平面相交产生正垂线 BF ，两截平面与五棱柱截交线的正面投影积聚在两截平面的正面投影上。截平面 Q 的水平投影积聚成直线，侧面投影反映实形。作截平面 P 与各侧棱面的交线的投影，应先求出截平面 P 与各条侧棱线的交点的投影。

作图：作图过程及结果如图 3-5b 所示，具体步骤如下。

1）作截平面 Q 积聚成直线的水平投影 $a(b)g(f)$ ，并由水平投影对应作出截平面 Q 与五棱柱侧棱面交线 AB 的侧面投影 $a''b''$ 。再由截平面 Q 与 P 所交正垂线 BF 的正面投影求出其侧面投影 $b''f''$ 。

2）在五棱柱水平投影上标出截平面 P 与五棱柱侧棱线交点 C 、 D 、 E 的水平投影 c 、 d 、 e 。再由正面投影对应作出侧面投影 c'' 、 d'' 、 e'' ，将同一棱面上的投影顺序连接即可。

✎ 思政拓展：六棱钢钎是主体为六棱柱的一种常用建筑工具，通常由大锤打入软质岩石以钻孔，在所钻的孔中装填炸药，用以爆破岩石。在我国磷化工起步和振兴之路上，六棱钢钎发挥了不可磨灭的作用，扫描右侧二维码观看相关视频，并试着对六棱钢钎进行构形分析。

凿开中国磷化工产业
的钢钎

第二节 曲面立体

曲面立体是指由曲面或曲面与平面包围而成的立体。其中的曲面若是由母线（直线或曲线）绕指定轴线旋转而成的回转面，则该曲面立体为回转体。回转面的形状取决于母线的形状及母线与轴线的相对位置，回转面上任一位置的母线称为素线。工程中常见的回转体有圆柱、圆锥、圆球等。

一、回转体的投影

绘制回转体的投影就是绘制围成回转体各表面的投影。其中，作回转面的投影就是画出其外形轮廓线的投影。外形轮廓线是回转体可见与不可见部分的分界线，因此又称为转向轮廓线。转向轮廓线在不同的投影中有其确定的对应位置。

需要注意的是：在作各回转体的投影时，必须先画出轴线和圆的对称中心线的投影。

1. 圆柱的投影

圆柱是由圆柱面、顶面和底面所围成的。圆柱面可以看成是由与轴线平行的一条直母线绕其轴线回转而成的。

图 3-6 展示了圆柱的投影过程和三面投影图。

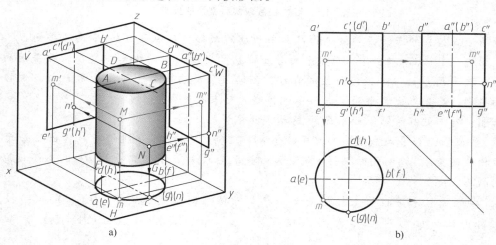

图 3-6 圆柱的投影

分析：如图 3-6a 所示，圆柱的轴线为铅垂线，圆柱面上所有的素线都垂直于水平面，所以其水平投影积聚成圆，而正面和侧面投影为转向轮廓线的投影。圆柱的顶面和底面为水平面，其水平投影反映圆的实形，而正面和侧面投影则积聚成直线，其长度等于圆柱的直径。

作图：首先画出圆柱轴线、对称中心线的各面投影，并作出圆柱面具有积聚性的水平投影圆。然后作出圆柱顶面和底面积聚成直线的正面和侧面投影，并画出前半圆柱面与后半圆柱面的分界线，即对正面的转向轮廓线的正面投影 $a'e'$ 与 $b'f'$，以及左半圆柱面与右半圆柱面的分界线，即对侧面的转向轮廓线的侧面投影 $c''g''$ 与 $d''h''$。

由图 3-6 可见，圆柱面上点 N 的正面投影 n' 在圆柱面的对称中心线投影上，说明点 N 为左半与右半圆柱面分界线，即对侧面的转向轮廓线上的特殊点，可直接对应在 $c''g''$ 上求出 n''，然后在积聚性的水平投影圆上对应作出 n。

圆柱面上的点 M 为圆柱面上的一般点，已知其正面投影 m' 时，可在积聚性的水平投影圆上确定 m，并由 y 坐标对应作出侧面投影 m''。

2. 圆锥的投影

圆锥是由圆锥面和底面所围成的。圆锥面可看成是由一条与轴线相交的直母线绕其轴线回转而成的。

图 3-7 展示了圆锥的投影过程和三面投影图。

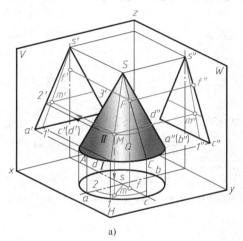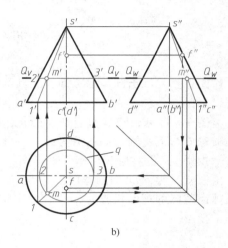

图 3-7 圆锥的投影

分析：如图 3-7a 所示，圆锥的轴线为铅垂线，圆锥面上所有的素线都交轴线于点 S。圆锥面的正面和侧面投影为转向轮廓线的投影。圆锥的底面为水平面，其水平投影反映底面圆的实形，而正面和侧面投影积聚成直线，其长度等于圆的直径。

作图：首先画出圆锥轴线、对称中心线的各面投影，并作出圆锥底面的水平投影圆，及其积聚成直线的正面和侧面投影。然后确定圆锥顶点 S 的投影 s、s'、s''。作出圆锥面上前半与后半圆锥面的分界线，即对正面的转向轮廓线的正面投影 $s'a'$ 与 $s'b'$，以及左半与右半圆锥面的分界线，即对侧面的转向轮廓线的侧面投影 $s''c''$ 与 $s''d''$。

由图 3-7 可见，圆锥面上点 F 的正面投影 f' 在轴线投影上，说明点 F 在左半与右半圆锥面的分界线上，即对侧面的转向轮廓线上的特殊点。可直接由 f' 对应作出侧面投影 f''，并由 y 坐标关系对应求出点 F 的水平投影 f。

由已知投影 m 可知圆锥面上的点 M 为一般点，先过点 M 与锥顶 S 作辅助线 SI，并作出 SI 的正面和侧面投影 $s'1'$ 及 $s''1''$，然后由 m 对应求出投影 m' 及 m'' 即可。也可利用辅助平面 Q 的截圆作出圆锥面上一般位置点 M 的各面投影。

3. 圆球的投影

圆球的表面为圆球面。圆球面可认为是一条半圆母线绕其直径回转一周而成的。

图 3-8 展示了圆球的投影过程和三面投影图。

分析：如图 3-8 所示，圆球的三面投影都是大小相同的圆，圆的直径等于圆球的直径。各投影圆为球面上对不同投影面的转向轮廓线的投影，且在另两面投影中对应为对称中心线

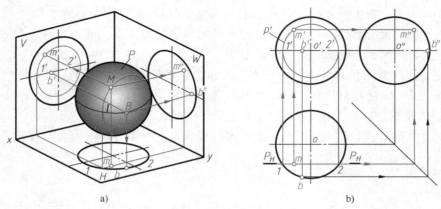

a)　　　　　　　　　　b)

图 3-8　圆球的投影

的投影。

作图：首先画出圆球的三面投影圆的对称中心线的投影，然后分别作出与圆球面等径的三面投影圆。

由图 3-8 可见，圆球面上点 B 的正面投影 b' 在水平的对称中心线的投影上，说明点 B 在上半圆球面与下半圆球面的分界线上，即对水平面的转向轮廓线上的特殊点。可直接对应作出水平投影 b，再对应作出侧面投影 b''。

由已知投影 m 可知圆球面上的点 M 为一般点。先过 m 取辅助正平面 P，并作出平面 P 与圆球面截圆的正面投影 p'，然后由 m 对应在截圆的投影上求出投影 m'，并利用 y 坐标对应作出投影 m''。

二、曲面立体的截交线

平面与曲面立体表面相交产生的截交线通常为封闭的平面曲线，它是截平面与曲面立体表面的共有线。截交线的形状取决于曲面立体的形状及截平面与立体轴线的相对位置。

截平面与回转体表面的截交线一般有圆、直线、椭圆、双曲线等。不同位置的截平面与圆柱相交可产生直线与椭圆等不同的交线，如图 3-9 所示。

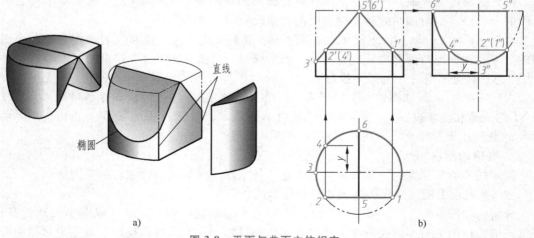

a)　　　　　　　　　　b)

图 3-9　平面与曲面立体相交

应该注意的是：截平面与回转体轴线垂直相交时，所产生的截交线总是圆。

求作截交线的投影，就是求出截交线上一系列点的投影。一般先作出特殊点的投影，再取一些一般点，然后将各点投影光滑地连接起来，再判断可见性。

1. 平面与圆柱相交

根据平面与圆柱轴线的位置不同，平面与圆柱相交会产生不同形状的截交线，见表 3-1。

表 3-1 平面与圆柱的交线

平面位置	平行于轴线	垂直于轴线	倾斜于轴线
截交线形状	矩形	圆	椭圆
立体图	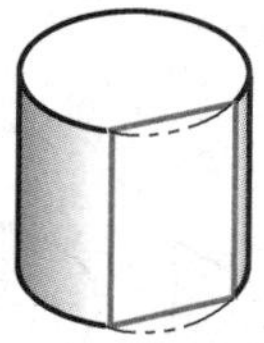	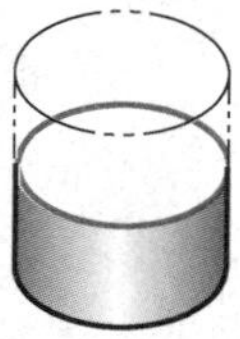	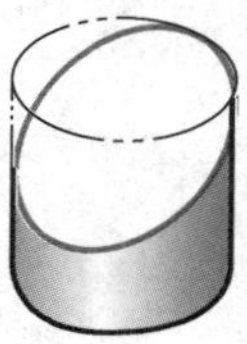
投影图	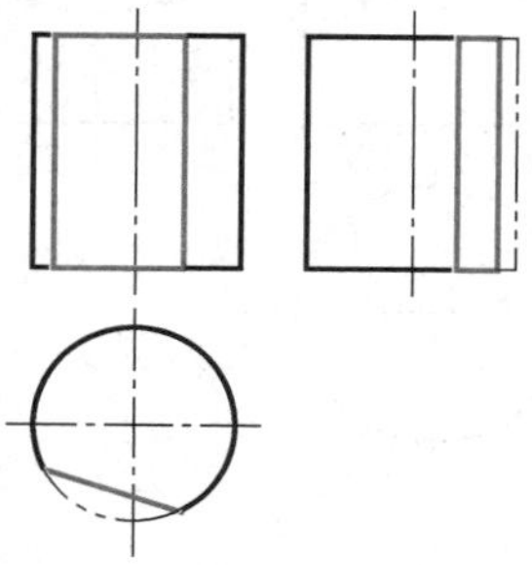	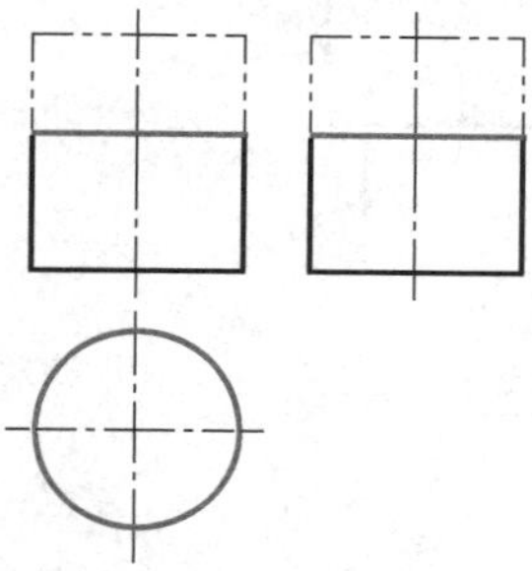	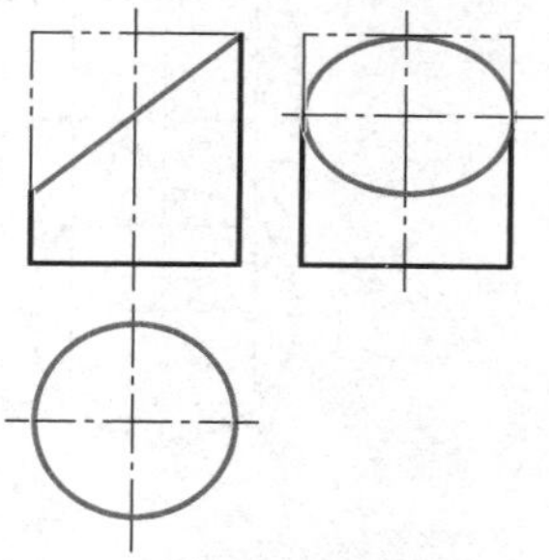

[例 3-3] 如图 3-10a 所示，圆柱被平面 P 截切，完成截切后的侧面投影。

分析：由图 3-10a 可知，圆柱面被与其轴线倾斜的正垂面 P 所截切，截交线为椭圆。截交线的正面投影与截面 P 的投影重合，水平投影与圆柱面的积聚性投影圆重合，而截交线的侧面投影仍为椭圆，须求出共有点后作出。

作图：作图过程及结果如图 3-10b~d 所示，具体步骤如下。

1）作截交线的侧面投影时，要先求出转向轮廓线上的特殊点的投影。由最低、最左点的正面投影 1′ 对应求出其侧面投影 1″，由最高、最右点 2′ 的正面投影对应求出其侧面投影 2″，再由最前点及最后点的正面投影 3′（4′）求出侧面投影 3″、4″，如图 3-10b 所示。

2）再利用圆柱面的积聚性求一般点的投影。由 5′（6′）及 7′（8′）对应求出投影 5、6 及 7、8，再由 y 坐标对应作出侧面投影 5″、6″ 及 7″、8″，如图 3-10c 所示。

3）将所求的截交线上特殊点的侧面投影及一般点的侧面投影顺序地连接起来并加粗，注意轮廓线加粗到特殊点 3″、4″ 为止，如图 3-10d 所示。

[例 3-4] 如图 3-11a 所示，圆柱左端被切出凹槽，右端被切出凸台，完成该圆柱被截切后的水平投影。

分析：由图 3-11a 可知，圆柱面两端都是由与其轴线平行的两水平面及与其轴线垂直的侧平面截切，形成的截交线为矩形及圆弧，截交线的正面投影均与截平面的正面投影重合。水平面截切形成的矩形截交线的侧面投影积聚成直线，水平投影反映实形。侧平面截切形成

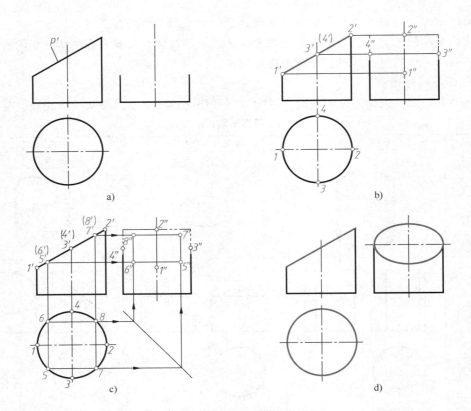

图 3-10　圆柱被斜截后的投影

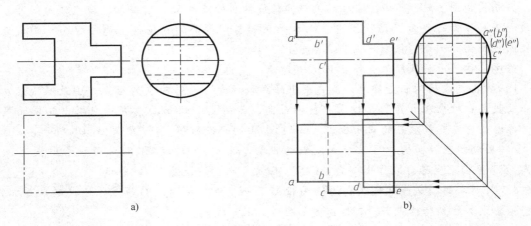

图 3-11　圆柱被截切后的投影

的圆弧截交线的侧面投影与积聚性的圆柱面投影圆重合，水平投影积聚成直线。

作图：作图过程及结果如图 3-11b 所示，具体步骤如下。

1）根据圆柱面及截交线的积聚性的侧面投影圆和直线，利用 y 坐标对应作出截平面与圆柱面相交直线 ab 的水平投影，再由正面投影对应完成矩形截交线的水平投影，并作出圆弧截交线积聚性的投影。

2）圆柱左端被水平截平面和侧平截平面切槽，水平截平面和侧平截平面相交形成正垂线，其水平投影不可见，画成虚线；侧平截平面截切所得前、后两段圆弧的投影可见，画成粗实线。应注意圆柱前、后被切掉部分的转向轮廓线的投影不再画出。

3）圆柱右端被切出凸台，截交线的水平投影 *de* 可见且前后对称，画成粗实线。

[例 3-5] 如图 3-12a 所示，已知空心切口圆柱的正面投影和水平投影，求作该切口圆柱的侧面投影。

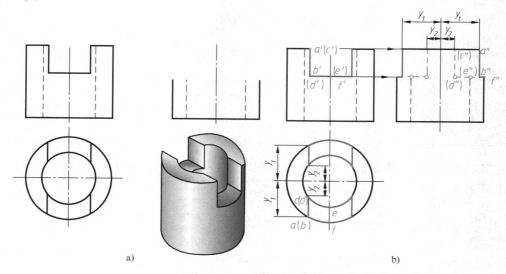

a)   b)

图 3-12　空心切口圆柱的投影

分析： 空心圆柱的切口由两个侧平面和一个水平面截切而成，该切口左右对称、前后对称。侧平截面平行于圆柱轴线，与圆柱的内、外表面的截交线均为直线，并与圆柱顶面和水平截面相交而形成矩形，其水平投影积聚为直线，侧面投影反映实形。水平截面垂直于圆柱轴线，与圆柱内、外表面的截交线均为圆弧，其水平投影与圆柱面的积聚性投影圆重合，侧面投影与水平截面的侧面投影重合。

作图： 作图过程及结果如图 3-12b 所示，具体步骤如下。

1）根据水平投影，利用 *y* 坐标作出侧平截面与圆柱外表面的交线的侧面投影 *a″b″*，由立体的前后对称关系作出另一侧投影。

2）由柱孔内表面的水平投影 *c(d)* 和 *y* 坐标作出 (*c″*)(*d″*)，由立体的前后对称关系作出另一侧投影。

3）由正面投影对应水平截面与圆柱面截交线的侧面投影。注意投影 *f″b″* 为粗实线，而投影 *b″(d″)* 为虚线，*f″(d″)* 以上的转向轮廓线投影由于被截切掉而不画。

2. 平面与圆锥相交

根据平面与圆锥轴线的位置不同，平面与圆柱相交会产生不同形状的截交线，见表 3-2。

表 3-2 平面与圆锥的交线

平面的位置	过锥顶	不过锥顶			
		$\theta = 90°$	$\theta > \alpha$	$\theta = \alpha$	$\theta = 0$ 或 $\theta < \alpha$
截交线形状	等腰三角形	圆	椭圆	抛物线和直线	双曲线和直线
立体图					
投影图					

常用辅助平面法求作圆锥被平面截切交线的投影，圆锥被正平面 P 所截切的作图过程如图 3-13 所示。

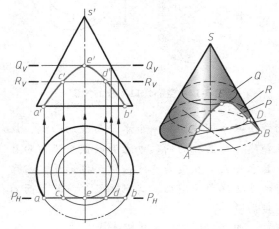

图 3-13 圆锥被正平面 P 截切

[例 3-6] 如图 3-14a 所示，圆锥被水平面 Q 和正垂面 P 截切，完成截切后交线的投影。

分析：水平截平面 Q 的侧面投影积聚成一直线，交线圆弧的侧面投影与之重合，而水平投影反映圆弧的真实形状。正垂截平面 P 的交线为抛物线，其侧面投影和水平投影均为曲线，须用辅助平面法求点作出。Q 和 P 两截平面相交形成一条正垂线，其正面投影积聚成了一点，水平和侧面投影反映实形。

作图：作图过程及结果如图 3-14b 所示，具体步骤如下。

1）画出截平面 Q 与圆锥面交线圆弧的水平投影，圆弧画至截平面 Q 与 P 的交线处。作出交线圆弧积聚成直线的侧面投影，投影 $1''2''$ 的长度由水平投影 12 根据 y 坐标确定。

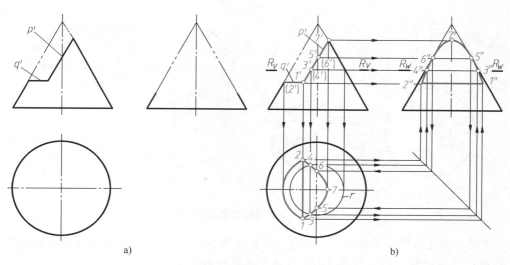

图 3-14 圆锥被截切后的投影

2）作截平面 P 交线上的特殊点的投影。先由最高、最右点的投影 $7'$ 求出投影 7 及 $7''$，再由左右转向轮廓线上的点的投影 $5'(6')$ 求出投影 $5''$ 和 $6''$，并对应求出水平投影 5 和 6。

3）作辅助平面求一般点的投影。过交线上的点的投影 $3'(4')$ 作辅助水平面 R，平面 R 与圆锥面的交线为圆，水平投影反映圆的实形。由 $3'(4')$ 对应求出投影 3、4 及 $3''$、$4''$。

4）将所求交线上的特殊点和一般点的投影顺序连接起来，即完成圆锥被截切后的投影。

3. 平面与圆球相交

平面与圆球在任意位置相交，所产生的截交线都是圆。

（1）截平面平行于投影面　圆截交线在截平面所平行的投影面上的投影反映实形，另两面投影与截平面积聚成直线的投影重合，如图 3-15 所示。

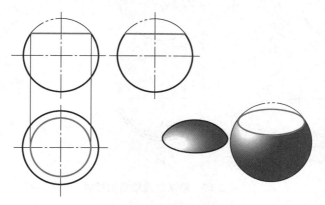

图 3-15 平面与圆球相交

[例 3-7]　如图 3-16a 所示，已知半圆球上部被切槽后的正面投影，完成其另两面投影。

分析：由图 3-16a 可见，半圆球面被一个水平面和两个侧平面切出凹槽，截交线的正面投影与截平面的正面投影重合。水平截平面与圆球面相交得两段水平圆弧，其水平投影反映实形。两侧平截平面与圆球面相交得两段平行于侧面的圆弧，其侧面投影反映实形。水平截平面

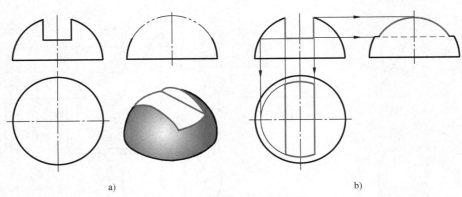

图 3-16　半圆球被切槽后的投影

与两侧平截平面交出两条正垂线，其正面投影积聚为点，水平投影和侧面投影均反映实形。

作图：作图过程及结果如图 3-16b 所示，具体步骤如下。

1）画出水平截平面所截两段圆弧的水平实形投影，而水平截平面的侧面投影积聚成直线，且不可见，画成虚线，截交线圆弧的投影与之重合于两端为实线段。

2）作两侧平截平面所截圆弧的侧面实形投影，两侧平截平面的水平投影积聚成两直线，与水平截平面交线的水平投影与之重合。

（2）截平面垂直于投影面

［例 3-8］　如图 3-17a 所示，圆球被正垂面 P 截切完成其水平投影。

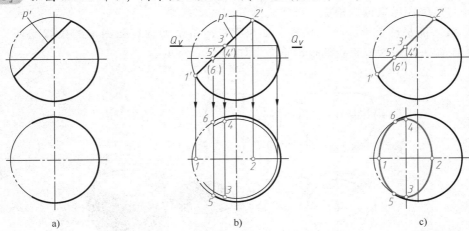

图 3-17　圆球被截切后的投影

分析：由图 3-17a 可见，正垂面 P 截切圆球面的截交线形状为圆，其正面投影与截平面 P 的投影重合。由于截平面 P 倾斜于水平面，因此截交线圆在水平面上的投影为椭圆。要作出该投影椭圆，必须求出截交线圆上的特殊点和一般点的投影，而后连接作出投影椭圆。

作图：作图过程及结果如图 3-17b、c 所示，具体步骤如下。

1）求出圆球面转向轮廓线上的特殊点的投影。即由前后转向轮廓线上的最低、最左点的投影 $1'$ 和最高、最右点 $2'$ 的投影，对应求出水平投影 1 和 2。再由上下转向轮廓线上点的投影5′(6′) 对应求出水平投影5 和6。

2）取投影1′2′的中点3′(4′)，过3′(4′) 取辅助水平截面Q，平面Q 与圆球面相交得截交线圆，其水平投影反映实形。由3′(4′) 对应在截交线圆的水平投影上求出投影3、4，直线段34 即为投影椭圆的长轴。

3）可利用辅助平面法再取一些一般点，然后顺序连接各点投影并判别可见性。

4. 平面与组合体相交

两个以上基本体构成组合体，平面与组合体多个表面相交，产生几段不同形状的截交线时，不同形状截交线的分界点必在组合体的分界线上。因此，作组合体截切后的投影时，应先确定基本体的形状及相邻立体间的分界线，然后，根据立体形状和各段截交线的特征完成投影。

[**例 3-9**] 如图 3-18a 所示，组合体被正垂面 P 和水平面 Q 截切，作出截切后的侧面投影和水平投影。

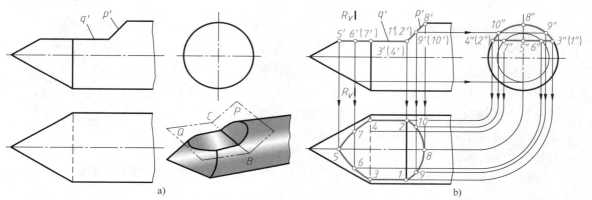

a)　　　　　　　　　　　　　　　　b)

图 3-18　组合体被截切后的投影

分析：由图 3-18a 可见，组合体由圆锥和圆柱构成，圆锥与圆柱的轴线重合且垂直于侧面。水平面 Q 平行于立体轴线，截交线分别为双曲线和矩形，其水平投影反映实形，侧面投影与水平面 Q 的积聚性投影重合。而正垂面 P 倾斜于立体轴线，截交线为椭圆弧，其侧面投影与圆柱面的积聚性投影重合，水平投影为椭圆曲线。截平面 Q 与 P 相交于正垂线 BC，其正面投影积聚为一点，水平投影和侧面投影均反映实形。

作图：作图过程及结果如图 3-18b 所示，具体步骤如下。

1）作平面 Q 与圆柱面的截交线的投影。首先作出平面 Q 的积聚性侧面投影，再由平面 P 与平面 Q 的交线的正面投影1′(2′) 确定侧面投影(1″)(2″)，然后对应作出水平投影12。由圆柱面截交直线的投影3′1′和 (4′)(2′) 确定侧面投影3″(1″) 和4″(2″)，然后对应作出水平投影31 和42。

2）作平面 Q 与圆锥面的截交线的投影。先由在前后转向轮廓线上的最左点的投影5′确定侧面投影5″和水平投影5。在正面投影中确定 2 个一般点的投影6′(7′)，利用辅助侧平面 R 作出侧面投影6″和7″，然后对应作出水平投影6 和7。顺序连接各点投影完成水平投影。

3）作平面 P 与圆柱面的截交线的投影。先由在前后转向轮廓线上的最高、最右点的投影8′确定侧面投影8″和水平投影8。在正面投影中确定 2 个一般点的投影9′(10′)，在圆柱面的积聚性侧面投影圆上确定9″和10″，然后对应作出水平投影9 和10。顺序连接各点投影完成水平投影。

从以上的分析和作图，可总结出作回转体表面截交线的方法与步骤：

1）分析回转体的投影并想清该立体的空间形状。

2）确定截平面与立体的相对位置并分析截交线。

3）利用轮廓线或积聚性求作截交线上的特殊点。

4）利用辅助截平面求作截交线上一般点的投影。

5）顺序光滑连接截交线上各点的投影，并判别可见性。

第三节 两回转体表面相交

两回转体表面相交产生的交线称为相贯线，如图 3-19a 所示。相贯线是两立体表面的共有线，一般是封闭的空间曲线，特殊情况下可以是平面曲线或直线。

一、辅助平面求点法

求作两立体表面相贯线的投影，就是求出两立体上共有点的投影。转向轮廓线上的特殊点可直接求出，而相贯线上的一般点常利用辅助平面法求作。辅助平面法的作图原理如图 3-19b 所示，辅助平面 P 同时截切圆锥和圆柱，截交线圆与直线交于点 M、N，

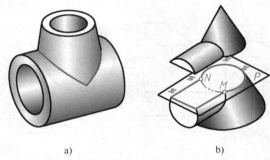

a)　　　　　　　　b)

图 3-19　回转体表面的相贯线

改变截平面 P 的位置即可求出两立体表面一系列的共有点。然后，顺序连接各点投影即可作出相贯线的投影。

辅助平面的选择原则：

1）辅助平面必须处于平行或垂直于某个投影面的特殊位置。

2）辅助平面与两回转体同时相交，所产生的截交线的形状必须是直线或圆。

1. 两圆柱相交

[例 3-10]　图 3-20a、b 所示，求作两圆柱相贯线的投影。

分析：由图 3-20b 可知，两圆柱轴线垂直相交，所产生的相贯线为封闭的空间曲线，且前后、左右对称。小圆柱面的水平投影积聚成圆，相贯线的水平投影与之重合。而大圆柱面的侧面投影积聚成圆，相贯线的侧面投影在小圆柱共有的一段圆弧上，可见只需作出两圆柱面相贯线的正面投影。辅助平面选择水平面、正平面和侧平面均可。

作图：作图过程及结果如图 3-20c 所示，具体步骤如下。

1）确定两转向轮廓线的交点，即最左、最右点的投影 $1'$、$2'$。由在小圆柱转向轮廓线上的最前、最后点的投影 $3''$、$4''$ 确定 $3'(4')$。

2）取辅助正平面 P，平面 P 与两圆柱面的截交线均为直线，由同一截平面内两直线的交点的投影 5、6 和 $5''(6'')$ 确定 $5'$、$6'$。

3）顺序连接各点则完成相贯线的投影。

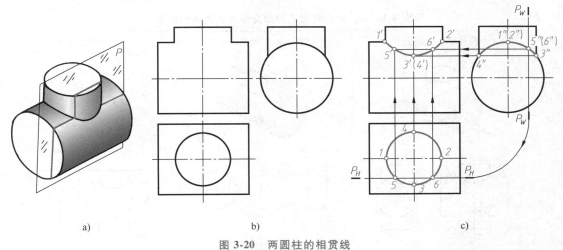

a)　　　　　　　　　　　b)　　　　　　　　　　　c)

图 3-20　两圆柱的相贯线

[例 3-11]　如图 3-21a 所示，求作半圆筒穿圆柱立孔后相贯线的投影。

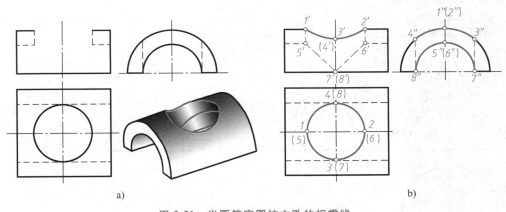

a)　　　　　　　　　　　　　　　　　　b)

图 3-21　半圆筒穿圆柱立孔的相贯线

分析：由图 3-21a 可知，圆柱立孔与半圆筒的内、外圆柱面均有相贯线。由于半圆筒的轴线垂直于侧面，而圆柱立孔的轴线垂直于水平面。因此，相贯线的侧面投影与半圆筒积聚性的投影半圆部分重合，其水平投影与圆柱孔积聚性的投影圆重合，现只需作出相贯线的正面投影。因半圆筒与圆柱立孔的轴线垂直相交，所以其内、外半圆筒转向轮廓线的正面投影相交。

作图：作图过程及结果如图 3-21b 所示，具体步骤如下。

1）作半圆筒内、外回转表面轮廓线相交的特殊点的投影 $1'$、$2'$、$5'$、$6'$，由 $3''$、$4''$ 与 3、4 对应求出 $3'$（$4'$），再由 $7''$、$8''$ 求出 $7'$（$8'$）。

2）可作辅助平面求一般点，再分别连接外表面相贯线的投影粗实线及内表面相贯线的投影细虚线。

表 3-3 列出了常见的内、外圆柱面不同相交情况相贯线的投影。

表 3-3　内、外圆柱面不同相交情况相贯线的投影

类型	两外圆柱面相交	外圆柱面与圆柱孔相交	两圆柱孔相交
立体图			
投影图			

2. 圆柱与圆锥相交

[**例 3-12**]　如图 3-22a 所示，作出圆柱与圆锥相贯线的投影。

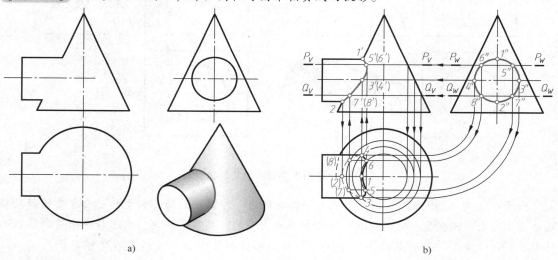

图 3-22　圆柱与圆锥的相贯线

分析：由图 3-22a 可见，圆柱与圆锥的轴线垂直相交，相贯线为封闭的空间曲线，且前后对称。圆锥轴线垂直于水平面，而圆柱轴线垂直于侧面，圆柱面的侧面投影积聚成圆，相贯线的投影与该投影圆重合。需作出相贯线的正面投影和水平投影。辅助平面仅能选择水平面。

作图：作图过程及结果如图 3-22b 所示，具体步骤如下。

1）确定正面投影中两转向轮廓线相交的特殊点的投影 $1'$、$2'$，并对应作出两交点的水平投影 1、2。

2）利用过圆柱轴线的辅助水平面，该面与圆锥面交线的水平投影为圆，该圆与圆柱面上下转向轮廓线的投影的交点3、4为相贯线上的最前、最后点的投影，由3、4对应求出正面投影3′（4′）。

3）辅助水平面P与圆锥面和圆柱面的截交线分别为圆和直线，所得截交线圆与直线的水平投影相交得共有点的投影5、6，并对应在正投影面上求出投影5′（6′）。

4）同样用作辅助水平面的方法，利用截平面Q可求出相贯线上点的水平投影7、8及对应的7′（8′）。

5）顺序连接各点则完成相贯线的投影。注意下半圆柱面相贯线的水平投影不可见，应画成虚线。

3. 圆锥与球相交

[例3-13] 如图3-23a所示，作出圆锥台与半圆球相贯线的三面投影。

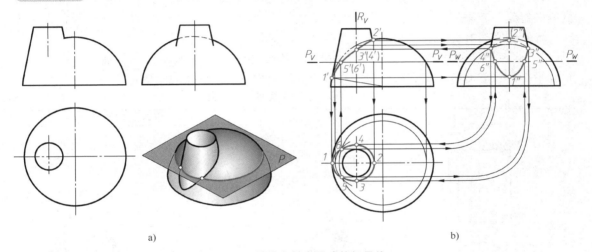

a) b)

图 3-23 圆锥台与半圆球的相贯线

分析： 由图2-23a可见，圆锥台的轴线垂直于水平面并且不过球心。圆锥台与半圆球有共同的前后对称面，相贯线为前后对称且封闭的空间曲线。作两立体表面相贯线的投影时，辅助平面可选择水平面和一个过圆锥轴线的侧平面。

作图： 作图过程及结果如图3-23b所示，具体步骤如下。

1）确定正面投影中两转向轮廓线相交点的投影1′、2′，并对应求出水平投影1、2与侧面投影1″、2″。

2）利用过圆锥轴线的辅助侧平面R，平面R与圆锥面的交线为左右转向轮廓线，与圆球面的交线为一侧平面圆，可在侧面投影中求出两交线的交点投影3″、4″，可对应求出正面投影3′（4′）及水平投影3、4。

3）作辅助水平面P，该面与两回转面的截交线为两圆。所得两截交线的水平投影圆相交得共有点5、6，并对应求出正面投影5′（6′）及侧面投影5″、6″。

4）同样用作辅助水平面的方法，可求出相贯线上其他点的投影。

5）顺序连接所求各点则完成相贯线的投影。注意右半圆锥面相贯线的侧面投影不可见，应画成虚线。

通过以上各例的分析和作图，可总结出求作回转体表面相贯线的方法与步骤：

1）想清回转体的形状并确定两立体的相对位置。

2）利用转向轮廓线或积聚性求作相贯线上的特殊点的投影。

3）作辅助截平面，求出相贯线上一般点的投影。

4）顺序光滑连接相贯线上各点的投影并判别可见性。

二、相贯线的特例

两回转面的相贯线一般是空间曲线，而在特殊情况下会是平面曲线或直线。在与回转轴线平行的投影面上，相贯线可投影成为直线。

1）当两圆柱轴线平行或两圆锥共顶时，相贯线为直线；当两个回转面同轴相贯时，相贯线必定是与其轴线垂直的圆，在与回转轴线平行的投影面上，相贯线圆的投影为直线，其长度等于相贯线圆的直径。相贯线为直线和圆的实例见表3-4。

2）当两回转面轴线相交且公切于一圆球面时，相贯线为平面曲线——椭圆；在与回转轴线平行的投影面上，相贯线椭圆的投影为直线。相贯线为椭圆的实例见表3-5。

表3-4 相贯线为直线和圆的实例

相贯线为直线	两圆柱轴线平行相交 	两圆锥共顶相交
相贯线为圆	圆柱与圆球同轴相交 	圆锥与圆球同轴相交

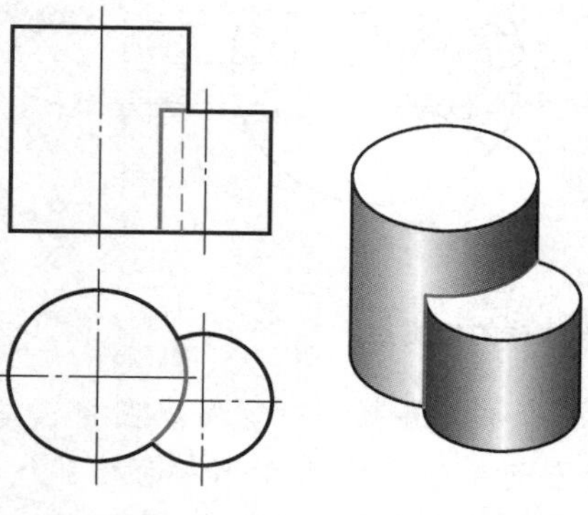

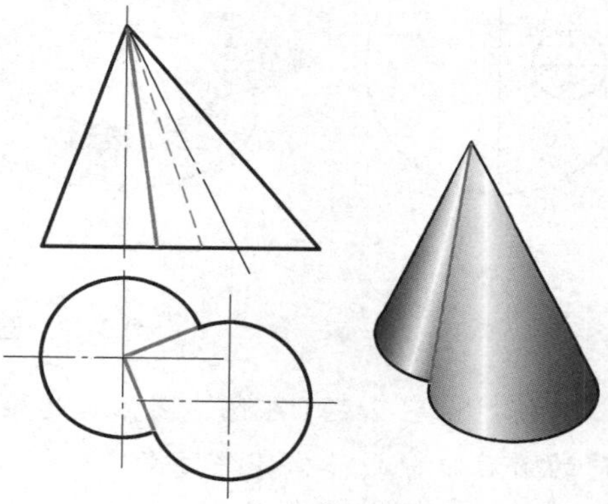

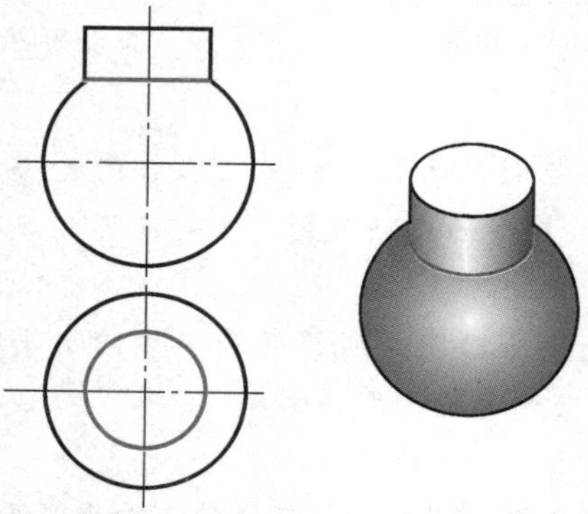

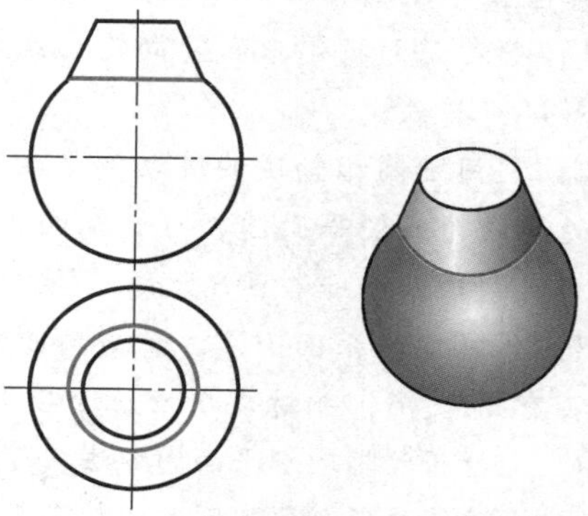

表 3-5 相贯线为椭圆的实例

类型	两等径圆柱相交	两等径圆柱孔相交	两等径圆柱斜交	圆柱与圆锥相交
立体图	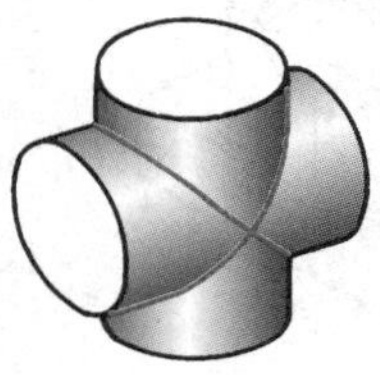	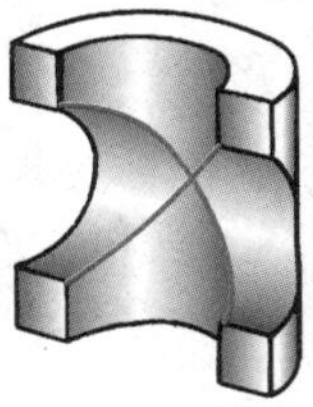	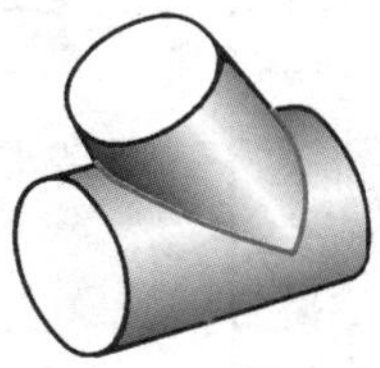	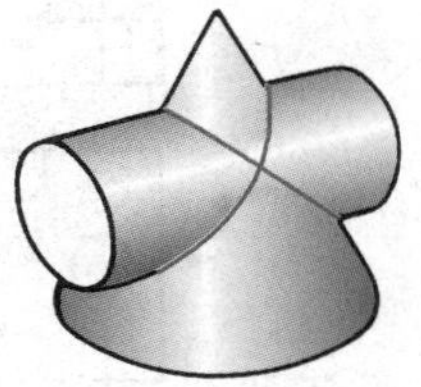
投影图	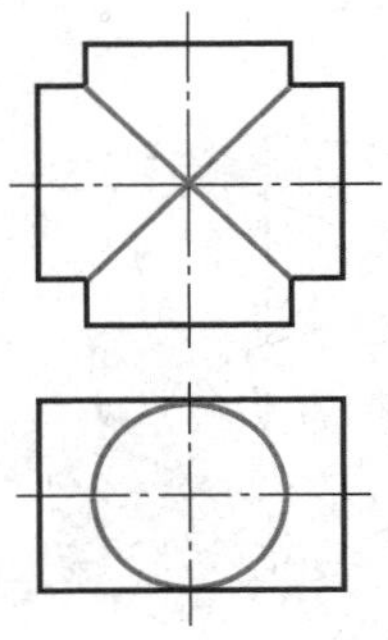	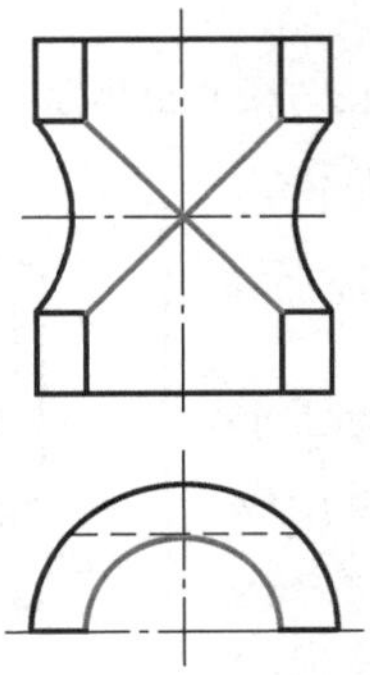	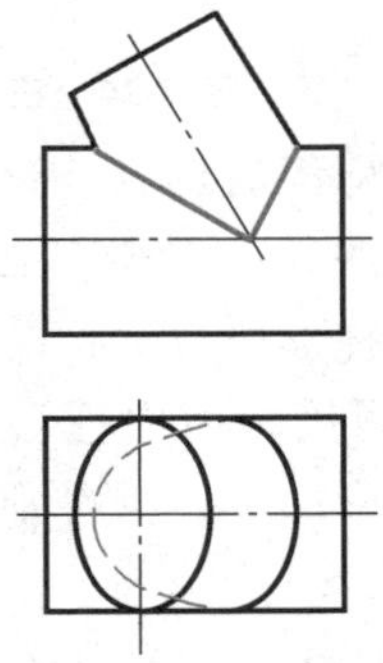	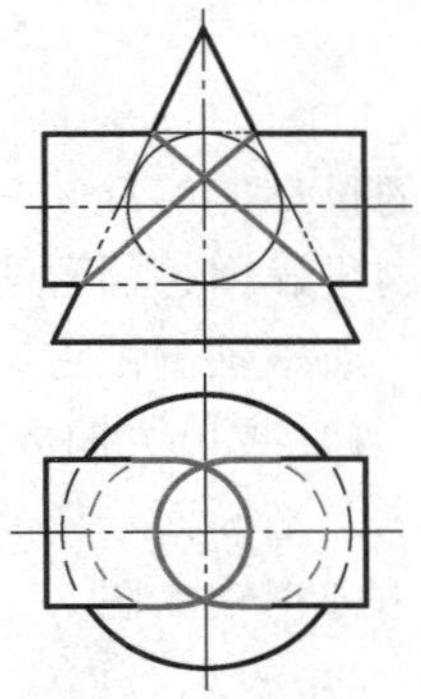

思政拓展：卫星定位的基本原理体现出一种立体相交、辅助球面求公共点的原理，先以卫星为原点、信号发射到接收的时间差推算的距离为半径确定辅助圆球，再由四球相交确定信号接收者的位置，扫描右侧二维码具体了解我国北斗卫星导航系统的原理和应用场景。

北斗：想象无限

第四节 立体的轴测投影

工程中常用的三面投影图能分别反映物体不同方向的真实形状，且度量性好，便于加工制作，如图 3-24a 所示。但这种图形直观性差，一般需要由多面投影图综合想象出立体的空间结构形状。

轴测投影图是采用平行投影理论所形成的一种单面投影图，如图 3-24b 所示。轴测投影能在一个图形中同时反映物体正面、顶面和侧面的形状，因此立体感强。但这种图形不能同时反映物体的真实形状，所以常作为辅助图样。

一、轴测投影的基本知识

1. 轴测投影图的形成

如图 3-25 所示，将物体连同其空间直角坐标向所选定的投影面 P 进行平行投射，使得

79

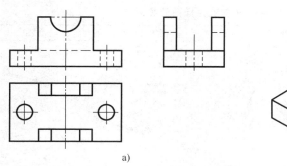
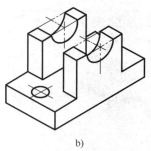

a)

b)

图 3-24　三面投影图与轴测投影图

到的投影能够反映三个坐标面的形状，这种图形称为轴测投影图，简称为轴测图。

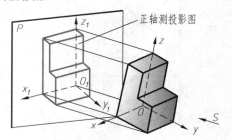

图 3-25　轴测投影图的形成

通常轴测图有以下两种形成方法：

1) 投射方向 S 与轴测投影面 P 垂直，使物体上的三个坐标面均倾斜于投影面 P，所得到的轴测投影图称为正轴测图。

2) 投射方向 S 与轴测投影面 P 倾斜，使得到的投影图同时反映物体三个坐标面中的形状，所得到的轴测投影图称为斜轴测图。

因此，根据投射方向与投影面相对位置的不同，轴测图通常分为正轴测图和斜轴测图两大类。

2. 轴间角和轴向伸缩系数

如图 3-26 所示，物体上的空间直角坐标轴 Ox、Oy、Oz 在轴测投影面 P 上的投影 O_1x_1、O_1y_1、O_1z_1 称为轴测轴。两个轴测轴之间的夹角分别记为轴间角 φ_1、φ_2、φ_3。

轴测轴与空间坐标轴对应线段的长度之比，称为轴向伸缩系数，即

$$p_1 = O_1x_1/Ox \qquad q_1 = O_1y_1/Oy \qquad r_1 = O_1z_1/Oz$$

将测量出的平行于空间坐标轴的线段长度乘以相应的轴向伸缩系数，就是该线段的轴测投影长度。轴测就是沿轴的方向测量，来确定轴测坐标长度与原空间坐标长度的对应关系。

3. 轴测投影的特性

由于轴测投影是采用平行投影法作出的，因此它仍保留着平行投影的特点。所以轴测投影具有以下投影特性：

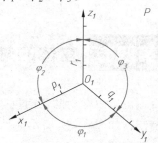

图 3-26　轴间角和轴向
伸缩系数

1) 立体上凡是平行于坐标轴的直线，其轴测投影仍然平行于相应的轴测轴。

2) 立体上凡是互相平行的直线，其轴测投影仍互相平行且长度之比不变。

3) 立体上凡是平行于轴测投影面的平面，其轴测投影反映平面的实形。

在绘制立体的轴测图时，先选择好轴测图的类别，从而确定轴间角和轴向伸缩系数，然后就可按照轴测投影的特性绘制出所需要的轴测图。

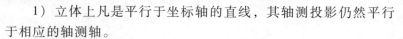

二、正等轴测图的画法

正等轴测图是最常用的一种轴测图。"正"是指投射线垂直于轴测投影面，"等"是指三条空间坐标轴与轴测投影面的倾斜角度均相等。正等轴测图简称为正等测。

1. 轴间角和轴向伸缩系数

在正等轴测图中，由于三条空间坐标轴与轴测投影面的倾斜角度相等，所形成的三个轴间角相等，轴向伸缩系数也相等。

如图 3-27 所示，正等轴测图的轴间角都是 120°，各轴向伸缩系数 $p_1 = q_1 = r_1 = 0.82$。通常规定 O_1z_1 轴画成铅垂方向，轴向伸缩系数可简化，取 $p = q = r = 1$ 以便于作图。这样画出的正等轴测图约放大了 $1/0.82 = 1.22$ 倍。

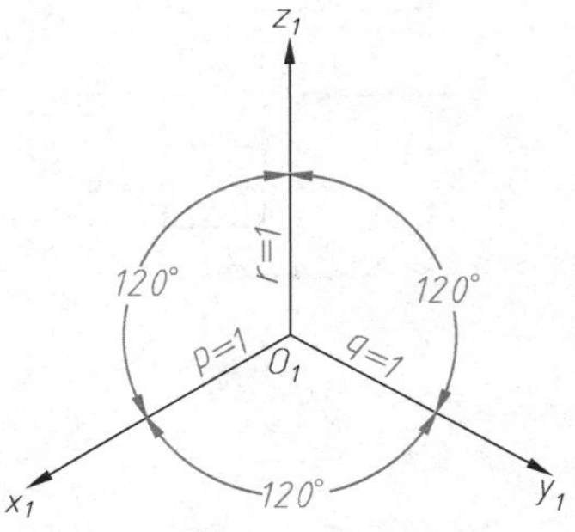

2. 平面立体的正等轴测图

绘制平面立体正等轴测图的方法与步骤如下：

1）分析立体形状并在多面投影图中定出坐标。

2）画出正等轴测轴，按照轴测投影特性作图。

图 3-27 正等轴测图

[例 3-14] 如图 3-28a 所示，由四棱台的三面投影图作出正等轴测图。

分析：由图 3-28a 可知，四棱台左右对称，其底面和顶面均为水平面。四条棱线由底面和顶面的四个对应点连接而成。

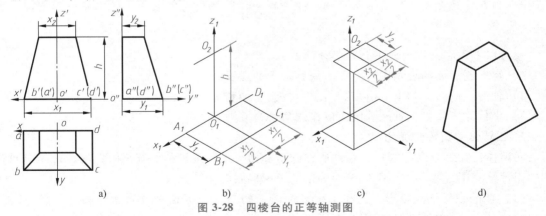

图 3-28 四棱台的正等轴测图

作图：1）选底面对称中心线与四棱台后面的交点为坐标圆点，确定坐标轴 Ox、Oy、Oz。

2）作出轴测轴 O_1x_1、O_1y_1、O_1z_1，并定出轴测投影 A_1、B_1、C_1、D_1。再过这四点分别作出相应轴测轴的平行线，即完成底面的轴测投影，如图 3-28b 所示。

3）根据四棱台的高度在 O_1z_1 轴上确定顶面对称中心点 O_2，用同样的方法作出顶面的轴测投影，如图 3-28c 所示。

4）分别作出四棱台顶面和底面的对应点的连线，擦去不可见的轮廓线和辅助作图线，检查并描粗，完成四棱台的正等轴测图，如图 3-28d 所示。

81

[例 3-15] 如图 3-29a 所示，由平面立体的三面投影图作出正等轴测图。

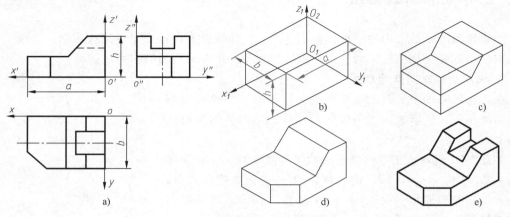

图 3-29 平面立体的正等轴测图

分析：由图 3-29a 可知，该立体可认为是由一个长方体在左侧切去截面为梯形的四棱柱，又切去前角，在右侧从顶面向下切出一通槽而形成。其轴测图可按基本体被先后挖切的方法画出。

作图：1) 在立体三面投影图上确定原点及坐标轴，并作出轴测轴及长方体的轴测投影，如图 3-29b 所示。

2) 由原点 O_1 沿轴向坐标度量定点切去左侧四棱柱，如图 3-29c 所示，再沿轴向坐标度量定点切去前角，如图 3-29d 所示。

3) 由尺寸度量定点切去右侧通槽，擦去辅助作图线，即完成立体的正等轴测图，如图 3-29e 所示。

通过以上作图，提出以下几点必须注意：

1) 在绘制立体的轴测图时一般不用画图中的虚线。

2) 轴测图应由上到下、由前到后、由左到右绘制。

3) 坐标原点和坐标轴的选定应以作图简便为原则。

3. 回转体的正等轴测图

回转体往往都有圆的结构，而圆所在的坐标面对正轴测投影面都是倾斜的，要作出回转体的正等轴测图，必须首先掌握平面圆轴测投影椭圆的作图方法。

(1) 圆的正等轴测投影　处在 xOy 坐标面上的圆的正等轴测投影为椭圆，一般采用菱形四心法画出，作图过程，如图 3-30 所示。

以上用菱形四心法画出的椭圆是采用四段圆弧连成的近似椭圆，椭圆长轴在菱形的长对角线上，短轴在菱形的短对角线上。

图 3-31 展示了立方体三个坐标面上内切圆的正等轴测投影椭圆，可见三个椭圆的形状和大小相同，但长、短轴的方向各不相同。

因此，画正等轴测投影椭圆时应注意下列关系：

1) 椭圆外切菱形各边与轴测轴的平行关系，即水平菱形边平行于 O_1x_1 与 O_1y_1 轴，正面菱形边平行于 O_1x_1 与 O_1z_1 轴，侧面菱形边平行于 y_1 与 z_1 轴。

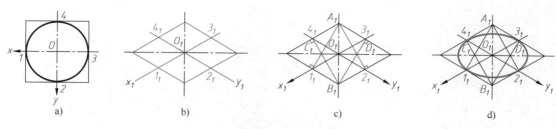

图 3-30 用菱形四心法画椭圆

a）将坐标原点设在圆心 O 处，并作出圆的外切正方形，切点分别为 1、2、3、4

b）作出轴测轴 O_1x_1、O_1y_1，画正方形的正等轴测投影，得到两对边分别平行于两轴测轴的菱形

c）连接菱形钝角顶点 A_1、B_1 与对边中点 1、2 和 3、4_1，分别交菱形长对角线于点 C_1、D_1

d）分别以 A_1、B_1 为圆心、以 $A_1 1_1$ 为半径画大圆弧；以 C_1、D_1 为圆心、以 $C_1 1_1$ 为半径画小圆弧

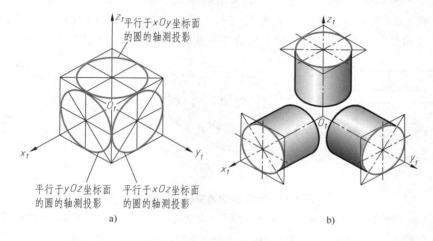

图 3-31 立方体三个坐标面上内切圆的正等轴测投影椭圆

2）椭圆的长轴与轴测轴的垂直关系，即水平面椭圆长轴垂直于 O_1z_1 轴，正平面椭圆长轴垂直于 O_1y_1 轴，侧平面椭圆长轴垂直于 O_1x_1 轴。

（2）画图举例

[例 3-16] 如图 3-32a 所示，由圆柱的两面投影图作出其正等轴测图。

分析：由图 3-32a 可知，圆柱的轴线垂直于水平面，其顶面和底面为水平面，只要作出顶面和底面圆的轴测投影椭圆及椭圆的切线即可。为了作图方便，可将坐标原点选定在圆柱顶面的圆心上。

作图：1）在圆柱的两面投影图上确定坐标轴及原点，并作出水平投影圆的外切正方形，如图 2-32a 所示。

2）作出正等轴测轴，并作出圆柱顶面圆外切正方形的轴测投影菱形，用菱形四心法作出圆柱顶面圆的轴测投影椭圆，如图 3-32b 所示。

3）将四个椭圆圆心向下平移圆柱高，确定圆柱底面椭圆圆心的位置，如图 3-32c 所示。

4）作出圆柱底面可见的椭圆部分，画出椭圆的公切线，擦去辅助作图线，即完成圆柱的正等轴测图，如图 3-32d 所示。

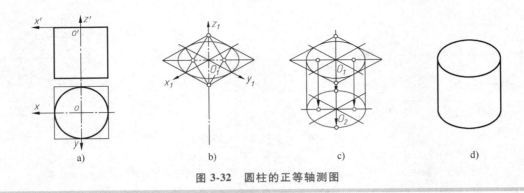

图 3-32 圆柱的正等轴测图

[例 3-17] 如图 3-33a 所示，由长方形圆角板的两面投影图作出其正等轴测图。

分析：图 3-33 中所示立体为长方形圆角板，前边为左、右对称的两个圆角，其上有半径为 R 的 1/4 圆弧。在轴测图上该圆角仍为 1/4 圆弧，可用简化画法进行作图。

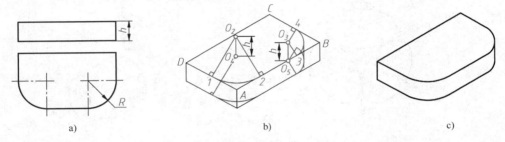

图 3-33 长方形圆角板的正等轴测图

作图：1）先作出长方体的正等轴测投影，由左、右前角点 A、B 沿轴向棱线分别度量圆角半径 R，即可确定切点 1、2 和 3、4。

2）过 1、2 和 3、4 分别作棱线投影 AD、AB 和 BA、BC 的垂线，相交得到圆角的圆心 O_2、O_3，分别以 O_2、O_3 为圆心，O_21、O_33 为半径画圆弧与 AD、AB、BC 相切。

3）将 O_2、O_3 下移 h 确定底面圆角圆心 O_4、O_5，用同样的方法作出圆弧，并作两圆弧的切线，如图 3-33b 所示。

4）擦去辅助作图线检查描深即完成作图，如图 3-33c 所示

4. 组合体的正等轴测图

绘制组合体的正等轴测图，需要分析各基本体的形状和相互位置关系，分别画出它们的轴测图，并注意各基本体间的连接关系。对某些回转结构，可先作出外切平面立体投影，再改画成具有椭圆结构的正等轴测图。

[例 3-18] 如图 3-34a 所示，由组合体的三面投影图作出其正等轴测图。

分析：由图 3-34a 可知，该组合体由底板、立板和支承板构成，在相应位置作出各基本体的正等轴测图时，还必须确定投影椭圆的中心位置。

作图：1）在三面投影图中定出原点及坐标轴，并在适当位置画出正等轴测轴。

2）先按平面立体分别作出底板、立板和支承板的正等轴测图，如图 3-34b 所示。

3）确定底板、立板和支承板可见面上的圆心投影 O_2、O_3、O_4，用菱形四心法作出投

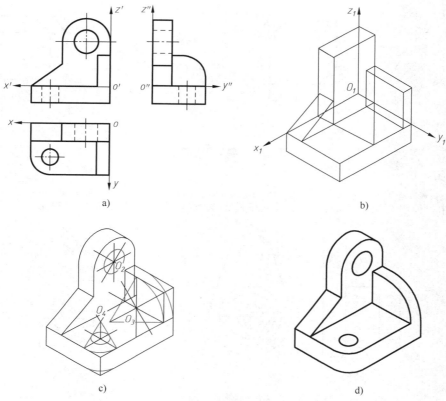

a)　　　　　　　　　　　　　　b)

c)　　　　　　　　　　　　　　d)

图 3-34　组合体的正等轴测图

影椭圆或椭圆弧，再作出不可见面上的椭圆弧，如图 3-34c 所示。注意各板间的连接。

4）擦去辅助线并检查加深，完成作图，如图 3-34d 所示。

三、斜二等轴测图的画法

斜二等轴测图也是一种常用的轴测图。"斜"是指投射线倾斜于轴测投影面，"二等"是指两坐标轴与轴测投影面平行，有两轴的轴向伸缩系数相等。斜二等轴测图简称为斜二测。

1. 轴间角和轴向伸缩系数

如图 3-35 所示，在斜二等轴测投影中，通常令 xOz 坐标面平行于轴测投影面，则平行于这个坐标面的平面图形的轴测投影必然反映实形。其轴间角 $\angle x_1 O_1 z_1 = 90°$，轴向伸缩系数 $p_1 = r_1 = 1$。

在斜二等轴测投影中，$O_1 y_1$ 轴的方向和轴向伸缩系数需随投射方向的改变而变化。通常令 $O_1 y_1$ 轴与水平线的夹角成 45°，即 $\angle x_1 O_1 y_1 = \angle y_1 O_1 z_1 = 135°$，而且 $O_1 y_1$ 轴的轴向伸缩系数取 $q_1 = 0.5$。

图 3-35a、b 反映了两种不同的轴测轴方向和对应的轴测投影，其作图方法是一样的，可根据需要选取。由于斜二等轴测图能反映平行于 xOz 坐标面的实形，因此在立体互相平行的平面内有较多圆或曲线时，选斜二等轴测图作图比较简单，应用较广泛。

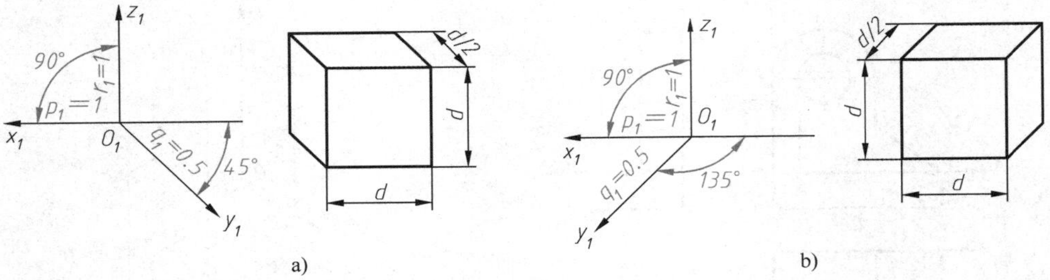

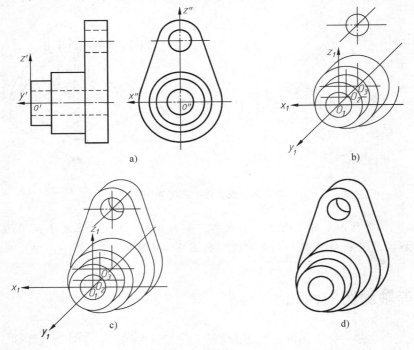

图 3-35 斜二等轴测轴

2. 画图举例

[例 3-19] 如图 3-36a 所示，由柱形座板的两面投影图作出其斜二等轴测图。

图 3-36 柱形座板的斜二等轴测图

分析：由图 3-36a 可知，该立体在平行的多个平面内有较多个圆和圆弧，所以作斜二等轴测图比较方便。

作图：1）在两面投影图中定出原点及坐标轴，使 Oy 轴过圆柱轴线，各端面圆均平行于 xOz 坐标面。

2）画出斜二等轴测轴，按 O_1y_1 轴向 $q_1 = 0.5$ 的轴向伸缩系数确定立体各端面圆心 O_1、O_2、O_3 等的位置，分别作出各端面的轴测投影圆，如图 3-36b 所示。

3）作出相应轴测投影圆间的切线，如图 3-36c 所示。

4）擦去辅助线并检查描深，完成作图，如图 3-36d 所示。

第四章　组合体的视图

第三章介绍了基本体的投影图画法，它是画组合体投影图的基础。任何复杂的立体都是由一些简单的平面立体和曲面立体所组合构成的，本章将主要讨论由几个基本体构成的组合体的三面投影图的绘制方法及尺寸标注。

第一节　组合体的构成

由两个以上的基本体以叠加、切割等方式组合而成的立体称为组合体。为讨论组合体的三面投影图的绘制方法，首先要分析组合体的构成形式及结构形状。

一、构成形式

组合体的构成按其组合方式可以分为叠加、切割和综合三种形式。

图 4-1 所示的组合体，可以看成是由空心圆柱、开槽柱体和弧形薄板组合而成的，这样由两个以上的基本体组合构成的形式可认为是叠加形式。图 4-2a 所示的组合体，可以看成是由长方体经过几次切割而形成的，应属于切割形式。而图 4-2b 所示的组合体，可以看成是由底板、长方块和空心圆柱三个基本体组合而成，各基本体又经过切割而最终形成该组合体，因此，该组合体的构成为综合形式。

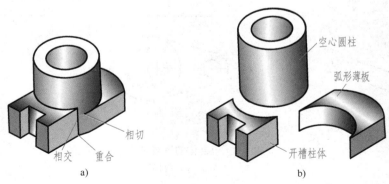

图 4-1　组合体的构成

在许多情况下，组合体的构成形式并无严格界限，很多物体都是既可以按叠加方式进行分析，也可以按切割或综合方式去理解。

二、形体分析

在基本体叠加组合构成组合体的过程中，基本体的形状和表面往往会相应发生变化。例如，图 4-1 所示组合体的三个基本体的结合面就出现了相交、相切、重合等情况。

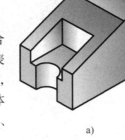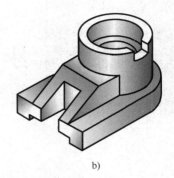

图 4-2　组合体的切割和综合形式

为了便于分析和作图，常将组合体分解成一些简单的基本体，分别讨论它们各自的结构形状、投影特性、相对位置及各基本体表面间的连接关系，这种化繁为简的思维方法就是形体分析法。

所以，形体分析法的分析过程如下：

1) 将组合体分解成几个基本体。
2) 确定各基本体的结构形状及相对位置。
3) 分析各基本体表面之间的连接关系。

当进行组合体的形体分析时，必须弄清如下三种基本体表面之间的连接关系。

1. 相交

当多个基本体叠加组合时，平面与曲面相交会产生截交线，曲面之间相交会产生相贯线。如图 4-3a 所示，组合体右耳板的前、后面与圆柱外表面相交产生了截交线，前面的圆筒凸台与圆柱外表面产生了相贯线。两基本体相交融合成整体后，原基本体的部分轮廓线自然消失。绘制具有交线的组合体的投影图时，必须画出这些交线的投影，如图 4-3b 所示。

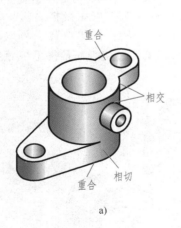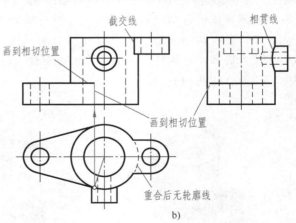

图 4-3　组合体的形体分析

a）立体图　b）投影图

2. 相切

在两个基本体的组合过程中，两基本体表面的光滑过渡即相切。如图 4-3a 所示，底板的侧面与圆柱外表面相切，相切处光滑过渡而不存在分界线。

在水平投影图上，可见底板前、后侧面与圆柱外表面相切的准确位置；在正面和侧面投影图上，两表面相切处不画线，底板顶面具有积聚性的投影应画到相切位置，如图 4-3b 所示。

3. 重合

当基本体叠加组合时，若两个基本体的表面处于同一平面上，则它们的这两个表面重合。重合以后两表面之间不存在分界线，原基本体的部分轮廓线也会消失。

如图 4-3a 所示，圆柱的顶面与右耳板的顶面重合，圆柱的底面与底板的底面也重合为一平面，可见，两表面间并没有分界线，两基本体表面重合以后的轮廓线也消失了。

通过形体分析，可见基本体在组合过程中表面的线面变化如下：

1）两个基本体相交处有交线，相切处光滑过渡无分界线。

2）两个基本体的表面重合成一平面时，相接处无分界线。

3）两个基本体组合成一整体时，部分轮廓线会自然消失。

三、线面分析

当基本体被平面或曲面切割后，在它的外形上将出现一些新的表面和交线，确定这些表面和交线的形成、形状和空间位置，是画好切割形成的组合体投影图的关键。

图 4-4a 所示的组合体可看作是一个长方体在左侧被正垂面 P 切去三棱柱块，在前方被侧垂面 S 切去三棱柱块，顶部被侧平面 R 及水平面 Q 切去四棱柱块而形成。平面 P 与长方体顶面、底面及前、后端面相交产生四条截交线，它们为正垂线和正平线；平面 S 与原长方体顶面、前端面及右端面相交，产生三条截交线，它们为侧垂线和侧平线；平面 S 与平面 P 相交时，产生交线 AB，交线 AB 是一条一般位置直线。顶部切槽产生的交线自行分析。

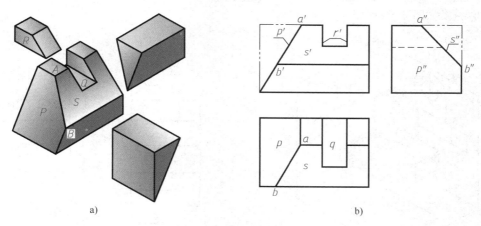

图 4-4 组合体的线面分析

图 4-4b 所示的投影图可以确切地表达出空间组合体上的线、面及其位置关系。这样将空间形状与平面图形对应分析，便可完成它们之间的转换。

这种分析组合体表面上的线、面的形状和相对位置，进行空间几何元素与平面投影之间相互转换的分析方法，就是线面分析法。

所以，线面分析法的分析过程如下：

1）确定形成组合体的原基本体的空间结构形状。

2）分析截平面的相对位置及所截平面的形状。

3）分析各表面间交线的空间位置及对应关系。

思政拓展：矿井提升机用于提升矿物、升降人员和物料及设备等，是矿井系统设备的咽喉，也可做其他牵引运输设备。扫描右侧二维码观看新中国自主研制的第一台直径 2.5 米双筒提升机的合金轴瓦相关视频，并分析其结构类型和形状特征。

焦裕禄主持研制的
双筒提升机

第二节 组合体的三视图

组合体的空间结构形状可由该组合体的三视图准确而清晰地表达出来。

一、三视图的形成

三视图是观测者从前面、上面、左面三个不同角度观察同一空间立体而画出的图形。也就是将组合体放在三面投影体系中不动，从前、上、左三个方向向投影面投射所得到的三面正投影图即为三视图，如图 4-5 所示。

组合体的正面投影称为主视图，水平投影称为俯视图，侧面投影称为左视图。三视图的位置对应关系如图 4-5b 所示。

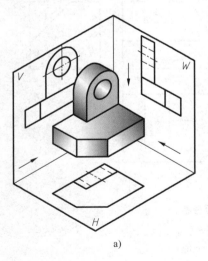

a)

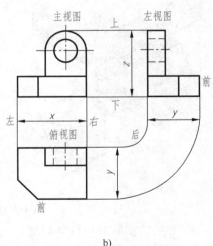

b)

图 4-5 三视图的形成

所以，画组合体三视图时必须注意：

1）三视图之间的相对位置关系一般固定不变。

2) 各视图之间的距离可根据需要适当调整。

二、三视图的投影特性

如图 4-5b 所示，三视图之间存在着一定的投影对应规律。主视图和俯视图均反映组合体的长度，即 x 对正；主视图和左视图均反映组合体的高度，即 z 平齐；俯视图和左视图均反映组合体的宽度，即 y 相等。

所以，三视图中具有以下投影对应规律：

1) 主视图与俯视图——长对正（x 等长）。

2) 主视图与左视图——高平齐（z 等高）。

3) 俯视图与左视图——宽相等（y 等宽）。

三视图之间还存在一定的结构位置对应关系。主视图反映组合体的左右和上下位置关系，俯视图反映组合体的左右和前后位置关系，左视图反映组合体的上下和前后的位置关系。

因此，三视图具有以下位置对应关系：

1) 主视图和俯视图——显示左右部分明确。

2) 主视图和左视图——反映上下结构清楚。

3) 俯视图和左视图——保持前后位置一致。

三视图间所存在的这种投影对应规律和位置对应关系不仅适用于整个组合体的投影，也完全适用于组合体中各个基本体的投影。

这里，在分析俯视图和左视图的前后位置关系时需要注意：

1) 俯视图与左视图远离主视图的一侧表示组合体的前面。

2) 俯视图与左视图靠近主视图的一侧表示组合体的后面。

第三节　画组合体的三视图

画组合体的三视图就是用一组平面图形表达出组合体的结构形状。绘制组合体三视图的基本方法就是形体分析法，即按组合体的构成特点，化繁为简，有分析、有步骤地进行作图。在画图时，必须将组合体的结构和表面连接关系正确地反映出来。

现以图 4-6 所示的组合体为例，来说明画组合体三视图的方法与步骤。

一、形体分析

1. 组合体的构成

该组合体可视为由三个基本体组合构成，三个基本体居中的为空心圆柱、左侧的开槽柱体及右侧的弧形薄板。

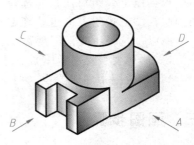

图 4-6　组合体

2. 形状及位置

构成组合体的三个基本体底面平齐且重合在同一水平面内，分别处在左、中、右的位置，所构成的组合体前后对称。

3. 表面连接关系

三个基本体的底面重合，左侧的开槽柱体与空心圆柱外表面相交，右侧的弧形薄板与圆柱外表面相切。因此，组合体表面有重合、相交和相切的关系。

二、视图选择

在画组合体的三视图时，选择主视图是很重要的。主视图的投射方向确定以后，其他视图的投射方向及各视图间的相对位置也就确定了。在图4-6所示中，有四个投射方向可供选择，因此，在选择主视图时要考虑多方面的因素，并遵循以下基本原则。

1. 按自然位置安放

将组合体的主要平面或轴线处于平行或垂直于投影面的位置，使其稳固可靠。该组合体以较大的三重合底面为水平面，并使圆柱轴线垂直于 H 面来放置。

2. 反映形状和位置特征

在图4-6所示的四个投射方向中，若以 B 向和 D 向作为主视图的投射方向，则得到图4-7所示的 B 向和 D 向投影，可见三个基本体投影有较多重合部分，不能反映形状特征。若以 A 向或 C 向作为主视图的投射方向，则得到图4-7所示的 A 向和 C 向投影，三个基本体的形状和位置特征均比较明显。

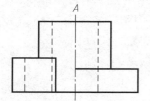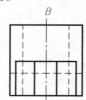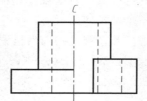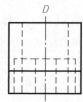

图4-7　主视图的选择对比

3. 视图虚线最少

主视图的选择应使其他视图有较多的可见部分，使虚线最少。组合体的 A 向与 C 向投影反映的形状特征基本是一样的，但若以 C 向投影作为主视图，则左视图必为 D 向投影，其中的开槽柱体等结构不可见，虚线较多；显然，若以 A 向投影作为主视图，则左视图为 B 向投影，相较于 D 向投影虚线明显减少。

根据以上分析对比，应选择 A 向投影作为该组合体的主视图。当主视图选择好后，俯视图和左视图的投射方向也就确定了。

所以，选择主视图时要做到：

1）形体要自然平稳安放，主视图反映结构形状特征要明显。

2）各视图中虚线要少，图形要清晰，且图纸利用要合理。

三、画图步骤

在完成了组合体的分析和视图选择后，就要着手画组合体的三视图。分步画组合体三视图的过程如图 4-8 所示。

1. 选图幅和比例

根据组合体的尺寸大小和复杂程度，先选定适当的比例，大致算出三个视图所占图面的大小，考虑视图间适当留有间隔，然后选定标准图幅并绘制边框和标题栏。

2. 合理布置视图

布置视图应力求图面匀称，视图之间的距离要合适，各视图的分布既不过于集中，也不过于分散。先画出各视图的定位线，一般以中心线、轴线、对称面、底面和端面作为定位线。这些定位线也称为绘图基准线。

3. 分部分画视图

为保证图面整洁又便于修改，先用细实线画出底稿。应按形体分析和线面分析的方法，将组合体分成几个基本体，根据每个基本体的位置分别画出投影图。对图 4-6 所示组合体确定了 *A* 向投影为主视图后，先画出空心圆柱的三面投影，如图 4-8a 所示。再画出左侧开槽柱体的三面投影，如图 4-8b 所示。然后画出右侧弧形薄板的三面投影，如图 4-8c 所示，同时修补三个基本体组合过程中表面相交、相切等连接关系对应的线面投影变化。

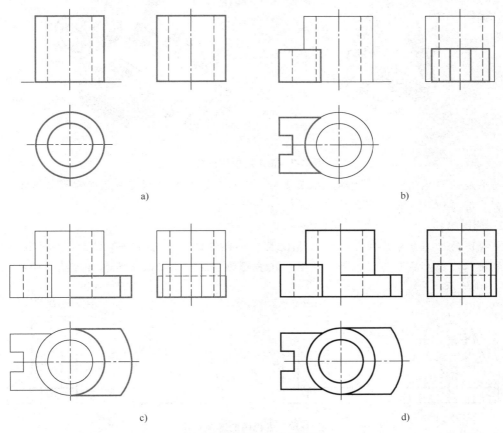

a)   b)

c)   d)

图 4-8　画组合体的三视图

4. 检查、加深

当画好组合体三视图的底稿后，必须对各基本体的形状和位置进行检查，且应注意各基本体表面间的连接关系和图线变化。当确定无误后，按标准图线的宽度加深各视图中的图线，如图 4-8d 所示。

在画组合体三视图时，应该注意以下画图顺序：

1) 先画组合体的主要或较大基本体的结构轮廓，后画细节部分。

2) 最好将各基本体的三视图按投影对应规律联系起来同时画出。

3) 对具有圆或多边形表面的基本体，应先画出反映其实形的视图。

4) 对切割所形成的表面，一般应先画出其具有积聚性的视图。

四、画图举例

[例 4-1] 画出图 4-9a 所示组合体——轴承座的三视图。

1. 形体分析

轴承座可视为由空心圆柱 I、底板 II、支承板 III 和肋板 IV 四部分叠加构成，它们的结构形状和位置如图 4-9b 所示。

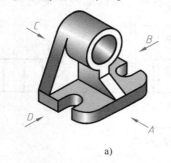
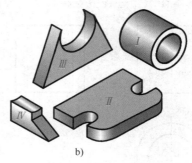

a)   b)

图 4-9 轴承座的形体分析

轴承座的整体结构左右对称、后面平齐，而上下、前后结构形状不对称。各基本体组合后的表面有相切、相交和重合关系。

2. 视图选择

主视图的选择要考虑组合体的正常位置、反映特征、可见性好等因素。观察图 4-9a 所示轴承座，应以大底面为水平面来放置，使其稳固可靠。确定放置方式后可选的四种主视图如图 4-10 所示。

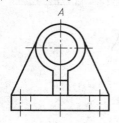

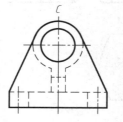
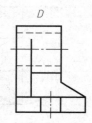

图 4-10 主视图的选择对比

主视图需要反映形状及位置特征。对比 A 向和 C 向投影，若以 C 向投影作为主视图，则肋板不可见而虚线最多，显然不如以 A 向投影作为主视图好。而 B 向和 D 向投影反映的形状特征基本是一样的，但以 D 向投影作为主视图时，则左视图为 C 向投影，虚线太多；

显然，B 向投影作为主视图时，左视图为 A 向投影，还是比较好的。

由以上对比可知 A 向与 B 向投影反映形状特征的效果基本相同，对二者进行比较。A 向投影反映了轴承座较大的左右尺寸，能更充分地利用图纸。所以，应选择 A 向投影作为主视图，而 D 向投影作为左视图。

由以上分析还可知，在选择好主视图后，俯视图和左视图的投射方向也就确定了。

3. 布置视图

首先以底板的底面作为主视图和左视图的上下定位线，并以轴承座的对称面作为主视图和俯视图的左右定位线，以轴承座的后端面作为俯视图和左视图的前后定位线。定位线根据所表示结构的不同而用细实线或细点画线画出，确定三视图的位置。在布置视图时应注意各视图之间要留出适当的间距。

4. 画三视图

首先画出底板的三视图，如图 4-11a 所示。其次画出空心圆柱的三视图，如图 4-11b 所示。再画出支承板的三视图，注意其表面与圆柱外表面的相切关系，如图 4-11c 所示。最后画出肋板的三视图，并对三视图综合检查加深，如图 4-11d 所示。

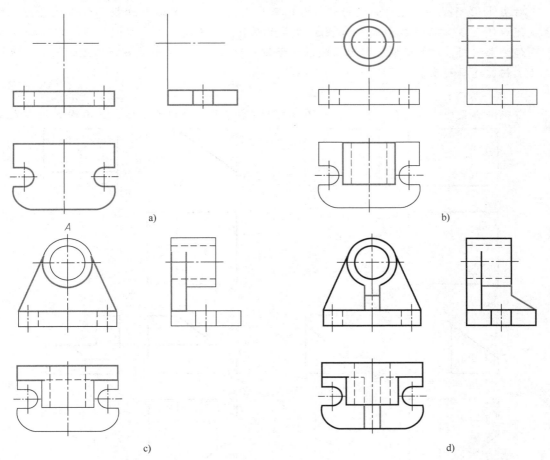

图 4-11　画轴承座的三视图

[例4-2] 画出图4-12所示切割形成的组合体的三视图。

1. 线面分析

（1）分析组合体的形状及截面位置 图4-12所示组合体可认为是由长方体经过多次切割而形成的。正垂面 S 切去了长方体的左上部，铅垂面 P 切去了长方体的左前角，水平面 R 和正平面 Q 切去了长方体的前上部。

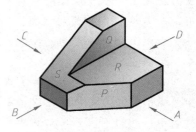

图 4-12 切割形成的组合体

（2）确定切割立体各面形状及其交线 当各截平面切割基本体以后，则形成了不同形状的新平面。由图4-12可见，切割后立体上的铅垂面 P 为一五边形，正垂面 S 为一六边形，水平面 R 为一五边形，正平面 Q 为一四边形。在新平面的形成过程中，平面 S 与 Q 交出正平线，平面 S 与 R 交出正垂线，平面 S 与 P 交出一般位置直线；平面 P 与 R 交出水平线，平面 R 与 Q 交出侧垂线。

2. 视图选择

对图4-12所示四个方向的投影进行对比来确定主视图。若选 B 向投影作为主视图，则左视图虚线太多。若以 C 向或 D 向投影作为主视图，则主视图本身虚线太多。现选择 A 向投影作为主视图，这样既能较好地反映该组合体的形状特征，又能使各视图虚线较少，能够满足主视图选择的基本原则。

3. 画三视图

首先画出原形长方体的三视图，如图4-13a所示。其次画出长方体被正垂面 S 切去左上

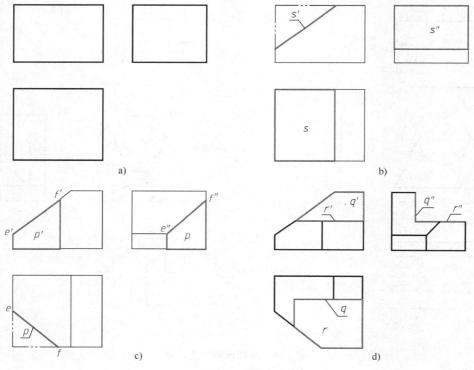

图 4-13 画组合体的三视图

角后的截交线投影，如图 4-13b 所示。再画出立体继续被铅垂面 P 切去左前部后的截交线投影，如图 4-13c 所示。最后画出立体继续被正平面 Q 和水平面 R 切去上前部后的三视图，并检查加深，如图 4-13d 所示。

[例 4-3] 画出图 4-14 所示支座体的三视图。

1. 形体分析

支座体由空心台阶圆柱、底板、侧块三部分经叠加而构成。底板挖有底槽。侧块可视为一块与底板左端面重合的长方体被斜切得到的，叠加在底板上后一起被切槽。空心台阶圆柱与座板相通，圆柱顶部前面开槽。支座体整体结构上下、左右不同，前后有别。

2. 视图选择

类似例 4-1 的轴承座，该支座体应以大底面为水平面来放置，使其稳固可靠。对比图 4-14 所示四个方向的投影，以 B 向或 D 向投影作为主视图则形状及位置都不明显，C 向投影相较 A 向投影多圆柱顶部槽虚线。显然以 A 向投影作为主视图，反映的形状位置特征最好。加之 A 向投影能表达的左右尺寸较长，更能充分地利用图纸。所以，应选择 A 向投影作为主视图，而 B 向投影为左视图。

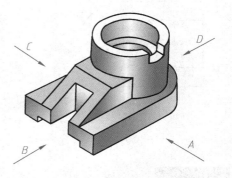

图 4-14　支座体

3. 布置视图

首先以底板的底面作为主视图和左视图的上下定位线，并以空心台阶圆柱的轴线作为主视图和俯视图的左右定位线，以该轴线作为左视图的前后定位线。以细实线和细点画线画出定位线来确定三视图的位置。在布置视图时应注意各视图之间要留出适当的间距。

4. 画三视图

首先画出座板的三视图，如图 4-15a 所示。其次画出空心台阶圆柱的三视图，如图 4-15b 所示。再画出左侧块的三视图，如图 4-15c 所示。最后画出各处挖槽的细节结构，综合检查加深，完成三视图，如图 4-15d 所示。

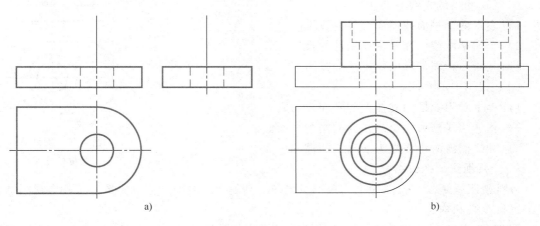

a)　　　　　　　　　　b)

图 4-15　画支座体的三视图

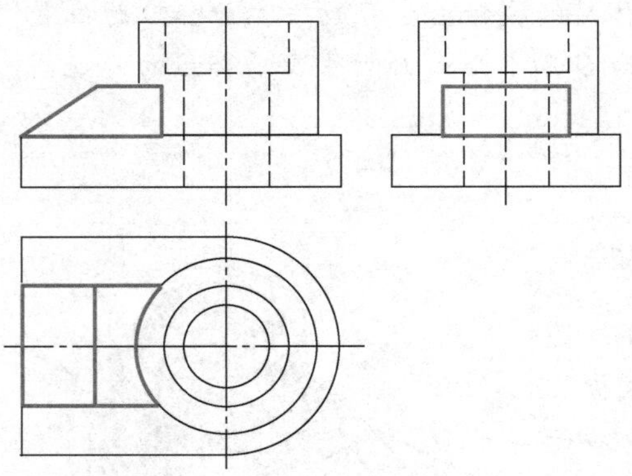

c)

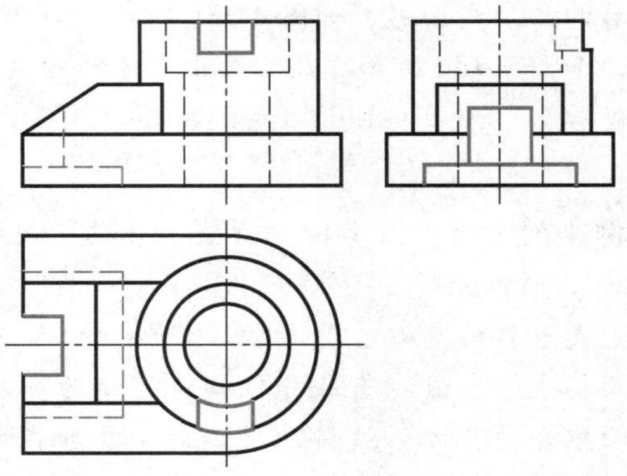

d)

图 4-15　画支座体的三视图（续）

第四节　读组合体的视图

读图就是根据组合体的三视图，想象出它的空间形状和结构。画图与读图是两个不同的图物转换过程。为了正确迅速地读懂视图，必须掌握读图的基本方法。

一、构思空间形体

1. 图线及线框的含义

读组合体的视图时，首先应明确视图中的图线及线框的含义。图 4-16 所示的视图中展示的线 A 和线 B 分别代表两面的交线及曲面的转向轮廓线的投影，线 C 和线 D 分别代表平面和曲面具有积聚性的投影。而视图中的封闭线框一般都代表不同的平面或曲面的投影。

（1）视图中的直线或曲线

1）表示两个平面或曲面交线的投影。

2）空间平面或曲面具有积聚性的投影。

3）立体回转面的转向轮廓线的投影。

（2）视图中的封闭线框

1）单个封闭线框为立体上的平面或曲面。

2）相邻两线框为相交或错开的两个表面。

3）大线框内的小线框为凸出或凹进的表面。

2. 分析视图、抓住特征

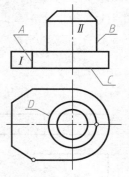

图 4-16　图线及线框的含义

分析视图就是以主视图为主，根据主视图与其他视图之间的位置关系，将几个视图结合起来进行读图和构思。

图 4-17a 给出了立体的主视图和俯视图，依此可以构思出图 4-17b 所示的三个不同结构形状的空间形体，可见它们的主、俯两视图都是一样的，但左视图不相同，这里左视图反映

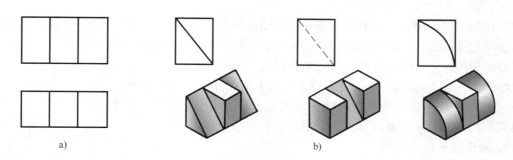

图 4-17 构思空间形体

了该立体的形状特征。

　　抓住特征就是要首先找到反映组合体的形状特征及各基本体相互位置特征的视图，再利用投影规律和位置关系，构思组合体的空间形状。

　　（1）形状特征　对图 4-18 所示环板的三视图，如果只看主视图和左视图，环板厚度能够确定但确切形状是看不出来的；如果将主、俯两视图结合起来看，即使没有左视图，也完全可以构思出环板的形状，这是因为俯视图更清楚地反映了环板的形状特征。

99

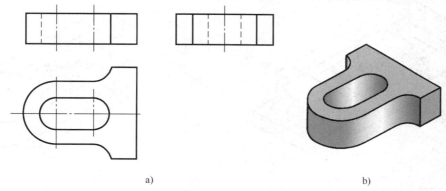

图 4-18 视图的形状特征分析

　　（2）位置特征　对图 4-19a 所示组合体的主视图和俯视图，可以看出主视图是形状特

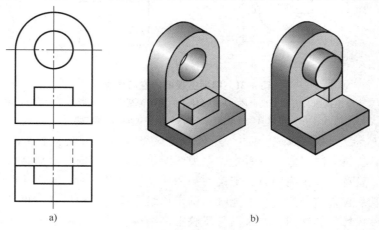

图 4-19 视图的位置特征分析

征较明显的视图，但上、下两部分哪一个是凸出来的，哪一个是凹进去的，仅有这两个视图并不能确定。因此，可以构思出图 4-19b 所示的两个不同结构形状的组合体。

相较于图 4-19a 所示两视图，若给出的是主视图和左视图，如图 4-20 所示，则很容易确定上、下两部分的立体结构形状。这是因为左视图能更清楚地反映出上、下两部分的相对位置关系，即更充分地反映位置特征。

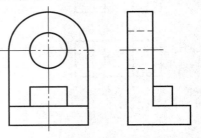

图 4-20 位置特征明确的视图

3. 联系起来综合构思

通常一个视图只能表示组合体一个观察方向上的形状，相同的视图可能对应不同的组合体，所以，读图时应从主视图入手，把几个视图联系起来构思空间形体，才能够确切地想象出组合体的形状和结构。丰富空间想象、活跃空间构思是读组合体视图的重要过程。

如图 4-21a 所示，一个主视图可以对应 I、II、III、IV 等多个不同结构的组合体，组合体的形状和结构并不唯一。若将主视图和俯视图联系起来综合构思，如图 4-21b、c、d、e 所示，则可确切对应形体 I、II、III、IV 四种不同形状的组合体。

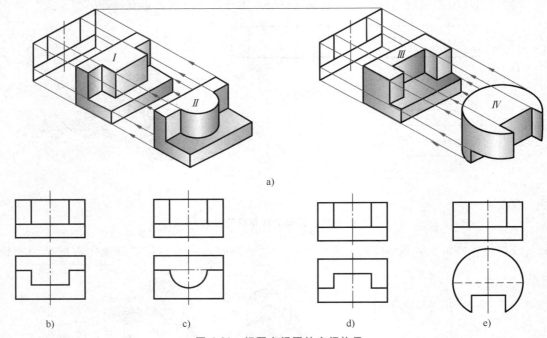

a)

b)　　　　　　　　c)　　　　　　　　d)　　　　　　　　e)

图 4-21 相同主视图的空间构思

a) 一个主视图对应多个组合体　b) 形体 I 的主、俯视图　c) 形体 II 的主、俯视图
d) 形体 III 的主、俯视图　e) 形体 IV 的主、俯视图

如图 4-22 所示，如果只看主视图，能想象出该组合体是由上、下两部分组成的，但这两部分的具体形状还无法确定。只看主、左视图时，能确切想象出上部结构，而下部结构仍不能唯一确定。只看主、俯视图时，能确切想象出下部结构，而上部结构仍不能唯一确定。只有将三视图联系起来综合构思，才能唯一确定该组合体的结构形状。也可看出，俯视图是反映下部结构形状特征的视图，左视图是反映上部结构形状特征的视图，所以，抓住形状与位置特征是准确快速读图的关键。

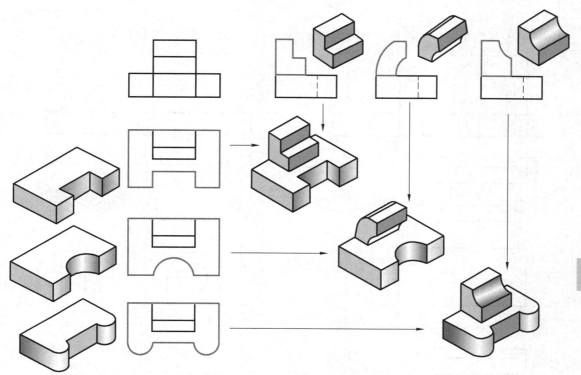

图 4-22　三视图联系起来综合构思

因此，在读组合体的三视图时，应将三个视图联系起来进行综合构思。

二、读图的基本方法

在读组合体的视图时，必须充分利用投影对应规律和位置对应关系，正确使用作图工具，掌握正确的读图方法和步骤，以准确地构想出视图所表达的空间形体结构，提高读图的速度和能力。

1. 形体分析法

读图时利用形体分析法，就是先从主视图着手，将组合体的投影图分解为若干个线框，再逐一想象出每个线框所表达的立体形状。最后将它们的相对位置、组合方式综合起来，想象出组合体的整体结构形状。现以图 4-23 所示组合体的三视图为例，说明读图的方法和步骤。

（1）分线框，对投影　因为视图上的每一个封闭线框都代表着立体上不同面的投影或某一基本体的投影，所以读图时，应先将主视图分成几个线框，利用投影规律找出每一个线框在其他视图上的对应投影。

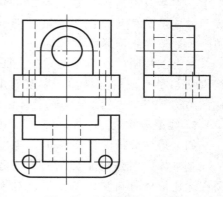

图 4-23　组合体的三视图

先将图 4-23 所示主视图分为线框Ⅰ、Ⅱ、Ⅲ，如图 4-24a 所示，再分别找出这些线框在俯视图和左视图中的对应投影，如图 4-24 b、c、d 中用粗实线画出的线框所示。

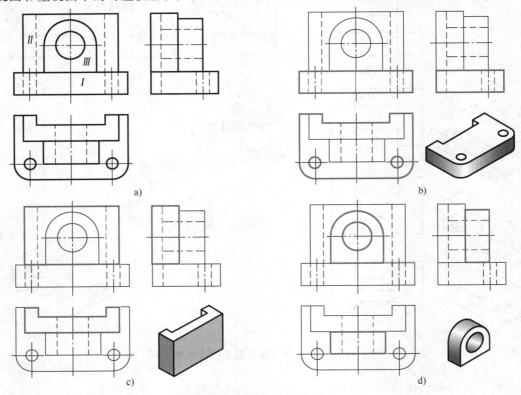

图 4-24　读组合体的视图

（2）分部分，想形体　找到每一个组成部分的三面投影后，再根据各自形状特征明显的视图想象出每一部分的形状。线框Ⅰ、Ⅱ的俯视图反映了它们各自的形状特征，而线框Ⅲ的主视图反映形状特征明显，因此，可以想象出它们的形状，如图 4-24b、c、d 中右下角的立体图所示。

（3）综合起来想整体　想象出每一部分的形状后，再看它们的相对位置，即各部分的上下、左右及前后的位置关系，并观察它们的组合方式，各立体表面的连接及变化情况等。最后把这些综合起来，就可以想象出组合体的整体结构形状。

综合三视图可以确定线框Ⅱ、Ⅲ对应的立体前后相接地叠加，线框Ⅱ与Ⅲ对应的立体前、后表面重合，组合体整体上是左右对称的结构，想象出的组合体的整体结构形状如图 4-25 所示。

图 4-25　组合体的整体
结构形状

2. 线面分析法

如上形体分析法读图基本上是按叠加的思路将组合体分解为一些基本体，但是对于切割而成或者比较复杂的组合体，通常需要在运用形体分析法的基础上，对不易看懂的局部运用线面分析法，也就是结合立体表面的线、面进行分析，来帮助看懂和想清这些结构。

现以图 4-26 所示的切割立体三视图为例，说明运用线面分析法进行读图的方法与步骤。

（1）识缺口，想原体　读图 4-26 所示三视图，可以看出主、俯、左视图各有一个明显的缺口，假想将各视图中的缺口补全，则可以想象出该组合体的原体是长方体，如图 4-27a 所示。然后按视图中的缺口Ⅰ、Ⅱ、Ⅲ分析截面。根据投影规律和位置对应关系，分别找出这些缺口在另两视图中的对应投影，如图 4-27b、c、d 中用粗实线画出的线和线框所示。

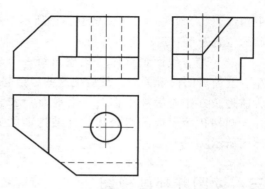

图 4-26　切割立体的三视图

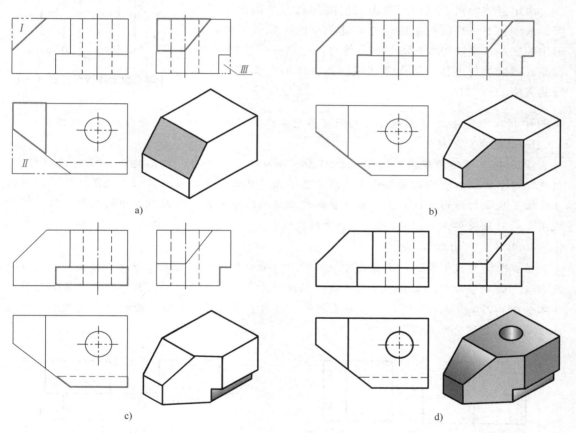

图 4-27　切割立体的读图

（2）对线面，构形体　按缺口找到每一个缺口所对应截面的三面投影后，再根据平面的投影特性，想象出每一个截面的相对位置及形状。一般先从具有积聚性投影的特殊线面进行对应分析。

根据积聚性投影分析可知，缺口Ⅰ为一正垂面截去了长方体的左上角形成的，截切形成的梯形柱体如图 4-27a 中的立体图所示；缺口Ⅱ为铅垂面截去了立体的左前角形成的，形成的具有八个面的新立体如图 4-27b 中的立体图所示；缺口Ⅲ为水平面和正平面截去立体的前下角形成的，如图 4-27c 中的立体图所示。所以在这种构形过程中，就是对立体上斜线或斜面的位置及形状进行重点分析。

（3）综合线面想整体　想象出每一个缺口的形状后，再核对各缺口对应线面的上下、左右及前后的位置关系，最后把这些综合起来，就可以想象出立体的整体形状。可确定该组合体是长方体先后被正垂面、铅垂面、水平面、正平面截切并开圆柱孔而形成的组合体，其结构形状如图 4-27d 中的立体图所示。

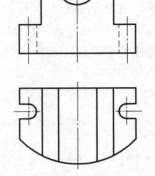

三、读图并补画视图

由组合体的两个视图想象出其空间形状并补画出第三视图，或者由不完整的投影图构思立体的空间形状并补画出图形中的漏线，是读图和画图的综合练习，也是一个反复实践、提高读图能力的过程。下面举例说明组合体的读图及补全视图的方法。

图 4-28　组合体的两视图（一）

[**例 4-4**]　由图 4-28 所示组合体的两视图想象出其空间结构形状，并补画出左视图。

1. 识缺口，想整体

读图 4-29 所示两视图，可以看出视图有缺口Ⅰ、Ⅱ、Ⅲ，假想将视图中的缺口补全，则可以想象出该组合体的原体是前端为半圆柱面的柱体，画出该柱体的左视图。然后，再按立体被多次截切后形成缺口Ⅰ、Ⅱ、Ⅲ的线面结构，分别找出这些缺口中的线和线框。在两视图中的对应投影，如图 4-29b、c 中的粗实线。

2. 对线面，构形体

根据平面的投影特性，由视图中缺口所对应截面的投影，想象出每一个截面的相对位置及形状。缺口Ⅰ为水平面和侧平面截去了柱体的左、右上角形成的，截切形成的左右对称的立体如图 4-29b 中的立体图所示。在左视图中画出侧平截面与半圆柱面的交线的投影，以及水平截面具有积聚性的投影。

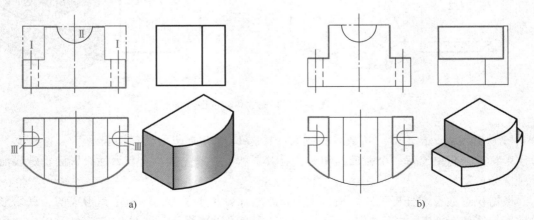

a)　　　　　　　　　　　　　　　　　　　b)

图 4-29　读图并补画左视图（一）

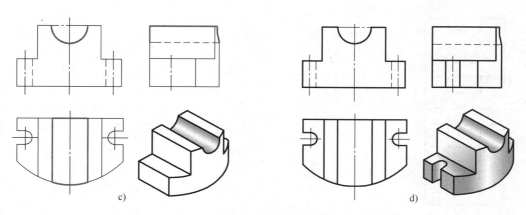

c)　　　　　　　　　　　　　　　　d)

图 4-29　读图并补画左视图（一）（续）

顶面缺口Ⅱ对应的空间结构为半圆柱槽，如图 4-29c 中的立体图所示，在左视图中画出半圆柱槽的转向轮廓线的投影，以及半圆柱槽与半圆柱外表面相贯线的投影。缺口Ⅲ对应的空间结构是立体左、右长槽孔，画出该槽孔的左视图。

3. 综合线面想整体

想象出每一个缺口的形状后，再看一下缺口对应线面的相对位置，即它们的上下、左右及前后的位置关系，并综合起来想象出组合体的整体形状。最后按空间形体和投影规律，对画出的左视图进行认真的审核，并对图形进行加深，如图 4-29d 所示。

[例 4-5]　由图 4-30 所示组合体的两视图想象出其空间结构形状，并补画出左视图。

对图 4-30 所示的组合体，不但要进行形体分析和线面分析，还要依据上下、前后位置关系和可见性，进行方位和层面的综合分析，判断出哪个面凸起、哪个面凹下，以确切构思出形体结构。

1. 分线框，对投影

如图 4-31a 所示，先把主视图自下而上分为封闭线框Ⅰ、Ⅱ、Ⅲ、Ⅳ，其中线框Ⅰ、Ⅲ、Ⅳ中间有向下的凹槽，虚线框Ⅲ说明其对应结构不可见，须注意前后位置。俯视图中的三条横线将立体由前向后分成 A、B、C、D 四个部分，且每部分均可见。必有 A 与Ⅰ、B 与Ⅱ、C 与Ⅳ、D 与Ⅲ相对应。

2. 分部分，想形体

找到各组成部分的对应投影后，根据表达了形状特征的主视图想象出每一部分的形状。线框Ⅳ后面有不可见的线框Ⅲ，前面下部有线框Ⅰ和Ⅱ，因此 C 与Ⅳ对应的空间结构为中后位置的最高立板，其顶部有一凹槽；D 与Ⅲ由于不可见，必在Ⅳ后方且对应的空间结构为顶部带凹槽的半圆形板；在最前、最下方的 A 与Ⅰ对应的空间结构为中间有凹槽的板块体；B 与Ⅱ对应的空间结构必在Ⅳ对应的空间结构的前方，并在Ⅰ对应的空间结构的上方，形状为中间凸起的半圆形立块。图 4-31a、b、c、d 展示了构思与作图过程。

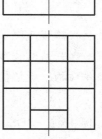

图 4-30　组合体的两视图（二）

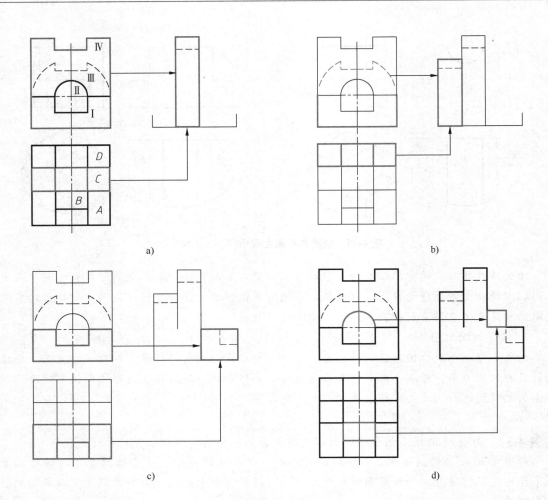

a) b) c) d)

图 4-31　读图并补画左视图（二）

3. 综合起来想整体

针对组合体进行方位和层面的综合分析后，再审视各部分的上下、左右及前后的位置关系并综合起来，就可想象出组合体的整体结构。

4. 补画左视图

当读懂两视图并想象出立体的空间结构形状后，就可以补画出左视图。一般可分别构想每个部分的结构形状后随时补画出侧面投影，作图步骤如图 4-31 所示。也可先综合想象出整体结构，再按投影规律和位置关系集中画出左视图，并检查加深。

[例 4-6]　由图 4-32 所示不完整的三视图构思空间形体，补画出视图中的漏线。

1. 构想基本体

首先要按形体分析或线面分析的方法，根据视图轮廓构想出原立体或各基本体的形状。补画视图中的漏线，按构成方式分析立体表面的交线和接触情况，对线条，补漏线，完成各视图。

如图 4-33a 所示，先假想把三视图中的缺口补全，由视图外轮廓可知原立体是由长方体切割而成的立体。由主视图可知立体被正垂面截去左上角，正垂截面与立体顶面和侧面产生了正垂线，按照投影对应规律，补画出正垂线在俯视图和左视图上的投影。

2. 分截口补漏线

可按照截去部分逐步构想出空间形体，并补出图形中的漏线。由左视图可知立体被侧垂面和水平面截去前上角，在主视图中找到水平截面的积聚性投影和侧垂截面的正面投影，按投影规律，补出两截面在俯视图上的投影，如图 4-33b 所示。

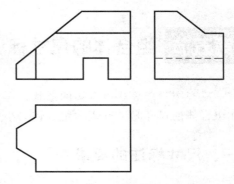

图 4-32 不完整的三视图

由俯视图可知立体被侧平面和铅垂面截去左前、后角，在主视图上找到侧平截面具有积聚性的投影和铅垂截面的正面投影；按投影规律，画出两截平面在左视图上的投影，如图 4-33c 所示。

主视图底面的缺口与左视图中的虚线对应，可见立体被侧平面和水平面截出了一个前后方向上的通槽，补出两侧平截面在俯视图上具有积聚性的投影，因不可见，应画成虚线，如图 4-33d 所示。

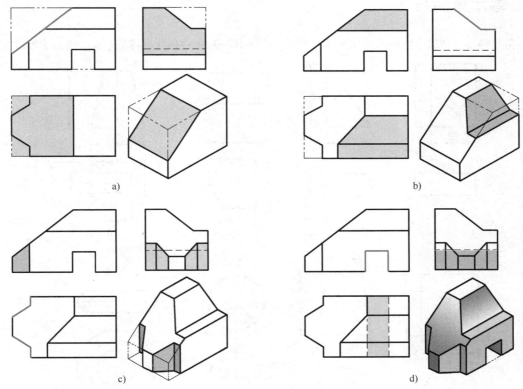

a)   b)

c)   d)

图 4-33 补画视图中的漏线

最后，由不完整视图中的线面形状及位置构思形体，并按投影对应规律检查所补出的漏线，正确画出确切表达空间组合体的各视图，如图 4-33d 所示。

第五节 组合体的尺寸标注

三视图只能表达组合体的形状，而组合体的大小则由三视图上的尺寸来确定。因此，标注组合体的尺寸是准确表达组合体大小的重要工作。

一、尺寸标注的要求

完整的尺寸标注应包括尺寸界线、尺寸线、箭头和数字等。标注尺寸的基本规定和方法在国家标准中都有明确的规定，请参见第一章中的有关内容。

组合体的尺寸标注应满足如下基本要求。

1）标注正确：所标注的尺寸应符合国家标准中有关的基本规定。

2）尺寸完整：要有定形、定位及总体尺寸，既不重复也不遗漏。

3）布置合理：尺寸布置要清晰，排列要整齐，便于阅读和查找。

二、基本体的尺寸

常见基本体的尺寸标注示例如图 4-34 所示。基本体一般需要标注立体长、宽、高的定形尺寸。

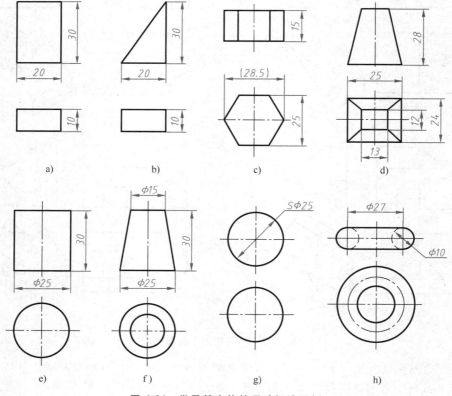

图 4-34　常见基本体的尺寸标注示例

通过切割所形成的切割体的尺寸标注示例如图 4-35 所示。当截平面与基本体的相对位置确定以后，在形体表面所产生的截交线也就自然确定了。所以，不能在立体表面的交线上标注尺寸。

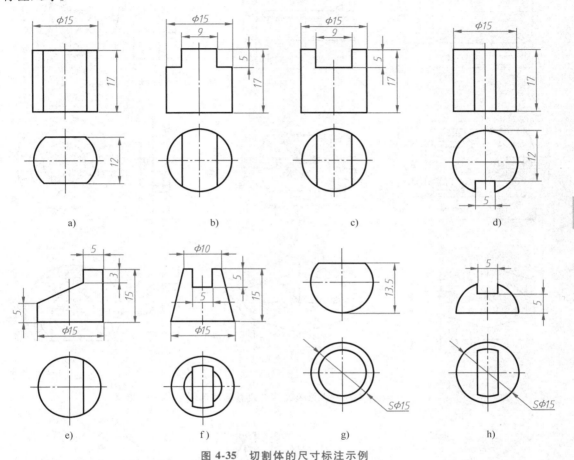

图 4-35　切割体的尺寸标注示例

常见板形体的尺寸标注示例如图 4-36 所示。

三、组合体的尺寸

标注组合体尺寸仍要采用形体分析法，即分析并确定组合体各部分的定形尺寸及其相互间的定位尺寸，以保证尺寸标注的完整和合理。

现以图 4-37a 所示的组合体为例，说明组合体尺寸标注的步骤。

1. 形体分析

图 4-37a 所示组合体由四个基本体组成，组合后立体表面出现了相交、相切和重合的情况。该组合体中各基本体的结构形状、尺寸和相互位置如图 4-37b 所示。

2. 选择基准

选择尺寸基准就是确定标注尺寸的起始点。选择组合体长、宽、高三个方向的尺寸基准，如图 4-38a 所示。对尺寸基准一般有如下要求。

109

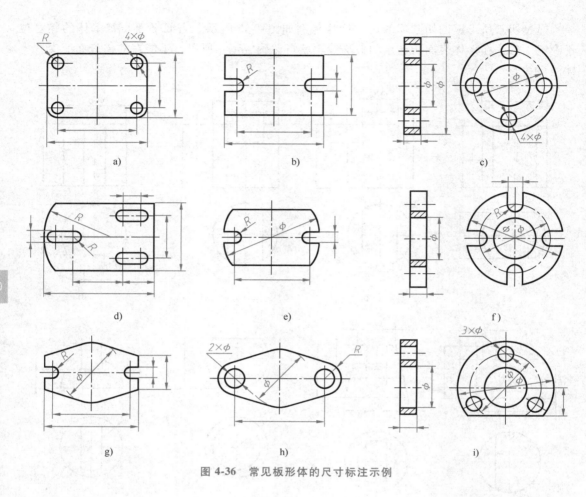

图 4-36 常见板形体的尺寸标注示例

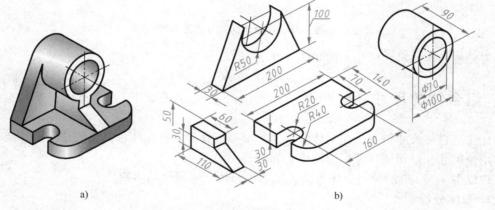

图 4-37 确定各基本体的形状尺寸

1）组合体长、宽、高三个方向上都应有一个主要尺寸基准。

2）通常选用轴线、中心线、对称面、底面、端面等作为尺寸基准。

3）回转体一般都以其轴线作为定形尺寸和定位尺寸的基准。

3. 标注尺寸

按照尺寸标注要正确、完整的要求，分别注出各基本体的定形尺寸与定位尺寸。标注尺寸的过程如图 4-38 所示。

首先确定了尺寸标注三个方向的基准，如图 4-38a 所示。接着标注底板及其上开槽的定形尺寸和定位尺寸，如图 4-38b 所示。然后标注空心圆柱和支承板的定形尺寸，如图 4-38c 所示。最后标注了各基本体的定位尺寸，如高度尺寸 130 等，如图 4-38d 所示并进行检查、调整，使尺寸标注正确、完整、合理。

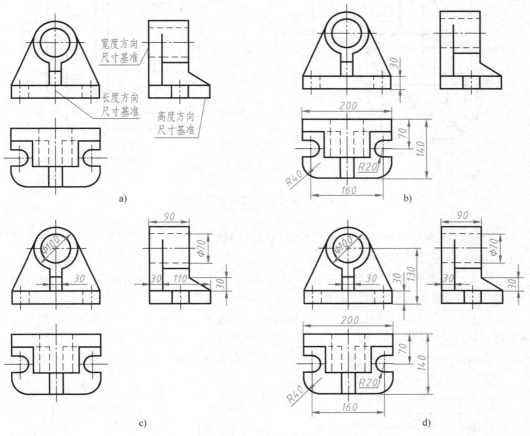

图 4-38　组合体的尺寸标注

四、尺寸的布置

组合体的尺寸标注应在满足基本要求的前提下，灵活掌握，合理布置，力求清晰。为使尺寸标注得整齐、清晰，要掌握其基本原则。图 4-39 和图 4-40 所示为尺寸标注示例。

标注组合体尺寸有如下基本原则。

1）标注时应使小尺寸在内、大尺寸在外，以免尺寸线相交，如图 4-39a 中的尺寸 15、60 和图 4-39b 中的尺寸 32、48、92。

2）同一基本体的尺寸，应尽量集中标注在特征明显的视图上，如图 4-39a 中的尺寸

R15、$2 \times \phi$10、60。

3）尺寸尽量标注在两个视图之间，必要时可标注在视图之内，如图 4-39a 中的尺寸 15、60、90。

4）同轴的回转结构的径向尺寸，最好标注在非圆的视图上，如图 4-39b 中的尺寸 ϕ48、ϕ80、ϕ100、ϕ120。

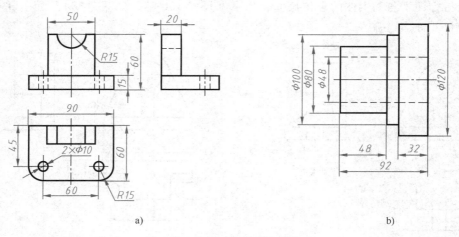

a)   b)

图 4-39 清晰、正确地布置尺寸

5）对称结构的尺寸要整体标注，不能只标注结构图形的一半，如图 4-39a 中的尺寸 50、90 和图 4-40a 中的尺寸 42。

6）圆弧半径必须标注在反映圆弧实形的视图上，且相同圆角只标注一次，如图 4-39a 中的尺寸 R15 和图 4-40a 中的尺寸 R40。

7）当组合体端部为回转结构时，应标注轴线位置和半径大小，如图 4-40a 中的尺寸 80、R40 和图 4-41 中的尺寸 52、R16。

8）立体表面的交线不能标注尺寸，且尽量不在虚线上标注尺寸。

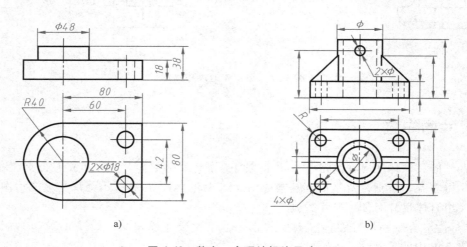

a)   b)

图 4-40 整齐、合理地标注尺寸

通过本章的学习，在多画、多看、多分析的过程中，应基本掌握了画图、读图及标注尺寸的方法与步骤。

如图 4-41 所示组合体的三视图及其尺寸，由形体分析可知该组合体由五部分组成。分别是空心圆柱、底板，以及空心圆柱与底板之间的肋板，空心圆柱前侧的圆柱凸台、右侧的耳板。

首先，想象各基本体的形状及位置，并构想出该组合体的整体形状。再由所注尺寸分析各基本体的形状大小及其位置关系。最后仔细分析检查图中的问题，发现该组合体视图中缺少了三个重要尺寸。它们分别是空心圆柱的内径尺寸、肋板的高度定形尺寸和圆柱凸台的宽度定形尺寸。

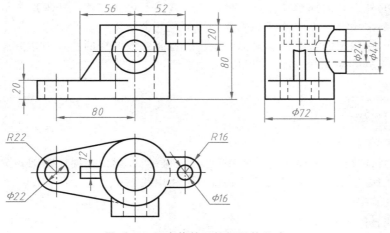

图 4-41 组合体的三视图及其尺寸

思政拓展：大部分人以为，圆珠笔最难制造的部分是球珠，然而，制造笔头最贵、最难的部分其是容纳球珠的球座体，扫描右侧二维码了解笔头的技术难点我国自主研发创新之路，并思考怎样合理表达球座体。

中国创造：
笔头创新之路

第五章 机件的表达方法

前面介绍了用三视图来表示物体的方法，但是在实际生产中，机件的形状是千变万化的，有些机件的外部和内部都较复杂，只用三个视图不可能完整、清晰地表示出它的空间结构形状，还需要采用其他方向的视图或者采用剖视的方法进行表达。

为了满足工程用图的需要，国家标准规定了绘制工程图样的各种表达方法。这些画法是每个工程技术人员必须共同遵守的规则，应该在学习中逐步地加以熟悉和掌握。

第一节 视图

视图是根据有关标准和规定，用正投影法将机件向投影面投射所得到的图形，视图主要用来表达机件的可见结构，不可见部分必要时可用虚线画出。

一、基本视图

除了三视图以外，当机件外形复杂时，为了清晰地表示出它的上、下、左、右、前、后的不同形状，可再增加三个视图，即在原有三个投影面的对面分别增设一个投影面。从右向左投射，得到右视图；从下向上投射，得到仰视图；从后向前投射，得到后视图，所得到的六个视图统称为基本视图，六个基本视图的展开方法如图 5-1 所示。

当展开后六个基本视图的位置按图 5-2 所示位置配置时，一律不标注视图名称。

从图 5-2 中可见，六个基本视图之间有如下关系：

1）六个基本视图之间的度量对应关系有三等规律，即主、俯、仰、后视图等长，主、左、右、后视图等高，左、右、俯、仰视图等宽。

2）六个基本视图之间的位置对应关系有前后规律，即左、右、俯、仰视图靠近主视图的一侧为机件的后面，而远离主视图的一侧为前面。

若视图不按图 5-2 配置，而需要画在其他适当位置时，应在视图的上方用字母标出视图的名称，并在相应的视图附近用带字母的箭头指明投射的部位和方向，如图 5-3 中画出的 A、B、C 视图。通常将 A、B、C 视图这样自由配置的基本视图称为向视图。

绘图时，视图数量要根据机件的结构和形状特点适当选择，以表达清楚为原则。

二、局部视图

当机件在某个方向的部分结构形状需要表示，但又没有必要画出整个基本视图时，可以

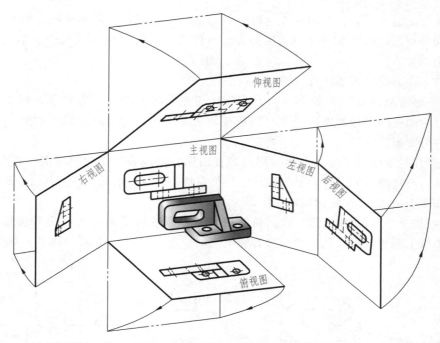

图 5-1　六个基本视图的展开方法

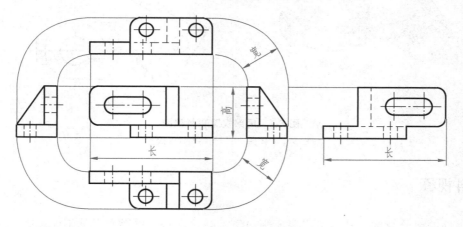

图 5-2　六个基本视图的配置

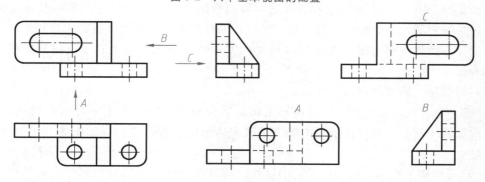

图 5-3　视图的布置及标注

只画出基本视图的一部分，这种只表达机件局部结构的视图称为局部视图。如图 5-4 所示，采用 A 向局部视图表达了支座的顶面结构和相对位置，采用 B 向局部视图表达了支座右侧凸台的形状。

采用局部视图时，需要注意以下几点：

1）必须标注局部视图的投射方向和名称。即在局部视图的上方用字母标出视图的名称，并在对应的视图附近用带同样字母的箭头指明表达部位和投射方向，如图 5-4b 所示的 A 向和 B 向局部视图的标注。

2）必须用轮廓线或波浪线分界。即局部视图用波浪线表示剖切的范围，如图 5-4 所示 A 向和 C 向局部视图。但当所表示的局部结构是完整的，且外形轮廓线封闭时，则可以省略波浪线，如图 5-4b 所示的 B 向局部视图。

3）按投影关系或适当位置布置。局部视图最好靠近所要表达的部位并按投影关系配置。若在图纸上有更好的布局，也可布置在适当的位置，如图 5-4b 所示的 B 向局部视图。

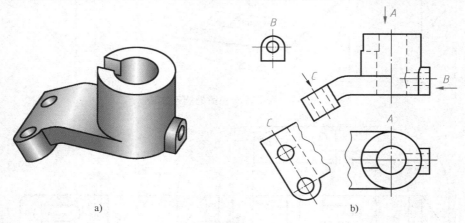

图 5-4 局部视图和斜视图

a）支座立体图 b）支座的视图表达

三、斜视图

当机件的部分结构与基本投影面成倾斜位置时，在基本投影面上就不能反映该结构的真实形状，如图 5-4a 所示支座的倾斜板。这时可用换面的方法，增设一个既与基本投影面垂直又与机件倾斜表面平行的辅助投影面，将机件的倾斜部分向该辅助投影面进行投射，所得的实形的投影图称为斜视图。如图 5-4b 所示的 C 向局部视图即为表示了支座倾斜板真实形状的斜视图。

画斜视图时，需要注意以下几点：

1）必须标注出斜视图的投射方向和名称。即在斜视图的上方用字母标出视图的名称，并在对应的视图附近用带同样字母的箭头指明表达部位和投射方向，如图 5-4b 中 C 向斜视图的标注。

2）需采用波浪线作为斜视图的范围界线。斜视图一般只表达倾斜部分的局部形状，可假想折断画出，用波浪线确定所表达的范围，其余部分的投影并不画出来，如图 5-4b 中的

C 向斜视图。

　　3）斜视图可平移或旋转布置到适当位置。斜视图最好按投影关系配置，必要时也可平移到其他适当位置画出，并允许将图形旋转成水平或竖直的位置画出，但旋转角度必须小于90°。图形旋转后的标注形式改为"⌒×"或"×⌒"，箭头与旋转方向一致，字母在箭头一端，如图5-5所示。

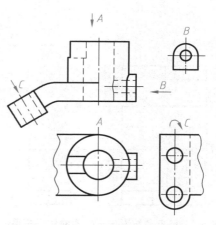

图 5-5　视图的合理布置

四、第三角投影

　　随着国际技术交流的日益增多，工作中可能会遇到某些国家采用第三角投影法绘制的工程图样。下面就第三角投影法做简单介绍。

　　互相垂直的 V、H 投影面将空间分成四个分角，如图5-6a所示。我国制图标准规定采用第一角投影法，即由人—物—面的相对位置关系作正投影图来生成工程图样。而第三角投影法是由人—面—物的相对位置关系作正投影图来生成工程图样。

　　第三角投影法就是假想将物体放在互相垂直且透明的三面投影体系中，就像隔着透明玻璃观察物体，这样进行投射所得到的图形称为第三角投影图，如图5-6b所示。

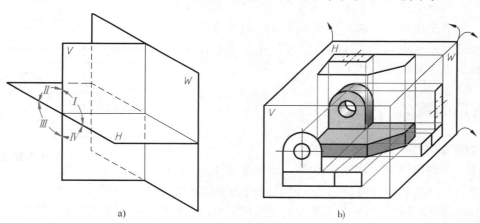

　　a)　　　　　　　　　　　　　　　　b)

图 5-6　第三角投影法

　　在第三角投影法中，在 V 面上的投影称为前视图，在 H 面上的投影称为顶视图，在 W 面上的投影称为右视图。展开后三视图的位置关系如图5-7所示，可见三视图仍保持长对正、高平齐、宽相等的投影规律。

　　若将立体放在透明六面体盒子中，分别从不同的方向进行投射，即可得到六个基本视图。当展开后六个基本视图按图5-8所示的位置配置时，一律不标注视图名称。

　　在第三角投影法中，六个基本视图之间有如下关系：

　　1）六个基本视图之间分别保持着长对正、高平齐、宽相等的投影对应规律。

　　2）左视图、右视图、顶视图、底视图靠近前视图的一侧为立体的前面。

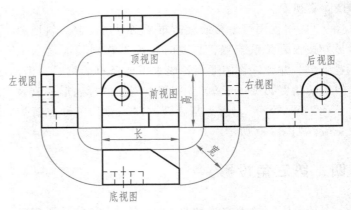

图 5-7　第三角投影法三视图的位置关系　　　图 5-8　六个基本视图的配置

第二节　剖视图

在前面画视图时，对机件内部的所有不可见结构都用虚线表示，但是当机件的内部结构较复杂时，在视图上就会出现很多虚线，如图 5-9 所示。这样既影响图形清晰，又不便于看图，也不利于标注机件的尺寸。为了解决这个问题，使原来不可见的部分转化为可见的而避免采用虚线，《机械制图》国家标准规定可以采用剖视的表达方法进行作图。

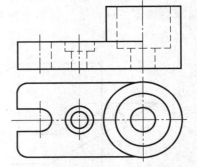

一、剖视的概念

1. 剖视图

若用一个剖切平面剖开机件以后，这样原来不可见的

图 5-9　用虚线表达内部结构

孔、槽等内部结构都变成可见的了，然后进行投射，所画出的剖视图显然清晰、真实多了，如图 5-10 所示。因此，剖视图主要用来表达机件的内部结构或被遮盖部分的形状。

剖视的表达方法可概括为：假想用剖切面把机件剖开，将处于观察者和剖切面之间的部分移去，而将剩余部分向投影面进行投射，所得到的图形称为剖视图，这种表达内部结构的方法简称为剖视。

2. 剖切面

剖视图主要用来表达机件的内部结构，为使画出的剖视图形清晰、更形象，进行剖视表达时需要选择适当的剖切面，确定剖切位置及剖切范围。

剖视表达必须解决如下三个基本问题。

1）剖面种类：单一的平面或柱面，多个平行或相交的平面，组合剖切面。

2）剖切位置：过内部结构的中心线或对称面，且平行或垂直于基本投影面。

3）剖切范围：采用所选定的剖切面和剖切位置，将机件全部或部分剖开。

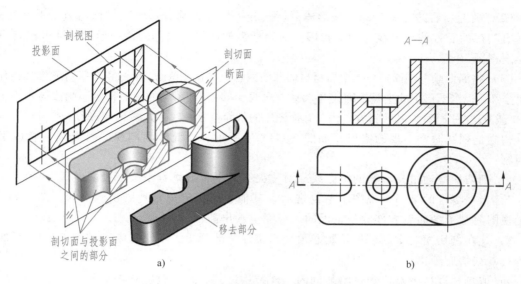

图 5-10　采用剖视图表达机件内部结构

3. 剖面符号

当假想用剖切面把机件剖开后再进行投射，即得到了剖切后的视图，还必须将该视图中剖切到的实体部分画上剖面符号，使其与外形视图加以区别。

在工程中常用材料的剖面符号见表 5-1。

表 5-1　常用材料的剖面符号

材料名称	剖面符号	材料名称	剖面符号	材料名称	剖面符号
金属材料（已有规定剖面符号者除外）		型砂、填砂、粉末冶金、砂轮、硬质合金刀片等		混凝土	
非金属材料（已有规定剖面符号者除外）		玻璃及供观察用的其他透明材料		钢筋混凝土	
线圈绕组元件		木材纵断面		砖	
转子、电枢、变压器和电抗器等的叠钢片		基础周围的泥土		液体	

二、剖视图的画法

1. 剖视图的画法步骤

（1）确定剖切面的位置　为了将机件的内部结构表达清晰并反映其确切形状，剖切面应平行于某一投影面，并通过机件上比较多的孔、槽的中心线或对称面，这样剖切后原视图中的虚线可变成实线。

（2）画剖切后的可见轮廓　按形体分析法分析机件各部分位于剖切面后方的假想轮廓，并画出剖切面后方的可见线、面的投影，清晰地表达出机件内部的结构形状，即可得到所需要的剖视图。

（3）将断面画上剖面符号　金属材料的断面内画出与水平线成 45°的相互平行的细实线作为剖面符号。但当图形中的主要轮廓线与水平方向成 45°时，该图形的剖面符号应画成与水平方向成 30°或 60°的平行线，其倾斜方向仍与其他图形的剖面符号一致，如图 5-11a 所示。

初画剖视图时常出现的错误，如图 5-11b、c 所示，因此，画剖视图时必须注意以下几个问题：

1）剖切面应通过孔、槽的中心线或对称面，并平行或垂直于某一投影面。

2）当在零件的某一个视图上取剖视后，其他视图仍应完整地画出。例如，图 5-11b 所示俯视图只画了剖面后方部分是错误的，应完整画出前部。

3）凡在剖切面后方的可见轮廓必须用粗实线全部画出，不能遗漏，如图 5-11b、c 所示的各处漏线均应画出。

4）取剖视以后，对已表达清楚的内、外结构，其虚线一般应省略不画。

5）在同一个零件的各个剖视图中，其剖面符号应方向一致、间隔相等。

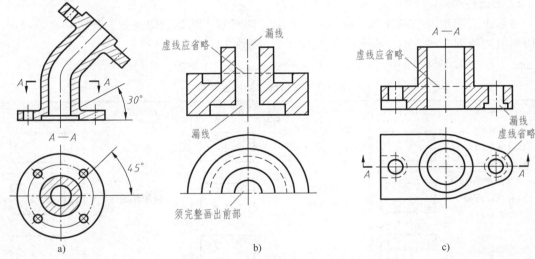

图 5-11　剖视图中的剖面符号和常见错误

2. 剖视图的标注

为了清楚地表示出各图形之间的关系，在画剖视图时，应对剖切位置、投射方向和剖视图名称进行相应的标注，如图 5-10b 和图 5-11c 所示。

（1）标注剖切位置及投射方向　在剖切面的起、止和转折处画上剖切位置符号，表示剖切位置符号的短粗实线尽量不要与图形的轮廓线接触或相交，并在剖切位置符号的两端画出箭头表示投射方向，且标上大写字母。

（2）标注出剖视图的对应名称　在所画出的剖视图上方用同样的大写字母标出剖视图的名称 "×—×"。在同一张图

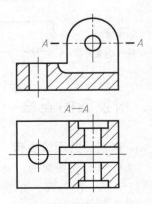

图 5-12　剖视图的标注

120

样上若同时有多个剖视图时，则其名称应按字母顺序排列，不得重复。

（3）可简化或省略标注的形式 在图形关系清楚、表达结构明确的情况下，有时可简化或省略标注。

1）当所画的剖视图按投影关系配置，且中间又没有其他图形隔开时，可以省略标注投射方向的箭头，如图 5-12 所示。

2）当剖切面通过机件的对称平面，剖视图按投影关系配置，中间又没有其他图形隔开时，可以省略标注，如图 5-13b 中的左视图所示。

三、剖视图的种类

（1）按剖切范围 剖视图按剖切范围可以分为全剖视图、半剖视图和局部剖视图三大类。

（2）按剖切面的种类 根据机件的结构形状，可适当选用单一的剖切面，也可采用几个平行或相交的剖切面剖切。

1. 全剖视图

用剖切平面假想把机件完全剖开进行投射，所画出的剖视图形称为全剖视图。

全剖视图主要适用于外部形状比较简单或已有视图表达清楚，而内部结构较为复杂，一般又不对称的机件。在绘制全剖视图时，应注意分析机件的结构形状，合理确定剖切面的种类。

（1）用单一剖切面剖切 图 5-13a 所示为机件的立体图，图 5-13b 所示的三个基本视图中，采用了两个单一剖切面剖切的剖视图进行表达。其中，俯视图采用 A—A 剖视图，主要表达底板和十字连接板的形状；左视图为在零件左右对称面进行剖切得到的剖视图，主要表达上部主体的内部台阶孔的结构。所采用的剖切面都平行于基本投影面，单一剖视表达是应用最多的一种剖视。

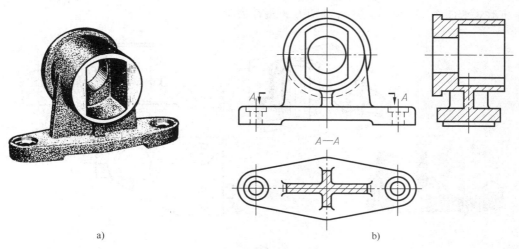

a)   b)

图 5-13 单一剖切面的剖视图

当所要表达的结构与基本投影面不平行时，也可利用倾斜的剖切面剖切画出剖视图。图 5-14b 所示机件的上部结构倾斜，为了表达孔及端面的形状，用一个倾斜且垂直于基本投

影面的 *A—A* 剖切面剖开机件，并向平行于端面的新投影面进行投射，即得到倾斜的 *A—A* 剖视图，这种由倾斜剖面取得剖视图的方式称为斜剖视。

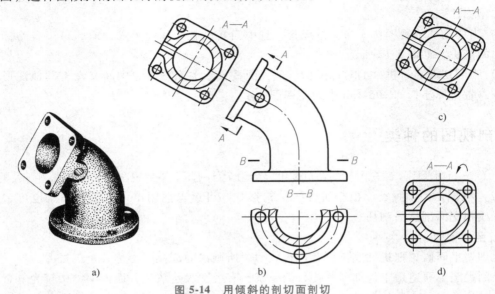

图 5-14 用倾斜的剖切面剖切

为画图方便，可将得到的剖视图平移到适当的位置画出，也可平移后再旋转到竖直或水平位置画出，但旋转角度必须小于 90°，且要进行标注，如图 5-14c、d 所示。

（2）用多个剖切面剖切 当机件的内部结构较复杂，用一个剖切面不能同时剖切到时，可假想用两个以上平行或相交的剖切面剖切，然后画出剖视图。

如图 5-15a 所示，在机件左、右不同平面内有不同结构的孔，采用两个互相平行的剖切面分别过左、右孔的轴线同时剖切，再向投影面投射，即可画出 *A—A* 剖视图，该剖视图及其标注形式如图 5-15b 所示，这种剖切方式俗称为阶梯剖。

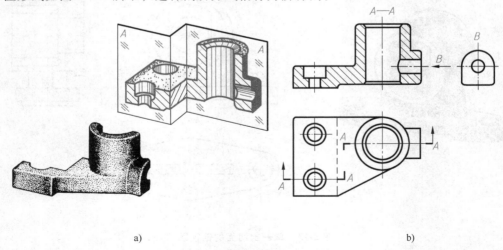

图 5-15 用平行的剖切面剖切

图 5-16 所示机件为回转体结构，其径向上分布了不同结构的孔和槽，采用两个相交于

机件回转中心的剖切面，分别过不同孔、槽的中心进行剖切，再将倾斜部分旋转到与投影面平行的位置进行投射，即可画出 A—A 剖视图，该剖视图及其标注形式如图 5-16b 所示，这种相交剖面的剖切方式俗称为旋转剖。

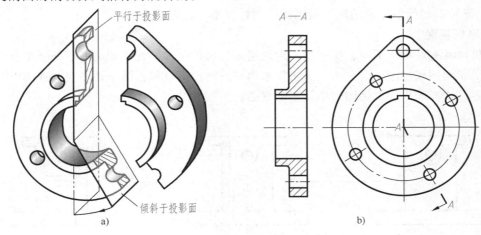

图 5-16　用相交的剖切面剖切

123

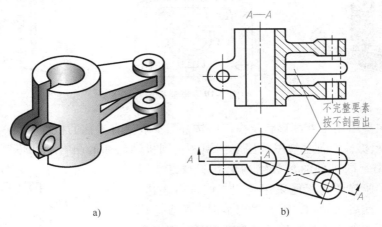

图 5-17　旋转剖视图

　　图 5-17 所示机件既有回转体结构又有倾斜结构，可采用两个相交的剖切面剖切，将主视图按旋转剖画出剖视图。要注意的是，剖切面后面的不完整要素仍在剖前原来的位置按不剖画出。

　　采用多个剖切面剖切画全剖视图时的常见错误如图 5-18 所示。所以，在画多个剖切面的剖视图时必须注意：

　　1）采用倾斜的或两个以上的剖切面剖切时，必须对图形进行标注。

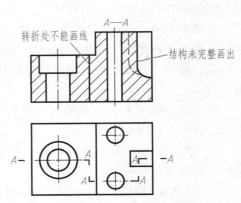

图 5-18　多个剖切面剖切剖视图常见错误

2）剖切面转折线不能与轮廓线重合，不允许出现不完整的结构要素。

3）平行剖切面剖切后画出的阶梯全剖视图，其转折处不能画粗实线。

4）对具有合适轴线结构的旋转剖视图，其旋转部分的投影并不对应。

5）旋转剖切面后方的结构一般仍按不剖在原来位置对应画出。

2. 半剖视图

当机件具有对称平面时，假想用一个剖切面将机件全部剖开，利用图形的一半表达机件的外部形状而画成视图，另一半表达机件的内部结构而画成剖视图，视图与剖视图以对称中心线分界，这样画出的剖视图形称为半剖视图，如图 5-19 所示。

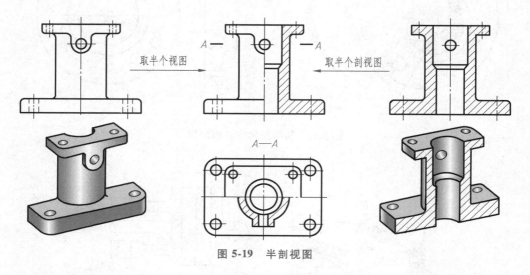

图 5-19 半剖视图

半剖视图主要适用于外部形状及内部结构都需要表达且对称的机件。

图 5-19 所示机件，若主视图采用全剖视图，则机件前面的凸台形状不明确；若将俯视图画成全剖视图，则机件的顶板结构形状不清楚。因此，其主视图和俯视图均不能采用全剖视图进行表达。由于机件左右、前后均对称，因此采用半剖视图表达较好，即用半个视图来表达整个机件的外部形状，用半个剖视图来表达整个机件的内部结构。

如图 5-20 所示机件左右对称，适合采用半剖视图表达，用半个视图来表达出机件前面凸台圆孔的整体外部形状，用半个剖视来表达出机件台阶孔和底板孔的内部结构。

图 5-20 中特别指明了画半剖视图时易出现的错误。所以，画半剖视图时必须注意：

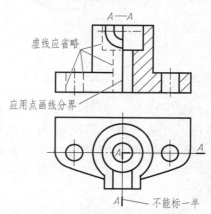

图 5-20 半剖视图中易出现的错误

1）半剖视图必须以表示对称平面的点画线分界，视图与剖视图各画一半。

2）对剖视图中已表达清楚的内部结构，在半个视图中的虚线省略不画。

3）当需要标注时，应对半剖视图进行整体标注而不能只标图形的一半。

3. 局部剖视图

用剖切面将机件的局部剖开，以表达部分内部结构，剖切与不剖部分以波浪线分界，这样画出的剖视图形称为局部剖视图，如图 5-21 所示。

局部剖视图主要适用于外部形状及内部结构都需要表达且不对称的机件。

图 5-21a 所示机件内部孔的结构形状需要表达，但由于前面和顶面都有凸台结构，而左侧底板带孔，该件不对称，因此，主视图和俯视图若采用全剖视图，则凸台的结构形状或位置不清楚，机件整体不对称也不能采用半剖视图。此时，对主视图和俯视图分别采用局部剖，使机件的外部形状和内部结构均能清晰表达，如图 5-21b 所示。

对于实心零件，如轴、手柄、连杆等零件上的小孔或槽等结构需要表达时，也常采用局部剖视图表达，如图 5-22 所示。

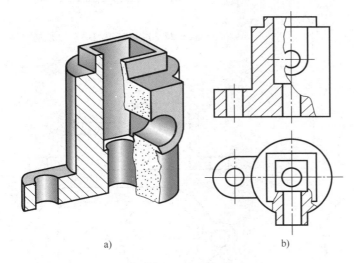

a)   b)

图 5-21 局部剖视图

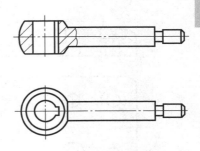

图 5-22 实心零件的局部剖视图

另外，当机件的局部结构对基本投影面都不平行时，可采用倾斜的剖切面剖切，画出局部剖视图以表达内部结构，其画法及标注形式如图 5-23 所示。

局部剖视图是一种比较灵活的表达方法，使用时主要根据机件的结构形状灵活选用。画局部剖视图时易出现的错误如图 5-24 所示。所以，画局部剖视图时必须注意：

1）局部剖视部分与不剖部分用波浪线分界，在同一视图中不宜采用过多的局部剖，以免使图形过于破碎。

2）所画的波浪线不能与图形上的任何原有图线重合，并且既不能穿空洞而过，也不能超出视图的轮廓线。

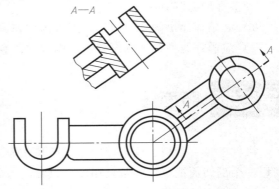

图 5-23 采用倾斜剖切面的局部剖视图

3）对局部剖视图一般不进行标注，若采用倾斜的或多个平面剖切时，则必须标注。

4. 组合剖视

当单独采用以上任何一种剖切方法都不能简单而确切地表达机件的内部结构时，可以采用把几种剖视结合在一起的组合剖视。组合剖视就是利用与投影面平行和倾斜的几个连续相交的剖切面，组合剖切机件进行表达的方法。

如图 5-25 所示，为了清楚地表达机件的内部结构，主视图同时采用了阶梯剖和旋转剖而得到 *A—A* 全剖视图，并在俯视图中对剖切位置进行了适当的标注，准确地表达了不同位置孔的结构。图 5-26 展示了旋转剖和基于柱面进行阶梯剖的组合剖视表达方法。

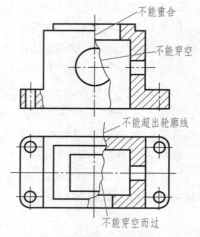

图 5-24　局部剖视图中易出现的错误

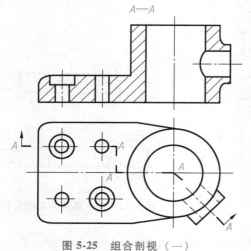

图 5-25　组合剖视（一）

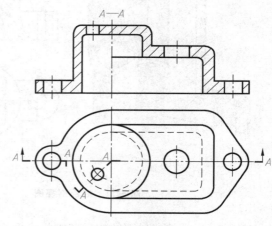

图 5-26　组合剖视（二）

画组合剖视图时应该注意：

1）必须标注出剖切位置、投射方向和视图名称。

2）应遵守各种剖视图所规定的画法和注意事项。

第三节　断面图

机件上常有肋板、轮辐、轴上键槽和孔等结构。当需要表示其局部的截面形状时，可假想用一个剖切面把机件的某处切断，只画出断面的真实形状及剖面符号，所画出的这种图形称为断面图。

断面图与剖视图的主要区别：

1）断面图只画出剖切面与机件接触面的真实形状。

2）剖视图必须画出剖切面后方所有可见的结构轮廓。

根据断面图在绘制时所配置的位置不同，可分为移出断面图和重合断面图两种。下面分别介绍两种断面图的画法及图形标注。

一、移出断面图

在机件的表达和布图时，需画在视图之外的断面图，称为移出断面图，如图 5-27 所示。

1. 移出断面图的画法

绘制移出断面图时，应遵循以下规定：

1）移出断面图的轮廓用粗实线绘制，一般需要画出剖面线。如图 5-27 所示，用粗实线分别绘制出轴上键槽和小孔的移出断面图的轮廓，并画上与水平方向成 45°的剖面线。

2）尽量配置在剖切面的迹线上，也可平移到其他适当位置。图 5-27a 所示轴上键槽和小孔的移出断面图都直接画在了剖切面的迹线上。图 5-27b 所示轴上键槽和小孔的移出断面图则配置在图面的适当位置。

3）当剖切面通过回转结构的轴线时，断面图应按剖视图画出。图 5-27 中轴上小孔的移出断面图就是按剖视图画出的。另外，当移出断面图的图形被分成两部分时，也应按剖视图画出，如图 5-27b 中轴上长槽的移出断面图 C—C 的画法。

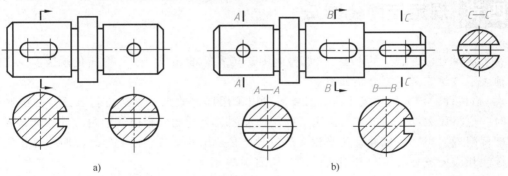

图 5-27 移出断面图

2. 移出断面图的标注

为了清晰地反映移出断面图与主要视图间的关系，移出断面图与剖视图一样应对剖切位置、投射方向、视图名称进行标注，如图 5-27 所示。

移出断面图的标注应遵循以下规定：

1）配置在剖切面迹线上的不对称的移出断面图，可省略字母。

2）配置在剖切面迹线上且对称的移出断面图，可以不标注。

3）配置在剖切面迹线以外位置且对称的移出断面图，可省略箭头。

4）按投影关系配置的移出断面图，可省略箭头。

二、重合断面图

在不影响图形清晰时，可画在视图内部的断面图，称为重合断面图。重合断面图的画法和标注如图 5-28 所示。

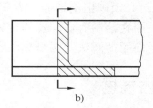

a)   b)

图 5-28　重合断面图的画法和标注

1. 重合断面图的画法

画重合断面图时，应遵循以下规定：

1）重合断面图的轮廓线必须用细实线绘制，并画上与水平方向成 45°的剖面线。

2）当重合断面图与视图轮廓线重叠时，视图的轮廓线仍完整画出而不可间断。

2. 重合断面图的标注

重合断面图的标注应注意以下两点：

1）配置在剖切面迹线上的不对称的重合断面图，可省略字母。

2）配置在剖切面迹线上且对称的重合断面图，可以不标注。

128

第四节　规定与简化画法

为了满足对机件表达的需要，《机械制图》国家标准还规定了一些简化画法、规定画法和其他表示方法。现摘要介绍如下：

1）当机件的部分结构太小时，必要时可以采用局部放大的方法进行表达。在画局部放大图时，应将放大部位用细实线圈出，并用比原图放大的比例画出放大图，且尽量布置在被放大部位附近。当同一机件有几个放大部位时，必须用罗马数字按顺序地注明，并在放大图上方标注相应的罗马数字和采用的比例，如图 5-29 所示。

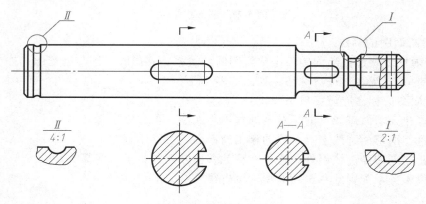

图 5-29　局部放大图

2）当剖切面过机件上的肋板、轮辐及薄壁板的对称平面时，这些结构都做不剖处理。图 5-30 所示机件上存在肋板结构，在剖切面过其对称平面的剖视图中并不画剖面线，而是用粗实线将其与邻接部分分开。但当剖切面垂直于其对称平面时，仍应画上剖面线。

3）对回转件上均匀分布的肋板、轮辐、孔等结构，可将这些结构旋转到剖切面上按对称形式画出。图 5-31 所示机件上均匀分布的肋板结构并不对称，可将左侧肋板旋转到剖切面上按对称画出。图 5-32 中的轮辐及图 5-30 中的均布孔也是采用这种画法绘制出来的。

4）对称机件的视图可只画一半，并在对称中心线的两端画出对称符号"="。也可将视图画为稍超过一半并采用波浪线折断的方法画出。例如，图 5-32 所示为对称结构的画法，图 5-30 所示为折断画法。

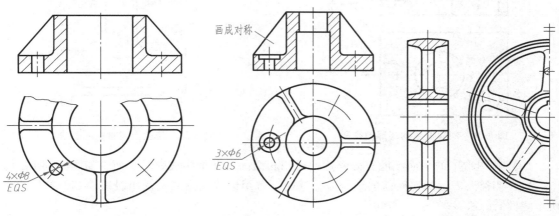

图 5-30　肋板的画法　　　　图 5-31　均匀分布结构的画法　　　　图 5-32　对称结构的画法

5）当机件具有若干个孔、槽等相同且成规律分布的结构时，可以仅画出一个或几个，其余只画出中心位置或用细实线连接，但应注明孔或槽的总数，如图 5-33 所示。

6）机件上的滚花部分或网状结构，可在轮廓线附近用粗实线示意画出，并在图形上或技术要求中注明这些结构的具体要求，如图 5-34 所示。

7）当机件较长且沿长度方向的形状一致或按一定规律变化时，允许断开绘制，但必须注出原来的实际长度尺寸，如图 5-35 所示连杆、轴的表示法。

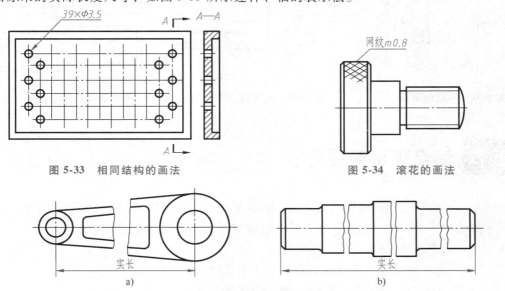

图 5-33　相同结构的画法　　　　　　　　图 5-34　滚花的画法

图 5-35　较长机件的断开画法

8）必要时，允许在剖视图中再作一次简单的局部剖，且仍以波浪线分界。但两者的剖面线必须同方向、同间隔，但要相互错开，如图 5-36 中的 *B—B* 局部剖视图所示。

9）对回转机件端面或法兰上均匀分布的孔及其位置，可按图 5-37 所示画法表示。

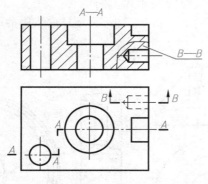

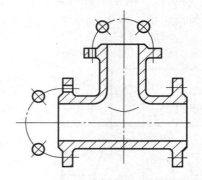

图 5-36　剖视图中的局部剖视图　　　　　　　　图 5-37　法兰上均布孔的画法

10）若图形中的平面不能充分表达，可用相交的两条细实线表示平面，如图 5-38 所示。

11）当需要表示剖切面前的结构时，其轮廓可用细双点画线按假想投影绘制，如图 5-39 所示键槽的画法。

12）当机件中的较小结构已有视图表示清楚时，图形中的相贯线等交线允许简化画出，如图 5-40 所示，轴上圆孔和键槽的交线简化成直线画出。

13）机件中的小圆角、小倒角等允许省略不画，但必须注明尺寸或在技术要求中加以说明，如图 5-40 所示，轴上小圆角等均可省略不画。

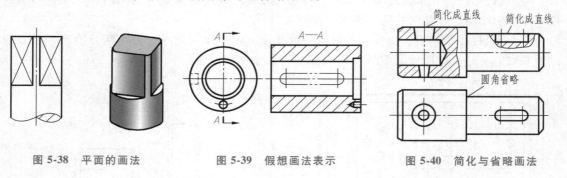

图 5-38　平面的画法　　　　　图 5-39　假想画法表示　　　　　图 5-40　简化与省略画法

第五节　综合表达实例分析

前面介绍了机件常用的各种表达方法。在绘制机械工程图样时，必须根据机件的结构形状及尺寸等情况，进行综合的分析和对比，以确定适当的表达方案。

选择机件的表达方案时，要求做到：

1）主视图反映特征要突出，各视图表达重点要明确。

2）表达方法的选择要恰当，绘制与阅读图样要方便。

一、综合表达举例

图 5-41 所示为倾斜支架的立体图，现以其结构为例进行综合的分析与表达。

1. 进行结构分析

倾斜支架有三部分主要结构：底部的底板、顶部的空心圆柱和中间的丁字形连接板，底板和丁字形连接板之间有三角形加强肋板。底板用于安装和固定，其基本形状为带有四个圆柱孔的长方体。顶部倾斜空心圆柱一般用来支承轴杆类零件，圆柱端面顶部位置有一凸台及小孔。

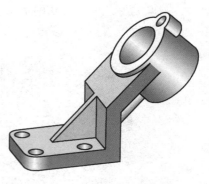

图 5-41　倾斜支架立体图

2. 选择视图表达

（1）选择主视图　根据机件表达方案的选择要求，主视图既要考虑反映特征，又要考虑三部分主要结构的连接关系及正常位置，特别要注意尽量避免机件各部分互相遮挡，进而减少虚线。所以，以底板在下而空心圆柱向右侧倾斜放置作为主视图，并在主视图中对底板圆柱孔和倾斜空心圆柱等结构采用局部剖视，而对加强肋板采用重合断面图进行表达。

（2）选择其他视图　根据其他视图的选择要求，表达方法的选择要恰当，表达重点要明确。底板的形状和孔的位置，以及加强肋板的形状均需表达，由于空心圆柱的位置是倾斜的，俯视图无法表达其实形，因此俯视图采用去掉空心圆柱以外部分的局部视图，并对空心圆柱的端面形状及其与连接板的关系采用局部斜视图 B 表达。为画图和读图方便，将 B 向局部视图旋转画出。另外，对丁字形连接板画出移出断面图 A—A。移出断面图也可旋转画出。

3. 确定表达方案

根据倾斜支架的结构和表达方法分析，现确定采用图 5-42 所示的表达方案。在此表达方案中采用了局部视图、局部剖视图、移出断面图、重合断面图、斜视图旋转画法等表达方法，并根据视图的对应关系将图形布置在适当位置。

再以图 5-43a 所示箱体为例，分析其结构和表达方案。

图 5-43a 所示箱体上下、左右和前后都不对称，因此各视图均不能采用半剖视图。由于箱体左前部有圆孔凸台结构，而顶部有长孔凸台结构，所以主视图、俯视图均不宜采用全剖视图，应选用适当的局部剖视图进行表达，剖切范围的大小以表达得充分准确为好。

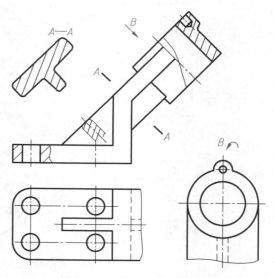

图 5-42　倾斜支架的表达方案

图 5-43b 所示为箱体的表达方案，其中的主视图采用了局部剖视，既表达了箱体顶部长孔、右侧圆槽孔与内腔的结构关系，又表达了左前部凸台的形状和位置。俯视图采用了局部

剖视，不但表达了顶部长孔的形状，还表达了左前部凸台圆孔与内腔相通的情况；此外，利用 A 向局部视图表达了右侧圆槽孔的形状。

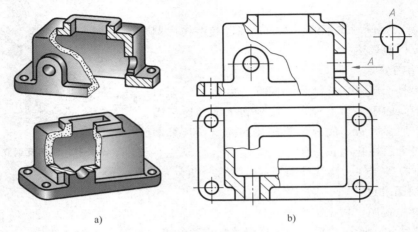

a)　　　　　　　　　b)

图 5-43　箱体的结构表达

当然，主视图、俯视图也可以采用全剖视图，再加局部视图来表达，但视图数量就会比较多，显得图形零乱，整体性不好。

二、表达方法综合分析

图 5-44 和图 5-45 所示为支座的两个不同的表达方案，下面以此进行综合分析。

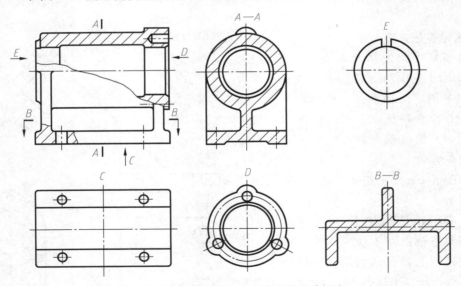

图 5-44　支座表达方案一（省略了尺寸标注）

1. 视图分析

由图 5-44 所示表达方案可见，支座由主视图、左视图、C 向视图、D 向局部视图、E 向局部视图和 B—B 移出断面图六个图形表达。其中，由主视图下方确定投射方向画出 C 向视

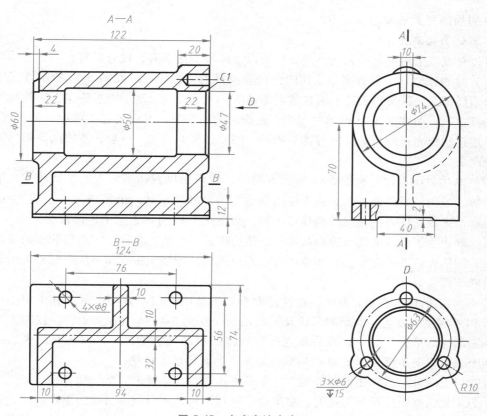

图 5-45　支座表达方案二

图，即仰视图。分别由主视图左、右两侧确定投射方向，画出 D 向和 E 向两个局部视图。由 B—B 位置剖切确定剖切面，画出移出断面图。

　　而在图 5-45 所示表达方案中，支座由主视图、俯视图、左视图和局部视图四个图形表达。其中，主视图采用了全剖视，俯视图是由 B—B 位置剖切画出的全剖视图，D 向局部视图是从主视图右侧进行投射画出的。

　　2. 表达方法分析

　　图 5-44 所示表达方案中，支座的主视图主要考虑反映形状特征、各部分结构关系及正常位置；选择局部剖视重点表达主体空心圆柱的内部结构和肋板连接上圆柱与下底板的外部情况，以及底板上小孔的结构形状。左视图采用全剖视图，主要表达底板与圆柱连接肋板的断面等情况。采用 C 向视图表达底板的形状和孔、槽的位置和个数，另用 B—B 移出断面图来表达连接肋板的结构及断面形状。采用 E 向局部视图表达圆柱左端面的形状及凹槽结构，采用 D 向局部视图表达圆柱右端面的形状及孔的位置和个数。

　　图 5-45 所示表达方案中，支座的主视图同样反映了形状特征、结构关系及正常位置，选择 A—A 全剖视图，重点表达主体空心圆柱的内部结构。俯视图采用 B—B 全剖视图，既表达了底板的形状和孔的位置和个数，又表达了连接肋板的结构及断面形状。左视图主要表达圆柱左端面的形状及凹槽结构，以及肋板的连接位置等外形情况；此外，为表达底板上的四个通孔，采取了较小范围的局部剖视。对圆柱右端面的轮廓形状及孔的位置和个数等，采

133

用了 D 向局部视图来表达。

3. 表达方案对比

通过对支座采用不同的表达方法，构成以上两种表达方案，现分析对比如下：

（1）主视图对比 两方案中主视图的位置及投射方向相同。在图 5-44 所示方案中，主视图采用局部剖，既突出表达了圆柱的内部结构，又清楚地反映了肋板连接上圆柱与下底板间的外部情况；而在图 5-45 所示方案中，主视图采用全剖，重点表达主体圆柱的内部结构，但剖开连接肋板表达的目的及内容都不明确，因此意义并不大。所以，主视图采用局部剖比采用全剖要好。

（2）其他视图对比 在图 5-44 所示方案中，仰视图仅表达了底板的形状和孔、槽的位置和个数，另用移出断面图来表达连接肋板的结构及断面形状，虽然各图的表达重点明确，但多出一个图形，使表达方案的整体性不好。而在图 5-45 所示方案中，俯视图采用 $B—B$ 全剖视图，既表达了机件上底板的形状和孔、槽的位置和个数，又表达了连接肋板的结构及断面形状，图形表达重点突出，方案整体性较好。所以，俯视图采用 $B—B$ 全剖比采用仰视图加移出断面图要好。

另外，在图 5-44 所示方案中，左视图取全剖表达的内容不确切，重点并不突出；另采用了 E 向局部视图表达左端面的形状及凹槽结构。在图 5-45 所示方案中，左视图主要表达了圆柱左端面的结构形状，以及肋板连接圆柱与底板的外形情况，并取局部剖表达小孔结构。两个表达方案中都采用了 D 向局部视图来表达右端面的结构。

通过以上的分析和对比可知，两个方案各有优缺点，总体上方案二比方案一好。若将方案二中的主视图改画成局部剖视图，突出表达内部结构及部分外部形状的重点内容，则可构成最佳表达方案。

思政拓展：扫描右侧二维码观看新中国第一台水轮发电机组的核心部分——水轮机的相关视频，该水轮机主体是一种回转体结构，思考表达其形状可以采用哪些表达方法。

新中国第一台水轮
发电机组

第二篇

工 程 图 样

第六章 标准件与常用件

在各种机器设备中，常见到螺钉、螺栓、螺柱、螺母、垫圈、键、销等，它们起着联接或固定的作用，因此称为紧固件或联接件。由于这些零件用途广、产量大，为便于设计、保证质量、降低成本、方便制造与使用，国家对它们的全部结构尺寸进行了标准化，且有专门的工厂进行加工制造。这些符合标准规定的紧固件或联接件称为标准件。

另外，在一般机器设备中广泛使用的齿轮、弹簧、轴承等零件，它们的部分结构尺寸进行了标准化，故通常称为常用件。

本章主要介绍国家标准中有关标准件和常用件的规定画法、代号及标记。

第一节 螺纹

螺纹是零件上很常见的一种结构，它不仅能用来联接零件，而且还能用来传递动力。螺纹的种类较多，本节主要介绍几种常用的螺纹。

一、螺纹的形成及要素

1. 螺纹的形成

图 6-1a 所示为在车床上加工外螺纹的示意图，加工时，工件绕自身轴线做等速旋转运

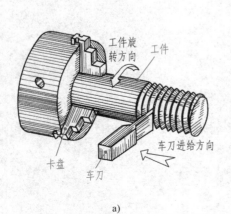

a)

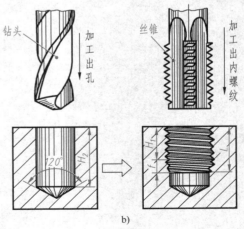

b)

图 6-1 螺纹的加工

动，同时车刀沿轴向做等速直线运动，当车刀切入工件一定深度时，便在工件上加工出螺纹。车刀的切削刃形状不同，就会加工出不同牙型的螺纹。图 6-1b 所示为利用丝锥加工内螺纹的原理示意图。

当加工螺纹时，由于退刀而残留的一段不完整的螺纹称为螺尾。有时为避免产生螺尾，在该处预制出一个退刀槽，称为螺纹退刀槽（参见表 7-1）。

2. 螺纹要素

（1）牙型 在通过螺纹轴线的断面上，螺纹的轮廓形状称为牙型。常见的牙型有三角形、梯形、锯齿形和矩形，以及 55°管螺纹等，如图 6-2 所示。不同牙型的螺纹有不同的用途，并用不同的代号来表示（参见表 6-1）。

（2）公称直径 公称直径是指螺纹的大径，它是代表螺纹的基本尺寸。螺纹大径是指外螺纹牙顶圆的直径 d 及内螺纹牙底圆的直径 D，如图 6-3 所示。而外螺纹的底径 d_1 和内螺纹的顶径 D_1 为螺纹的小径。在大径与小径之间，通过螺纹轴线的截面内牙型上的沟槽和凸起宽度相等处的直径为螺纹中径，分别用 d_2 和 D_2 表示。

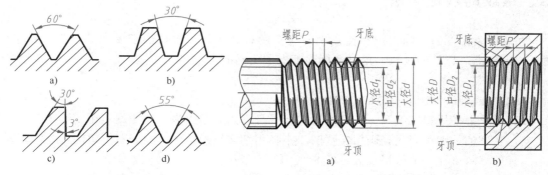

图 6-2 常见的螺纹牙型
a）三角形 b）梯形 c）锯齿形 d）55°管螺纹

图 6-3 外螺纹和内螺纹
a）外螺纹 b）内螺纹

（3）线数 螺纹上螺旋线的条数即为线数。螺纹有单线和多线之分，线数用 n 来表示。在同一圆柱面上切削出一条螺旋线的螺纹为单线螺纹，切削出两条以上螺旋线的螺纹为多线螺纹，如图 6-4 所示。

（4）螺距和导程 螺纹上相邻两牙中径对应点间的轴向距离为螺距，用 P 表示。导程是指在同一条螺旋线上相邻两牙中径线对应点间的轴向距离，用 P_h 表示，如图 6-4 所示。对于单线螺纹，导程等于螺距，即 $P_h = P$；对于多线螺纹，其导程等于线数乘以螺距，即 $P_h = nP$。

（5）旋向 旋向是指螺纹旋合时绕轴线的旋转方向，有左旋和右旋之分，如图 6-5 所示。顺时针方向旋转时旋入的螺纹为右旋螺纹，逆时针方向旋转时旋入的螺纹为左旋螺纹。工程机械上常用右旋螺纹。

在以上螺纹的五要素中，牙型、公称直径和螺距是三个最基本的要素。国家标准规定：凡是三个基本要素都符合标准的为标准螺纹；牙型符合标准，但公称直径和螺距不符合标准的为特殊螺纹；三个基本要素都不符合标准的为非标准螺纹。

注意： 内、外螺纹需要配合使用，当配合使用时，它们的五要素必须完全相同，否则无法旋合。

137

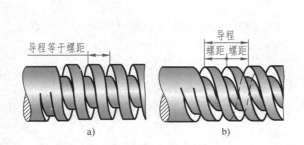

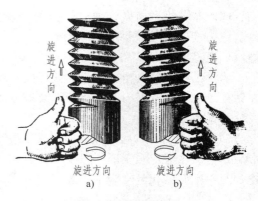

图 6-4 螺距和线数

a）单线螺纹 b）多线螺纹

图 6-5 螺纹的旋向

a）左旋螺纹 b）右旋螺纹

二、螺纹的规定画法

在螺纹紧固件的实际生产和使用中，通常没有必要画出螺纹的真实形状，为了便于绘图，国家标准对螺纹的画法、代号和标注都做了明确的规定。

1. 外螺纹

外螺纹的画法如图 6-6 所示，有如下画法规定：

1）螺纹大径用粗实线画，小径用细实线画且画到倒角以内，终止线用粗实线画。

2）在圆的视图中，大径画粗实线圆，小径用细实线画约 3/4 圈圆，倒角圆省略不画。

3）外螺纹小径一般按螺纹大径的 85% 用细实线画出。

4）在剖视图中，终止线仅画出大径和小径之间的一段粗实线。

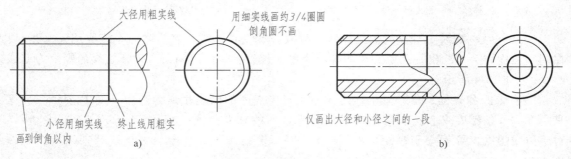

图 6-6 外螺纹的画法

a）视图 b）剖视图

2. 内螺纹

内螺纹的画法如图 6-7 所示，有如下画法规定：

1）在剖视图中，螺纹小径及终止线均用粗实线画，大径用细实线画，剖面线应画到粗实线。

2）在圆的视图中，螺纹小径画粗实线圆，大径用细实线画约 3/4 圈圆，倒角圆省略不画。

3）在零件内螺纹结构未被剖切到的视图中，对所有表达螺纹结构的图线均应画成虚线。

4）内螺纹的钻孔深度一般要比螺孔深度长约（0.2～0.5）d，120°的锥角也需画出。

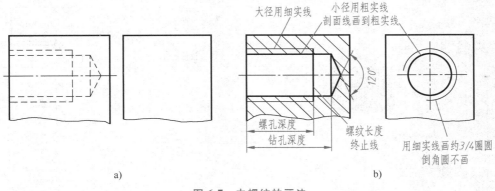

图 6-7　内螺纹的画法

a）视图　b）剖视图

3. 螺纹联接

螺纹联接常采用剖视图画出，如图 6-8 所示，有如下画法规定：

1）内、外螺纹的旋合部分按外螺纹的规定画法绘制，其余部分按各自的规定画法绘制。

2）表示螺纹大径或小径的粗实线和细实线，必须分别对齐画在同一条直线上。

139

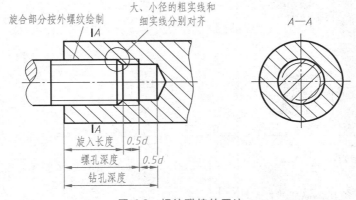

图 6-8　螺纹联接的画法

三、螺纹的种类及标记

1. 螺纹的种类

螺纹按用途可分为联接螺纹和传动螺纹两类，前者主要起联接作用，后者用于传递运动和动力。螺纹的类型、规定标记和标注示例见表 6-1。

不同种类螺纹的画法都基本相同，但用途各不相同，例如，普通螺纹主要用于联接零件，管螺纹用于管件的联接和密封，梯形螺纹用于传递动力等。

表 6-1　螺纹的类型、规定标记和标注示例

螺纹类型		特征代号	外形图	规定标记	标注示例
联接螺纹	普通螺纹	粗牙普通螺纹	M	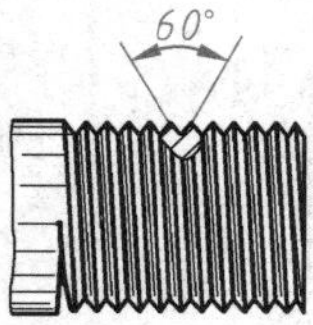 60°	M12-6h — 外螺纹中径和顶径(大径)／公差带代号／公称直径(大径)／螺纹特征代号	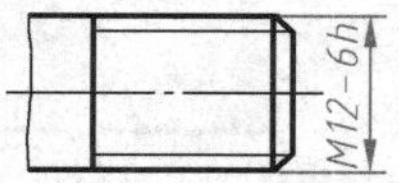 M12-6h
		细牙普通螺纹			M20×2-6H-LH — 左旋／内螺纹中径和顶径(小径)／公差带代号／螺距／公称直径(大径)／螺纹特征代号	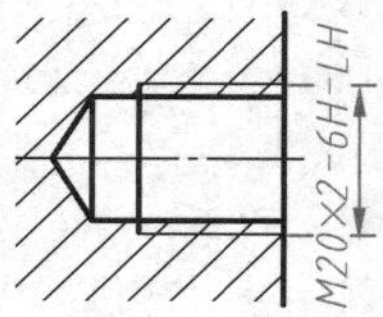 M20×2-6H-LH
	管螺纹	55°非密封管螺纹	G	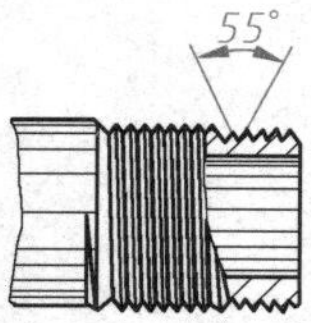 55°	G1A — 外螺纹公差等级代号／尺寸代号／螺纹特征代号	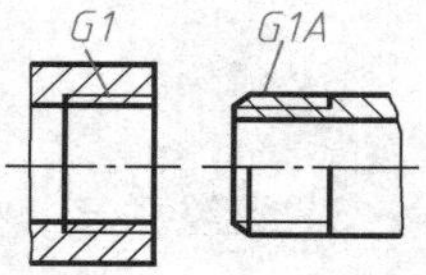 G1　G1A
		55°密封管螺纹	R₁ R₂ Rp Rc	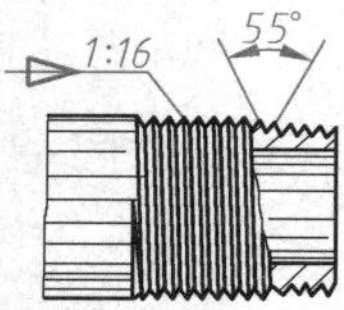 1:16　55°	Rc1/2 — 尺寸代号／螺纹特征代号	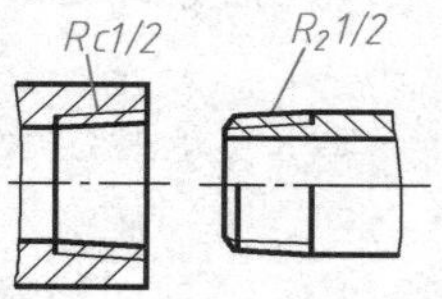 Rc1/2　R₂1/2
		60°密封管螺纹	NPT NPSC	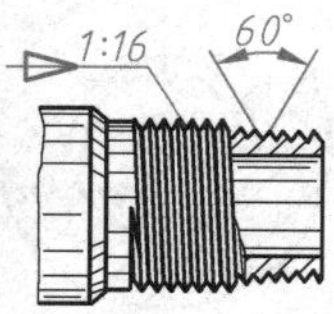 1:16　60°	NPT 3/4 — 尺寸代号／螺纹特征代号	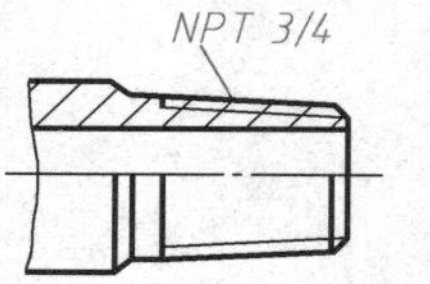 NPT 3/4
传动螺纹		梯形螺纹	Tr	 30°	Tr22×10(P5)-8e-L — 长旋合长度代号／外螺纹中径公差带代号／螺距／导程／公称直径(大径)／螺纹特征代号	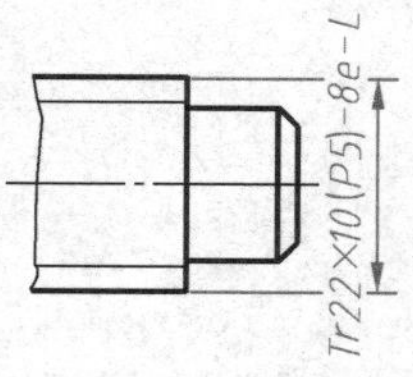 Tr22×10(P5)-8e-L

2. 螺纹的标记

为了便于区分螺纹的类型和规格，必须在图样上对螺纹以规定标记进行标注。

（1）普通螺纹的规定标记

| 螺纹特征代号 | 公称直径 × 螺距 - 中径公差带代号 | 顶径公差带代号 - 旋合长度代号 - 旋向 |

当螺纹为多线时，| 螺距 | 改为 | Ph 导程 P 螺距 |。

公差带代号由数字和字母组成,如外螺纹为 5g6g;当中径和顶径的公差带代号相同时,只需标注一个公差带代号,如内螺纹为 6H。

旋合长度是指螺纹旋入的长度,一般分为短、中、长三种,分别用 S、N、L 表示。螺纹旋合长度的选择,要根据螺纹联接件的材料和工作情况来确定,一般选择中等旋合长度。

在进行普通螺纹的标记时,必须遵循以下规定:

1)对粗牙普通螺纹的螺距,需要省略其标注。

2)右旋螺纹不标注旋向,而左旋螺纹需标注旋向代号 LH。

3)对中等旋合长度的螺纹,旋合长度代号 N 可省略。

4)对中等公差精度的螺纹,公称直径小于或等于 1.4mm 的内螺纹不标注 5H,外螺纹不标注 5h;公称直径大于或等于 1.6mm 的内螺纹不标注 6H,外螺纹不标注 6g。

对普通螺纹,在图样中不论是内螺纹还是外螺纹,均在螺纹大径上以尺寸标注的形式注出,见表 6-1 中的标注示例。

(2)管螺纹的规定标记

1)55°非密封管螺纹的规定标记:

$$\boxed{\text{螺纹特征代号}} \quad \boxed{\text{尺寸代号}} \quad \boxed{\text{公差等级代号}}\text{-}\boxed{\text{旋向}}$$

尺寸代号是指管件孔径的近似值,并以英寸为单位。公差等级分为 A、B 两级。

注意:右旋螺纹不标注旋向,而左旋螺纹需标注代号"LH"。

2)55°密封管螺纹的规定标记:

$$\boxed{\text{特征代号}} \quad \boxed{\text{尺寸代号}} \quad \boxed{\text{旋向}}$$

特征代号有 R_1、R_2、Rp、Rc,其中:Rp 表示圆柱内螺纹,R_1 表示与圆柱内螺纹相配合的圆锥外螺纹;Rc 表示圆锥内螺纹,R_2 表示与圆锥内螺纹相配合的圆锥外螺纹。

3)60°密封管螺纹的规定标记:

$$\boxed{\text{螺纹特征代号}} \quad \boxed{\text{尺寸代号}}\text{-}\boxed{\text{螺纹牙数}}\text{-}\boxed{\text{旋向}}$$

对标准螺纹,允许省略标记内的螺纹牙数项。NPT 表示圆锥管螺纹,NPSC 表示圆柱内螺纹。

在图样中对不同类型的管螺纹,均以指向螺纹大径的形式注出,见表 6-1 中的标注示例。

(3)梯形螺纹的规定标记

$$\boxed{\text{螺纹特征代号}} \quad \boxed{\text{公称直径}}\text{×}\boxed{\text{导程(P 螺距)}}\text{-}\boxed{\text{公差带代号}}\text{-}\boxed{\text{旋合长度代号}}\text{-}\boxed{\text{旋向}}$$

第二节 螺纹紧固件

一、螺纹紧固件的画法及标记

螺纹紧固件的种类较多,包括螺栓、双头螺柱、螺钉、螺母等,如图 6-9 所示。

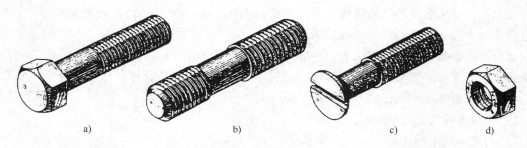

图 6-9 常用螺纹紧固件

a）螺栓 b）双头螺柱 c）螺钉 d）螺母

1. 螺纹紧固件的画法

由于常用的螺纹紧固件均属于标准件，因此一般不需要画出零件图，而只需写出对应的标记。螺纹紧固件的有关尺寸和图样可在相应的国家标准中查出。图 6-10 所示为螺栓和螺母的图形和尺寸。需要时可采用比例画法，即按与螺纹大径 $d(D)$ 成一定的比例来画出其他部分的图形，如图 6-11 所示。

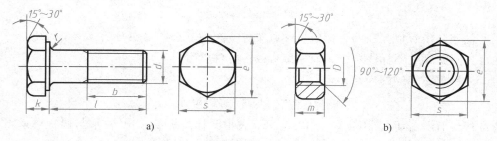

图 6-10 螺栓与螺母的图形和尺寸

a）螺栓 b）螺母

2. 螺纹紧固件的标记

螺纹紧固件的标记由名称、国家标准代号、主要尺寸、性能等级或材料等级、热处理等组成，一般主要标记前三项。表 6-2 列出了常用螺纹紧固件的图例、标记及说明。

表 6-2 常用螺纹紧固件的图例、标记及说明

名称	图例	标记及说明
六角头螺栓	M12 60	标记形式：名称　国家标准代号　螺纹规格×公称长度 标记示例：螺栓　GB/T 5782—2016　M12×60 标记说明：表示 A 级六角头螺栓。由螺纹规格 M12 和公称长度 60mm 可从国家标准中查其余尺寸。其中公称长度是根据设计要求来选定的
双头螺柱	M12 12 50	标记形式：名称　国家标准代号　螺纹规格×公称长度 标记示例：螺柱　GB/T 898—1988　M12×50 标记说明：表示两端均为粗牙普通螺纹的 B 型双头螺柱。由螺纹规格 M12 和公称长度（有效长度）50mm 可从国家标准中查出其余尺寸。图例中尺寸 12 端为旋入端，该端长度可根据机件材料来确定

（续）

名称	图例	标记及说明
开槽沉头螺钉	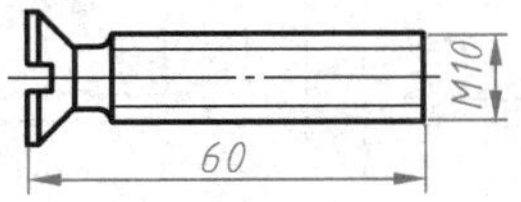 M10 60	标记形式：名称　国家标准代号　螺纹规格×公称长度 标记示例：螺钉　GB/T 68—2016　M10×60 标记说明：表示开槽沉头螺钉。由螺纹规格 M10 和公称长度 60mm 可从国家标准中查出其余尺寸
开槽长圆柱端紧定螺钉	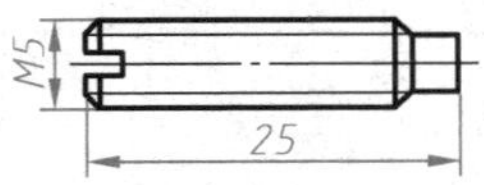 M5 25	标记形式：名称　国家标准代号　螺纹规格×公称长度 标记示例：螺钉　GB/T 75—2018　M5×25 标记说明：表示开槽长圆柱端紧定螺钉。由螺纹规格 M5 和公称长度 25mm 可从国家标准中查出其余尺寸
1 型六角螺母	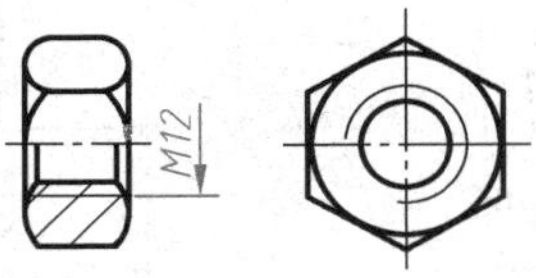 M12	标记形式：名称　国家标准代号　螺纹规格 标记示例：螺母　GB/T 6170—2015　M12 标记说明：表示 A 级 1 型六角螺母。由螺纹规格 M12 可从国家标准中查出其余尺寸
平垫圈	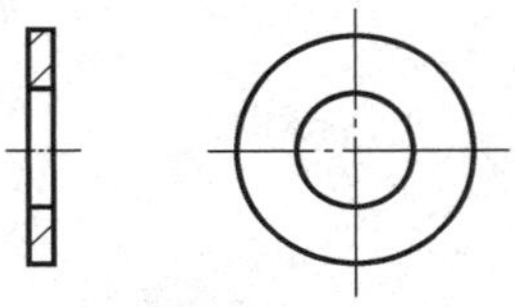	标记形式：名称　国家标准代号　公称规格 标记示例：垫圈　GB/T 97.1—2002　12—200HV 标记说明：表示 A 级平垫圈，公称规格（指相匹配的螺纹大径 d）12mm，硬度等级为 200 HV 级。由公称规格可从国家标准中查出其余尺寸

二、螺纹紧固件联接的画法

螺纹紧固件联接有螺栓联接、螺柱联接和螺钉联接等形式。无论采用哪种联接方式，在画联接图时，都必须遵守下列规定：

1）相邻两零件的接触面只画一条粗实线，不接触面必须画两条粗实线。

2）当剖切面通过标准件或实心件的轴线时，这些件必须按不剖处理。

3）相邻两金属零件的剖面线方向应相反，或者方向相同而间隔不等。

1. 螺栓联接

图 6-11a 所示为螺栓联接图，螺栓适用于联接两个不太厚但联接力较大的零件。在被联接的两零件上要钻出光孔，通常使光孔直径比螺栓大径略大。联接时要先将螺栓穿入被联接件的光孔内，然后套上垫圈，拧紧螺母，即可将两零件联接起来。

绘制螺栓联接图时可根据螺栓、螺母、垫圈的标记，在有关标准中查出其型式、直径等，然后采用比例画法，即除被联接件厚度 δ_1、δ_2、螺栓直径 d 外，其他所有尺寸都按与大径 d 成一定的比例关系来画，如图 6-11b 所示。

注意：按比例关系计算出的画图尺寸，不能作为螺栓的尺寸进行标注。

此外，螺栓的公称长度 l，应根据被联接件的厚度 δ_1、δ_2 和查出的螺母厚度 m、垫圈厚度 h 等值来确定，即 $l = \delta_1 + \delta_2 + h + m + a$，一般取 $a = 0.3d$。得出 l 计算值后，再从螺栓相应的

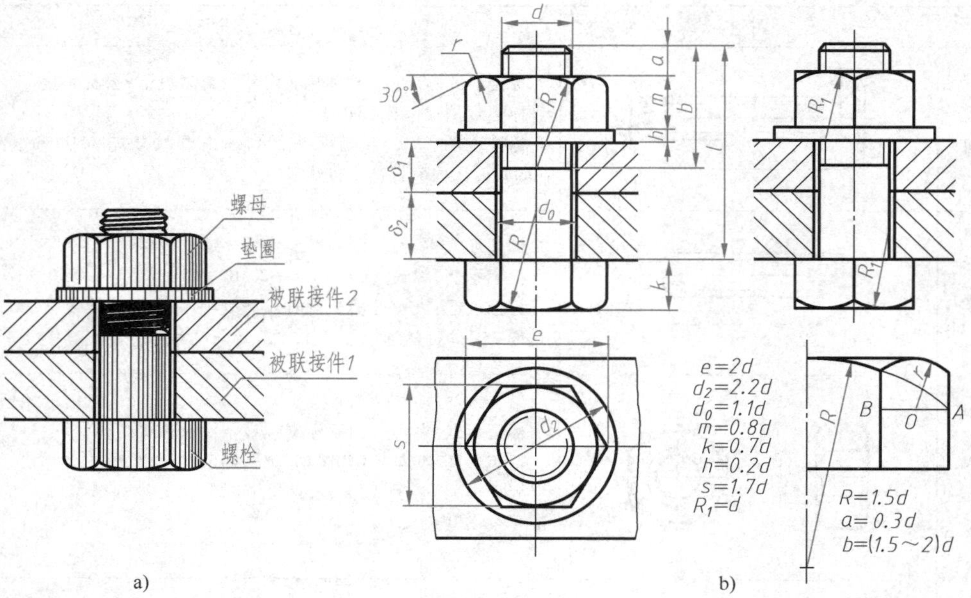

图 6-11　螺栓联接图

a）螺栓联接装配示意图　　b）比例画法

$e = 2d$
$d_2 = 2.2d$
$d_0 = 1.1d$
$m = 0.8d$
$k = 0.7d$
$h = 0.2d$
$s = 1.7d$
$R_1 = d$

$R = 1.5d$
$a = 0.3d$
$b = (1.5 \sim 2)d$

标准长度系列中选取接近的 l 标准值，即为螺栓的公称长度。

在画螺栓联接图时，容易出现错误的地方应引起注意，如图 6-12 所示。

2. 双头螺柱联接

图 6-13a 所示为双头螺柱联接图，双头螺柱联接适用于被联接的两个零件中有一件较厚，或者由于结构上的限制不宜采用螺栓联接的情况。通常在较厚的零件上制出螺孔，在较薄的零件上钻出光孔。联接时，使螺柱穿过较薄零件的光孔，

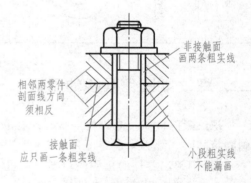

图 6-12　螺栓联接图中的易错点

并将螺柱的旋入端全部旋入到较厚零件的螺孔中，然后套上垫圈，拧紧螺母，即可将两零件联接起来。

绘制双头螺柱的联接图时，同样采用比例画法，其画法与螺栓联接基本相同，即除被联接件的厚度 δ、螺柱旋入端长度 b_m 及螺柱公称直径 d 外，其他所有尺寸都按与大径 d 成一定的比例关系来画，如图 6-13b 所示。

在双头螺柱联接图中，必须注意如下画法规定：

1）旋入端的螺纹终止线必须与两被联接件的接触面平齐。

2）表示旋入端的内螺纹与外螺纹的大、小径必须分别对齐。

公称长度 l 可按 $l = \delta + h + m + 0.3d$ 计算。得出 l 计算值后，再从螺柱相应的标准长度系列中选取接近的 l 标准值，即为螺柱的公称长度。

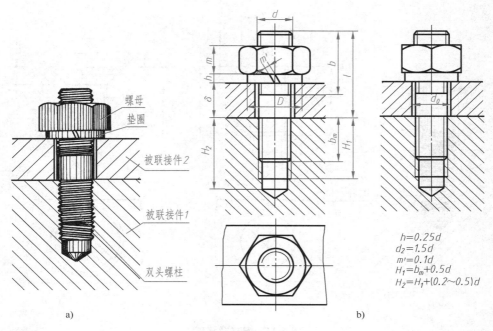

$h=0.25d$
$d_2=1.5d$
$m'=0.1d$
$H_1=b_m+0.5d$
$H_2=H_1+(0.2\sim0.5)d$

图 6-13　双头螺柱联接图

a）双头螺柱联接装配示意　b）比例画法

双头螺柱的旋入端长度 b_m 是根据带螺孔的被联接件的材料来确定的，国家标准规定了四种长度，见表 6-3。

表 6-3　双头螺柱旋入端长度参考值

被旋入零件的材料	旋入端长度 b_m	国家标准代号
钢、青铜	$b_m=d$	GB/T 897—1988
铸铁	$b_m=1.25d$ 或 $b_m=1.5d$	GB/T 898—1988 或 GB/T 899—1988
铝等轻金属	$b_m=2d$	GB/T 900—1988

3. 螺钉联接

螺钉的种类较多，有内六角螺钉、开槽圆柱头螺钉、开槽沉头螺钉、十字槽盘头螺钉及起定位作用的紧定螺钉等。它们的结构尺寸可查阅有关标准，并按需要选用。

图 6-14a 所示为螺钉联接图，螺钉联接适用于联接受力不大并不经常拆装的零件。其中的一个被联接件要制出螺孔，其余零件需要钻出光孔。联接时将螺钉的螺杆一端穿过光孔，旋入到被联接件的螺孔中，即可将零件联接起来。

螺钉联接部分的画法与双头螺柱旋入端的画法基本一致。开槽圆柱头和开槽沉头螺钉联接的比例画法如图 6-14b、c 所示。

画螺钉联接图时，还必须注意如下画法规定：

1）螺钉的螺纹终止线不能与两零件的接触面平齐，必须超出零件接触面的粗实线。

2）螺钉头部的槽口应按垂直于投影面画出，而端部视图中的槽口要按倾斜 45°画出。

此外，紧定螺钉用于防止两相配零件之间发生相对运动的场合。除表 6-2 所列形式

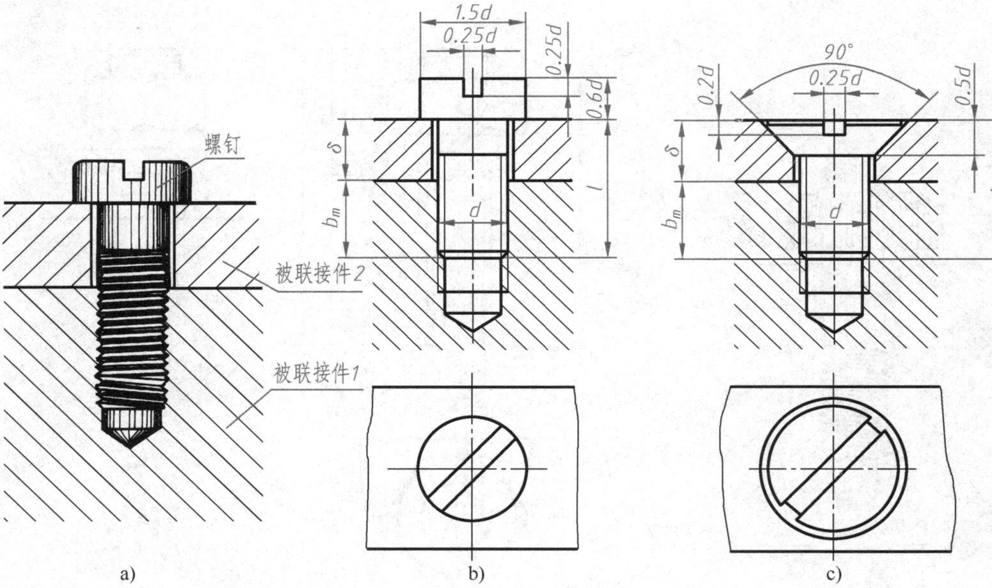

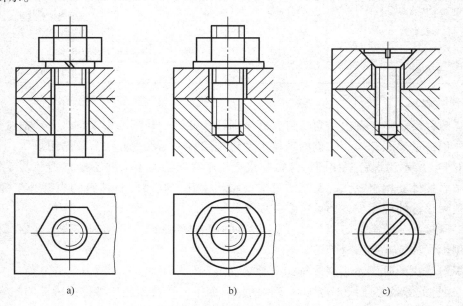

图 6-14 螺钉联接图

a) 螺钉联接装配示意图　b) 开槽圆柱头螺钉联接的比例画法　c) 开槽沉头螺钉联接的比例画法

外，紧定螺钉端部另有平端、锥端、凹端和圆柱端等形式，其联接的画法请参考有关图形资料。

为了作图方便，螺栓联接图、螺柱联接图、螺钉联接图等也允许按简化画法绘制，如图 6-15 所示。

图 6-15 螺纹紧固件联接的简化画法

a) 螺栓联接　b) 螺柱联接　c) 螺钉联接

第三节 键与销

一、键联接

1. 键的种类和标记

键为标准件，是用来联接轴上的带轮、齿轮等零件的，起传递转矩的作用。常用的键有普通平键、半圆键、钩头楔键等，如图 6-16 所示。

现以普通平键为例说明键的标记形式。普通平键型式有 A 型（双圆头）、B 型（方头）、C 型（单圆头）三种，如图 6-17 所示，A 型键标记时可省略"A"字。例如，键宽 $b = 18$mm、高 $h = 11$mm、长 $L = 100$mm 的 A 型和 C 型普通平键，其标记分别为：

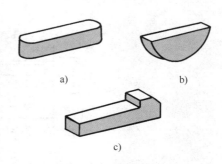

图 6-16 常用的键

a）普通平键 b）半圆键 c）钩头楔键

$$GB/T\ 1096—2003 \qquad 键\ 18×11×100$$
$$GB/T\ 1096—2003 \qquad 键\ C\ 18×11×100$$

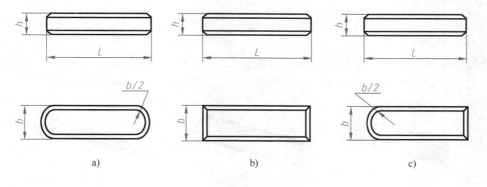

图 6-17 普通平键的型式尺寸

a）A 型 b）B 型 c）C 型

2. 键槽及键联接

轴和轮孔上键槽的画法及尺寸注法如图 6-18a、b 所示，轴和轮孔用键联接到一起后的画法如图 6-18c 所示。平键和键槽的有关尺寸可查阅附录表 B-7。

在画键联接图时，以下几点应引起注意：

1）当剖切面通过键联接的对称面时，键按不剖画出。

2）键的顶面与轮孔上键槽的底面之间不接触，应画两条线。

3）当剖切面垂直于联接件轴线时，键和轴都必须画剖面线。

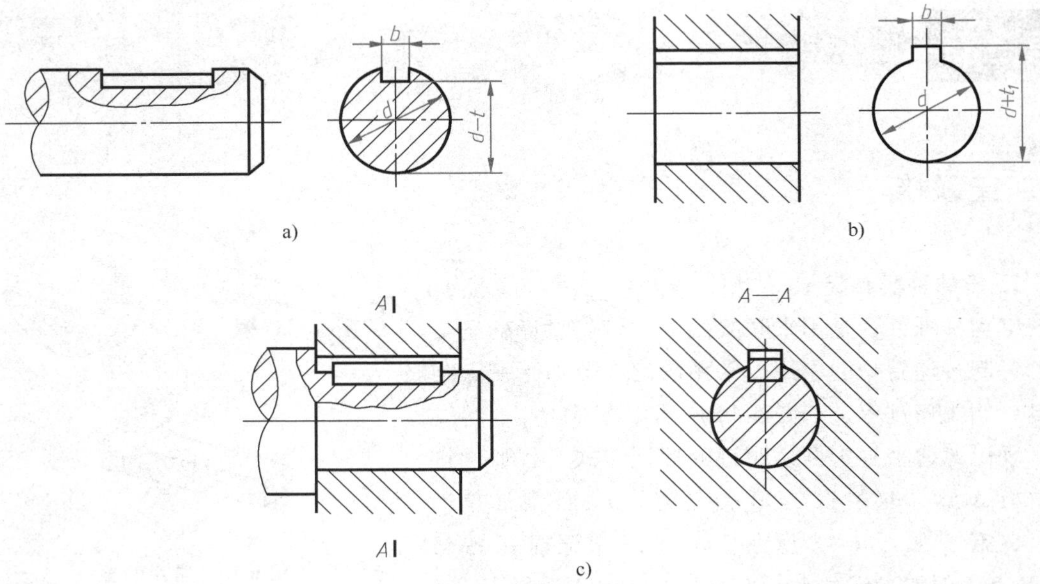

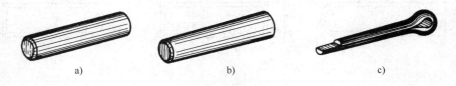

图 6-18 普通平键联接

a) 轴上键槽 b) 轮孔上键槽 c) 联接装配画法

二、销联接

1. 销的种类和标记

销是标准件，常用的销有圆柱销、圆锥销、开口销等，如图 6-19 所示。圆柱销和圆锥销通常用于零件间的联接或定位，开口销则用来防止螺母松动或固定其他零件。

a)　　　　　　　　b)　　　　　　　　c)

图 6-19 常用的销

a) 圆柱销 b) 圆锥销 c) 开口销

现以圆柱销为例说明销的标记形式。圆柱销的结构、尺寸和标记等可查阅表 B-8。例如，公称直径 $d = 8mm$、公称长度 $l = 30mm$、材料为钢、表面氧化处理的 A 型圆柱销，其标记为：

销　GB/T 119.2—2000 8×30

2. 销联接的画法

圆柱销、圆锥销和开口销的联接画法如图 6-20 所示。

注意：当剖切面通过销的轴线时，销按不剖画出。

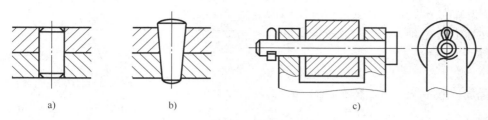

图 6-20 销联接

a）圆柱销联接 b）圆锥销联接 c）开口销联接

第四节 圆柱齿轮

齿轮是机械传动中广泛应用的零件。除用来传递动力外，还可以改变转动方向和运动方式等。根据传动轴的相对位置不同，常用的齿轮传动如图 6-21 所示。本节主要介绍圆柱齿轮的尺寸计算和规定画法。

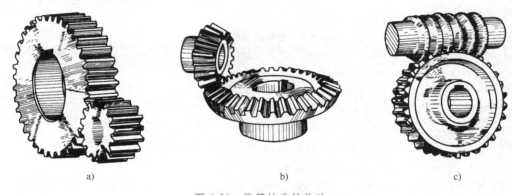

图 6-21 常用的齿轮传动

a）圆柱齿轮传动 b）锥齿轮传动 c）蜗杆传动

一、齿轮的尺寸计算

下面以直齿圆柱齿轮为例，介绍齿轮的几何要素和规定画法。

1. 齿轮的几何要素

齿轮上的齿称为轮齿，轮齿是齿轮的主要结构。常用的轮齿齿廓曲线是渐开线。轮齿符合国家标准规定的齿轮为标准齿轮。图 6-22 所示为一对直齿圆柱齿轮啮合的示意图，齿轮各部分的几何要素说明如下。

（1）分度圆直径 d　连心线 O_1O_2 上两相切的圆称为节圆，两节圆相切的点为节点，用 C 表示。对于标准齿轮来说，节圆就是分度圆，分度圆是设计和制造齿轮时，进行各部分尺寸计算及分齿的基准圆，其直径用 d 表示。

（2）分度圆齿距 p 和齿厚 s　分度圆上相邻两轮齿齿廓对应点之间的弧长为分度圆齿距

p。每个齿廓在分度圆上的弧长为分度圆齿厚 s。在标准齿轮中，$s = p/2$，即齿间 e 等于齿厚 s。

（3）模数 m　若以 z 表示齿数，那么分度圆的周长为 $\pi d = zp$，其直径 $d = (p/\pi) z$，若令 $p/\pi = m$，则 $d = mz$。其中，m 就是齿轮的模数，两啮合齿轮的模数 m 值必须相等。

模数 m 是设计、制造齿轮的重要参数，模数 m 大，则齿距 p 也大，相应齿厚 s 也增大，因而齿轮的承载能力也大。为了便于设计、加工，齿轮模数值已系列化，表 6-4 为齿轮标准模数系列。

（4）齿顶圆直径 d_a 和齿根圆直径 d_f　通过齿轮轮齿顶部的圆的直径和通过轮齿根部的圆的直径。

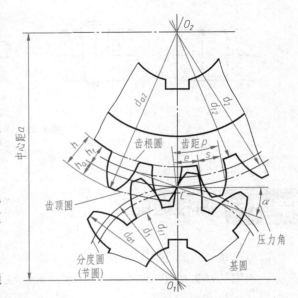

图 6-22　直齿圆柱齿轮啮合的示意图

表 6-4　齿轮标准模数系列　　　　　　　（单位：mm）

系列	模数值
第 I 系列	1　1.25　1.5　2　2.5　3　4　5　6　8　10　12　16　20　25　32　40　50
第 II 系列	1.125　1.375　1.75　2.25　2.75　3.5　4.5　5.5　(6.5) 7　9　11　14　18　22　28　36　45

注：在选用模数时，应优先选用第 I 系列，其次选用第 II 系列，括号内模数尽可能不选用。

（5）齿顶高 h_a 和齿根高 h_f　齿轮分度圆分别到齿顶圆和齿根圆的径向距离。

（6）齿高 h　从标准齿轮的齿顶圆到齿根圆之间的径向距离。

（7）中心距 a　两圆柱齿轮轴线之间的径向距离。

（8）传动比 i　主动齿轮与从动齿轮的转速之比，或从动齿轮与主动齿轮的齿数之比。

（9）压力角 α　在节点 C 处齿廓作用力方向与两节圆的公切线方向的夹角。我国规定标准齿轮的压力角为 $20°$。

2. 齿轮的尺寸计算

表 6-5 列出了直齿圆柱齿轮轮齿各部分的尺寸计算公式。

表 6-5　直齿圆柱齿轮轮齿各部分的尺寸计算公式

名称	代号	计算公式	名称	代号	计算公式
齿顶高	h_a	$h_a = m$	齿顶圆直径	d_a	$d_a = m(z+2)$
齿根高	h_f	$h_f = 1.25m$	齿根圆直径	d_f	$d_f = m(z-2.5)$
齿高	h	$h = h_a + h_f = 2.25m$	传动比	i	$i = n_1/n_2 = z_2/z_1$
分度圆直径	d	$d = mz$	中心距	a	$a = (d_1+d_2)/2 = m(z_1+z_2)/2$

二、齿轮的规定画法

1. 单个圆柱齿轮的画法

单个直齿圆柱齿轮的画法如图 6-23 所示，注意如下画法规定：

1）在投影为圆的视图上，齿顶圆用粗实线画出，分度圆用细点画线画出，而齿根圆用细实线画出或省略不画。

2）在剖视图上轮齿按不剖绘制，齿顶线和齿根线均用粗实线画出，分度线用细点画线画出。

3）在圆柱齿轮投影非圆的外形视图上，齿根线可省略不画。

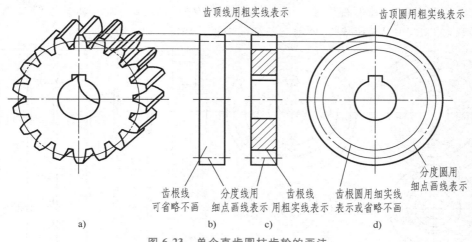

图 6-23　单个直齿圆柱齿轮的画法

a）轴测图　b）外形视图　c）剖视图　d）投影为圆的视图

由于齿轮是常用件，常需要画出零件图，如图 6-24 所示。为了方便齿轮的制造和检验，在图样的右上角常需要附一张表格，以说明齿轮的模数、齿数等参数。

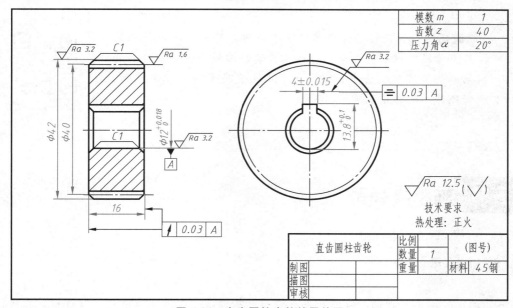

图 6-24　直齿圆柱齿轮的零件图

2. 圆柱齿轮的啮合画法

一对模数和压力角均相同，且符合标准的圆柱齿轮才能啮合。

圆柱齿轮啮合的画法如图 6-25 所示，注意如下画法规定：

1）在投影为圆的视图上，用点画线画出相切的两分度圆，两齿顶圆啮合区分别用粗实线画出或省略不画，两齿根圆一般省略不画，如图 6-25a 所示。

2）在剖视图上，齿轮啮合区内两分度线画成一条点画线，两齿根线分别用粗实线画出，齿顶线一个用粗实线画而另一个用虚线画出，如图 6-25b 所示。

3）在投影非圆的外形视图中，两齿轮啮合区内的齿顶线不画，而分度线改画成粗实线；对啮合的斜齿和人字齿轮，另用三条细线表示，如图 6-25c 所示。

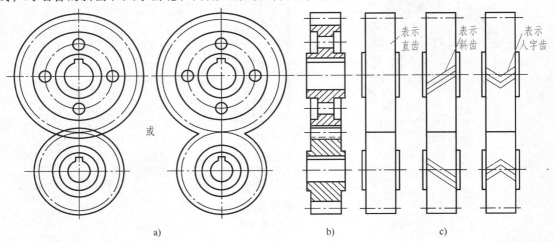

图 6-25 圆柱齿轮啮合的画法
a）投影为圆的视图 b）剖视图 c）投影非圆的外形视图

思政拓展： 齿轮传动是机械设备中应用最广泛的机械传动方式之一，具有传动比准确、效率高、结构紧凑、工作可靠、寿命长的特点。扫描右侧二维码观看中国第一座 30t 氧气顶吹转炉相关视频，分析其中齿轮传动的作用原理。

中国第一座30t氧气
顶吹转炉

第五节 轴承与弹簧

一、滚动轴承

滚动轴承是用来支承轴的标准部件，具有结构紧凑、摩擦小、能耗少等优点，在传动机器或部件中广泛使用。滚动轴承一般由专门的工厂生产，可根据需要进行选购。

1. 滚动轴承的结构及代号

滚动轴承的种类很多，按受力情况可分为三大类：向心轴承、向心推力轴承和推力轴承。滚动轴承的结构大致相同，即由外圈、内圈、滚动体及保持架组成，如图 6-26 所示。外圈一般安装在机座的孔内，固定不动，而内圈安装在轴上，随轴一起旋转。

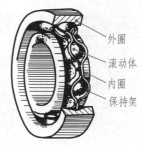

外圈
滚动体
内圈
保持架

图 6-26　滚动轴承的结构

一般根据轴承的代号确定轴承的类型和尺寸数值，滚动轴承的代号可查阅 GB/T 272—2017。普通滚动轴承的基本代号一般由五位数字组成，从右边数起，第一、二位数表示轴承的内径，代号数字 00、01、02、03 分别表示内径 $d = 10mm$、$12mm$、$15mm$、$17mm$；代号数字 ≥04 时，代号数字乘以 5 即为轴承内径；第三、四位数为轴承直径系列代号，其中第三位表示直径系列，第四位表示宽度系列，即在内径相同时有各种不同的外径和宽度；第五位数表示轴承的类型。

例如，轴承型号为 51105，它所表示的意义为

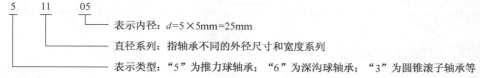

5　11　05

—— 表示内径：$d = 5 \times 5mm = 25mm$

—— 直径系列：指轴承不同的外径尺寸和宽度系列

—— 表示类型："5" 为推力球轴承；"6" 为深沟球轴承；"3" 为圆锥滚子轴承等

2. 滚动轴承的画法

常用滚动轴承的名称及代号、结构形式及应用、简化画法、特征画法见表 6-6。

表 6-6　常用滚动轴承的名称及代号、结构形式及应用、简化画法、特征画法

轴承名称及代号	结构形式及应用	简化画法	特征画法
深沟球轴承 GB/T 276—2013 60000 型	主要承受径向力		
圆锥滚子轴承 GB/T 297—2015 30000 型	可同时承受 径向力和轴向力		

153

（续）

轴承名称及代号	结构形式及应用	简化画法	特征画法
推力球轴承 GB/T 301—2015 50000 型	承受单方向的轴向力		

二、圆柱螺旋压缩弹簧

弹簧是一种用来减振、夹紧、储存能量及测力的常用件。弹簧的种类很多，这里只介绍圆柱螺旋压缩弹簧的画法。

1. 弹簧的规定画法

图 6-27 和图 6-28 所示分别为单个圆柱螺旋压缩弹簧的画法和装配图中的弹簧画法，注意如下画法规定：

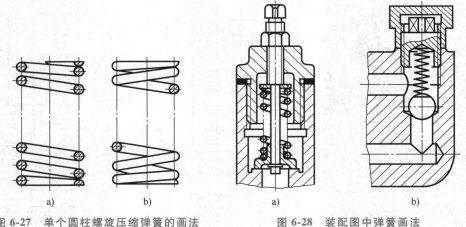

图 6-27 单个圆柱螺旋压缩弹簧的画法   图 6-28 装配图中弹簧画法

1）在非圆视图上，弹簧各圈的外形轮廓线一般都画成直线，如图 6-27 所示。

2）当弹簧有效圈数大于 4 圈时，可只画两端的 1~2 圈，中间各圈省略不画。

3）螺旋弹簧均可画成右旋，但左旋弹簧无论画法如何，都必须加注"左"字。

4）装配图中被弹簧遮住的结构一般不画，可见部分应从外轮廓线或从簧丝中心画起，如图 6-28a 所示。

5）当簧丝直径 ≤2mm 时，其断面可全部涂黑且不画轮廓线，也可采用示意画法，如

图 6-28b 所示。

2. 弹簧的作图步骤

圆柱螺旋压缩弹簧的作图步骤如图 6-29 所示。

1）画出轴线，并以弹簧的自由高度 H_0 和弹簧中径 D_2 作矩形，如图 6-29a 所示。

2）对弹簧端部的支承圈，应画出与簧丝直径相等的圆和半圆，如图 6-29b 所示。

3）由弹簧节距 t 作簧丝断面，并注意左、右簧丝断面高度差为 $t/2$，如图 6-29c 所示。

4）按右旋方向作出簧丝断面的切线，最后加深并画出剖面线，如图 6-29d 所示。

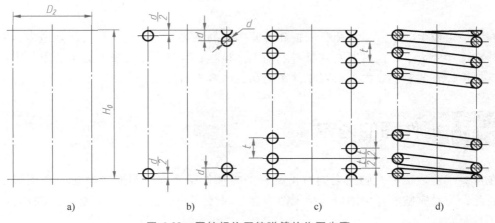

图 6-29　圆柱螺旋压缩弹簧的作图步骤

155

在机械工业生产中，零件图是制造和检验零件的重要图样，它不仅要清楚地表达零件的结构形状、尺寸大小，而且要对其材料、加工、检验、测量提出必要的技术要求，零件图将充分反映设计者的意图。本章将对零件图的相关内容进行讨论。

第一节 零件图的内容

在机器制造过程中，必须先制造出所有的零件，而零件的制造和检验又必须依据零件图。因此，一张完整的零件图应包括视图表达、尺寸注法、技术要求和标题栏四部分内容，如图 7-1 所示。

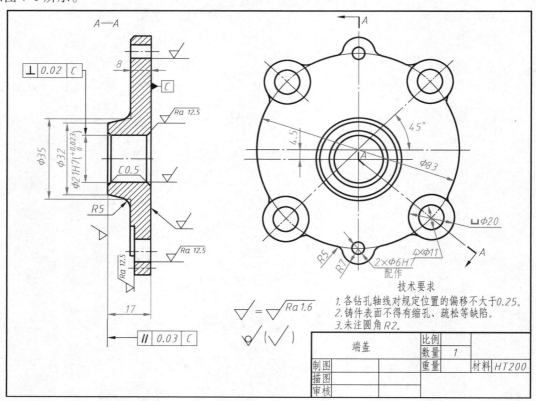

技术要求
1. 各钻孔轴线对规定位置的偏移不大于0.25。
2. 铸件表面不得有缩孔、疏松等缺陷。
3. 未注圆角R2。

图 7-1 端盖零件图

一、视图表达

这组图形应能够正确、完整地表达出零件的内、外结构和形状。根据结构需要，可以采用视图、剖视图、断面图、局部放大图等多种表达方法。

二、尺寸标注

在零件图中，应完整、清晰、合理地标注出零件的结构形状和位置尺寸，以满足零件的配合性质、联接关系、加工制造、检验安装等的需要。

三、技术要求

零件图中必须用规定的符号、数字和文字，简明地表达出在制造和检验时应达到的技术要求，如表面结构要求、尺寸公差、几何公差、热处理、表面处理等。

四、标题栏

在零件图的右下角，用标题栏填写出该零件的名称、数量、材料，作图的比例、图号，以及制图、描图审核人员的签名等。

第二节　零件的结构分析

零件的结构是由设计要求和工艺要求共同决定的，每一个结构都有一定的功用。因此，在画零件图和读零件图时，都需要认真地进行结构分析。零件的结构分析就是从设计和工艺要求出发，对零件不同的设计结构和工艺结构进行分析，理解它们的作用和要求。

一、设计结构分析

设计结构就是按设计要求所确定的零件的主要结构。一个零件在机器或部件中发挥支承、包容、传动、联接、配合、安装、定位、密封等一项或几项功能。这些功能都要由设计出的功能结构来实现，因此，每个零件都是由几个功能结构巧妙结合而成的。例如，图 7-1 所示端盖的 $\phi21H7$ 孔有配合要求且起到支承作用，$4\times\phi11$ 孔起联接作用，$2\times\phi6H7$ 孔起定位作用，端盖右端面要平整且有密封功能等。图 7-2 所示传动轴的轴颈将起配合支承作用，键槽起联接作用，轴肩起轴向定位作用等。

零件的结构除了满足功能要求以外，还应轻便、经济、美观、实用等。凡是设计得比较完美的产品，其结构不仅满足功能要求，而且给人以舒适、精致、稳定、富有时代气息的感觉。例如，图 7-1 所示端盖要求整体结构轻便实用，左端外观形状美观协调等。

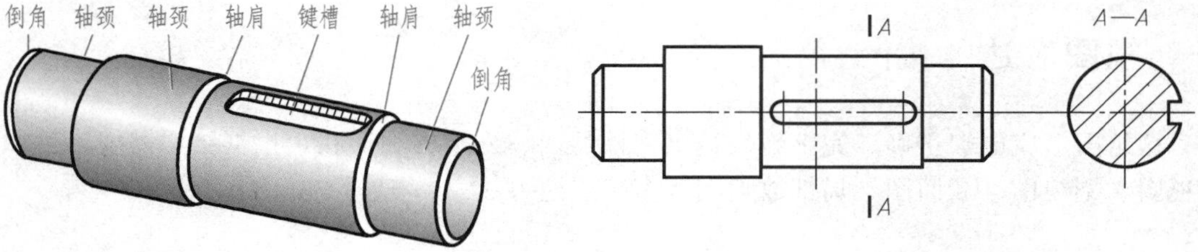

图 7-2 传动轴
a）立体图 b）视图

二、工艺结构分析

工艺结构就是为了制造出合格优质的零件，使零件的毛坯制造、切削加工、组装调试、安全操作等工作顺利进行，所要求的零件的局部结构。例如，图 7-1 所示端盖的 $R5$ 过渡圆角和孔的 $C0.5$ 加工倒角、图 7-2 所示传动轴的端部倒角和轴肩圆角等都是工艺结构。

零件的常见工艺结构有铸造圆角、起模斜度、加工倒角、顶尖孔等。表 7-1 列出了一些常见的零件工艺结构。

表 7-1 零件工艺结构

结构	图例	说明
倒角和圆角	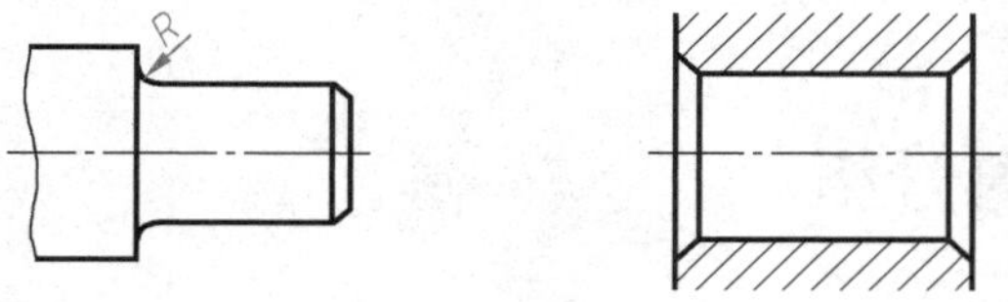	为了便于装配、去除锐边和毛刺，为了避免应力集中而产生裂纹，一般应加工出倒角和倒圆。倒角的尺寸注法见表7-2
退刀槽和砂轮越程槽	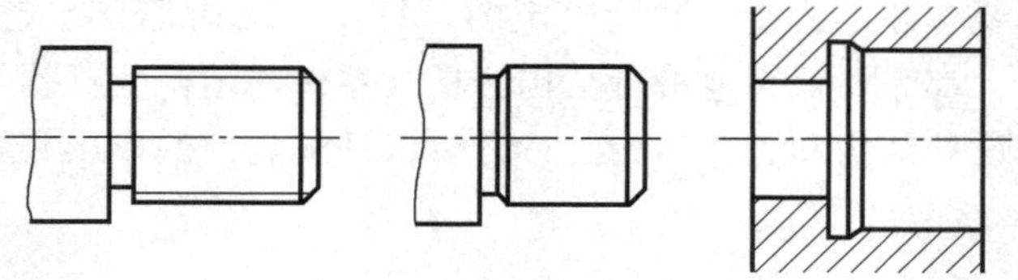	为了退出刀具或使砂轮越过加工面，常在待加工面的末端加工出退刀槽或砂轮越程槽。退刀槽和砂轮越程槽的尺寸注法见表7-2
铸件壁厚均匀	 壁厚不均匀　　壁厚均匀	壁厚不均匀会引起铸件缩孔
铸造圆角和铸造斜度		铸造表面转角处要做成小圆角，否则容易产生裂纹。为了起模方便，在沿着起模方向，铸件表面做出一定的斜度

（续）

结构	图例	说明
凸台和凹坑		为了减少机械加工量、节约材料和减少刀具的损耗，加工面与非加工面要分开，将加工面做成凸台或凹坑
钻孔处的合理结构	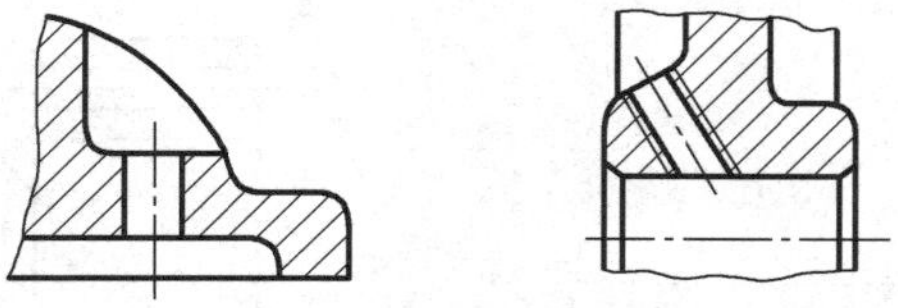	钻孔时，钻头应尽量垂直被加工面，否则钻头受力不均会发生折断或打滑

通过对零件结构的观察和分析，应对每一个结构的功用加深认识，从而能够正确、完整、快速地表达出零件的内、外结构，完整、清晰、合理地标注出零件的形状和位置尺寸，制订出经济、合理的技术要求和工艺过程。

✂ **思政拓展**：扫描右侧二维码观看我国自主研制的 30 万千瓦汽轮机上最精细、最重要的零件之一——末级叶片的相关视频，查阅相关资料了解该类型的零件如何合理表达。

中国自主研制的"争气机"

159

第三节 零件的视图与尺寸

机械零件根据其作用和使用要求的不同，结构形状是千变万化的。针对不同结构的零件，选择适当的表达方案并合理地标注尺寸，是本节讨论的主要内容。

一、零件的视图选择

在零件的视图表达中，应综合运用前面所学的视图、剖视图、断面图等表达方法，完整、准确地表达零件的内、外结构形状。以便于画图和读图为原则，选择适当的表达方法，确定视图数量，确定最佳的表达方案。

在选择零件视图时，最主要的是选择主视图。选择主视图通常应遵守下列原则。

1. 加工位置原则

对于主要结构为回转体的轴套类零件，或者结构形状简单的盘盖类零件，其加工方法基本上以车、磨为主，加工时一般将零件轴线水平放置。所以这类零件不管它在机器中的工作位置如何，主视图的选择都应按照加工位置原则，使其轴线水平，以便于加工和测量，如图 7-1 和图 7-5 所示。

2. 工作位置原则

对于结构形状较复杂的箱体类零件，它们在机器或部件中起着支承、包容、安装等的主体作用，有较大的安装面且加工工序繁多。在选择主视图时，应将零件按工作位置放置，使安装基准面在下再确定主视图。这样既便于结合实际工作中零件的位置测量与读图，又便于根据零件图拼画装配图，如图 7-3 和图 7-10 所示。

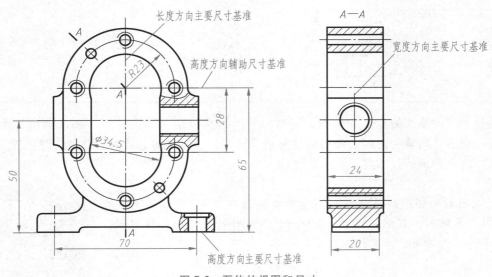

图 7-3　泵体的视图和尺寸

3. 结构特征原则

对结构形状较复杂、工作及加工位置不定的支架类零件，将最能反映零件形状特征，反映零件各基本体之间相互位置的视图作为主视图，如图 7-8 所示。

除此之外，在选择主视图时，还要考虑其他视图虚线最少，合理利用图纸空间等因素。在主视图选择好之后，要恰当地确定其他视图的数量，确定每个视图的表达方法和表达重点，以选择出最佳的表达方案。

二、零件的尺寸标注

零件图的尺寸是确定零件结构，以及加工、测量和检验零件的依据。零件图的尺寸标注要完整、清晰、合理，满足设计、使用和加工的要求，使零件既能很好地工作，又能便于制造、测量和检验。要做到合理地标注尺寸，需要有丰富的设计、制造方面的知识和实践经验。

1. 选择尺寸基准

标注尺寸时，应首先选择好主要尺寸基准。基准是指零件在机器中或在加工、测量和检验时，用以确定其位置的点、线、面。基准分为设计基准和工艺基准两种。

1）设计基准：在机器或部件中确定零件工作位置的尺寸基准。

2）工艺基准：在加工或测量时确定零件结构位置的尺寸基准。

在标注尺寸时最好将设计基准和工艺基准统一起来，这样既能保证设计要求，又能满足工艺要求。任何零件都有长、宽、高三个方向的尺寸，因此，至少应有三个方向的主要尺寸基准，如图 7-3 所示。有时为了便于零件的加工、测量和检验，必须在同一方向增加一个或几个辅助尺寸基准。从选择的尺寸基准出发，标注出各基本体的定形尺寸和定位尺寸。零件上常用的尺寸基准有基准面和基准线。

1）基准面：即零件的对称面、底板的安装面、重要的端面、装配接合面等。

2）基准线：即零件上回转结构的轴线、零件结构的位置线和对称中心线等。

在图 7-3 中，高度方向主要尺寸基准选择底面，并由此标注出尺寸 65，以确定上部齿轮孔轴线的位置；然后，以该轴线作为辅助尺寸基准，并由此标注出尺寸 28。

2. 标注尺寸的原则

（1）考虑设计要求

1）功能尺寸应直接注出。所谓功能尺寸，是指零件上有配合要求、影响零件精度、保证机器性能、具有互换性的尺寸，即通常所说的零件的重要尺寸。重要尺寸包括零件在装配中用到的配合尺寸、相对位置尺寸，零件与外部结构安装所使用的尺寸等，这些尺寸一般有较高的加工要求，直接标注出来便于保证零件的加工质量。例如，图 7-3 中的中心距 28、孔径尺寸 φ34.5 和宽度尺寸 24 等，它们都是重要尺寸。

2）联系尺寸要相互一致。机器或部件中各零件之间，总有一个或几个结构相互关联，表示这种相联关系的尺寸，即为联系尺寸。常见的联系尺寸有线面相接的轴向联系尺寸、轴孔配合的径向联系尺寸和确定位置的一般联系尺寸等。例如，图 7-3 中的径向联系尺寸 φ34.5 和一般联系尺寸 70、R23 等，图 7-4 中的 51 为轴向联系尺寸。

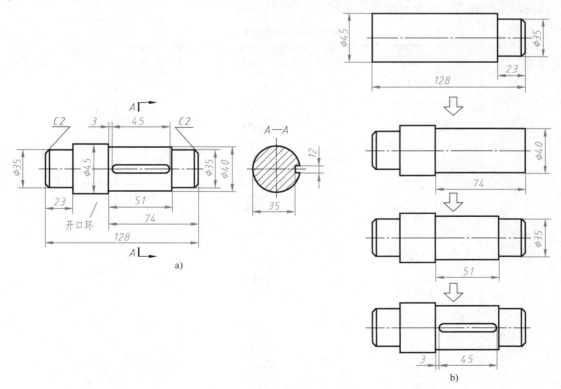

图 7-4 轴的尺寸标注与加工过程
a）尺寸标注 b）加工过程

　　3）避免注成封闭尺寸链。封闭尺寸链一般是轴向头尾相接、绕成一整圈的一组尺寸，每个尺寸都是尺寸链中的一环。避免注成封闭尺寸链主要是因为零件的加工过程很难保证满足所有尺寸的设计要求，因此，在标注尺寸时一般在尺寸链中选择一个不重要的环不标注尺寸，称它为开口环，如图 7-4 所示。开口环的尺寸误差是其他各环尺寸误差之和，且对设计要求没有影响。

　　（2）考虑工艺要求　对于不影响设备工作性能，也不影响零件的配合性质和精度的非功能尺寸，在标注时往往要考虑加工顺序和测量方便，且便于安装和操作安全等要求。

　　1）按加工顺序标注尺寸。按加工过程的顺序标注尺寸，以便于加工和测量。图 7-4 所示的轴上的功能尺寸 51 必须直接注出，其余尺寸都按加工顺序标注，即加工 $\phi35$ 轴段注出长度 23，调头加工 $\phi40$ 轴段注出长度 74，加工 $\phi35$ 轴段保证轴向联系尺寸 51。这样既保证了设计要求，又符合加工顺序。

　　2）按加工方法集中标注。一个零件一般需要用多种加工方法经过多道工序才能制成。在标注尺寸时，最好将不同加工方法或不同工序的有关结构尺寸分别进行集中标注，这样加工时就比较容易读图。

　　3）按测量方便进行标注。有些结构是由设计基准定位来加工的，但是不容易测量。如果这些尺寸对设计要求影响不大，应考虑加工时的测量方便，如一些变径的内孔及键槽结构的尺寸标注等。

　　4）典型结构的尺寸标注。零件上常见的光孔、螺孔、倒角、退刀槽和砂轮越程槽等典型结构的尺寸标注，应按规定或习惯的方法标注，见表 7-2 和表 7-3。

表 7-2　孔的尺寸注法

结构类型	旁注法		普通注法
光孔	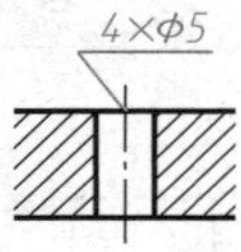	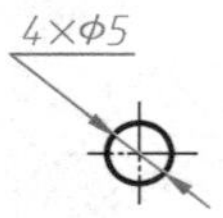	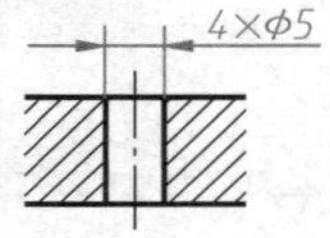
	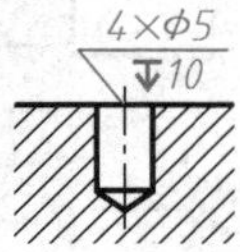	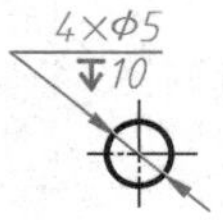	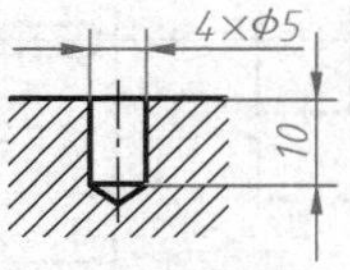
螺孔	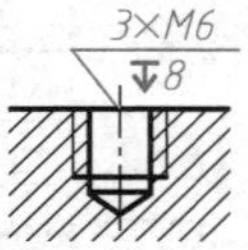	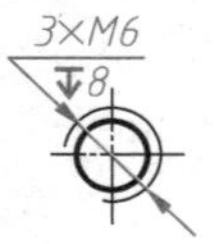	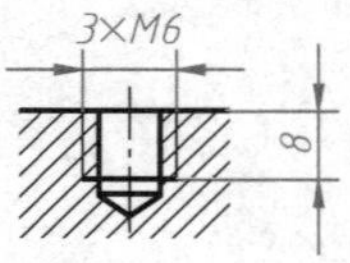
	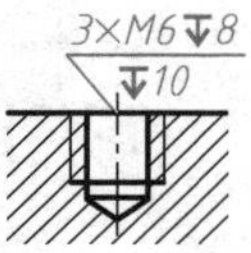	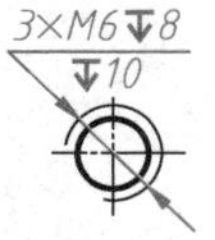	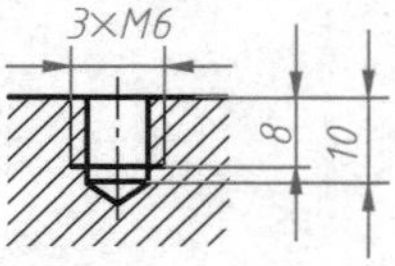

（续）

结构类型	旁注法		普通注法
沉孔	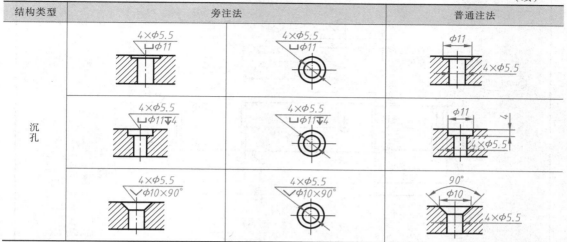		

表 7-3 倒角、退刀槽和砂轮越程槽的尺寸注法

结构类型	尺寸注法
倒角	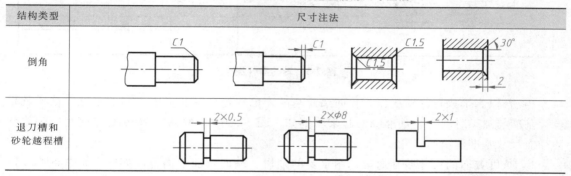
退刀槽和砂轮越程槽	

三、典型零件的表达

常见的零件根据其结构形状，大致可分成四类：轴套类零件、盘盖类零件、支架类零件和箱体类零件。由于每类零件的结构特点不同，因而零件图中的视图表达和尺寸标注也有所不同。下面分别讨论各类零件的表达与尺寸标注特点。

1. 轴套类零件

（1）零件结构特征　轴套类零件如图 7-2 和图 7-5 所示，一般有如下结构特征：

1）轴套类零件一般由几段同轴回转体组成，且主要在车床、磨床上进行加工。

2）零件上通常带有键槽、销孔、螺纹、轴肩、倒角、退刀槽、中心孔等结构。

（2）视图表达特点　轴套类零件根据其作用及结构特征，一般具有以下视图表达特点：

1）按加工位置原则，主视图通常将其轴线水平放置来获得，且尽量反映键槽、销孔等结构的特征形状；常采用折断画法、局部剖视图、局部视图等进行表达。

2）对于轴上的键槽、销孔等，常采用移出断面图来表达，这样能既表达结构形状又便于标注尺寸；对轴上的螺纹退刀槽等局部细小结构，常采用局部放大图来表达。

（3）尺寸标注

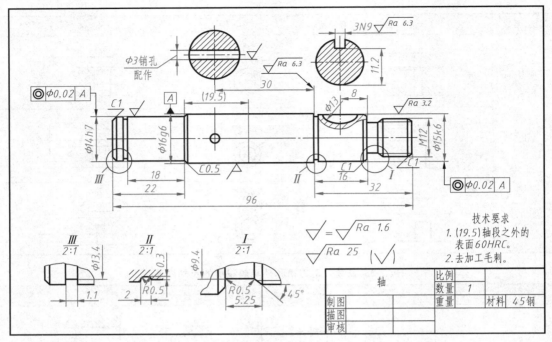

图 7-5 轴的零件图

1）常以水平放置的轴线作为径向尺寸基准，也就是高度和宽度方向的基准，这样就把设计基准与加工时的工艺基准统一起来。例如，图 7-5 中的 ϕ15k6、ϕ16g6 等就是以轴线作为径向尺寸基准注出的尺寸。

2）长度方向的尺寸基准通常选用重要的轴肩、端面或加工面等。如图 7-5 中 ϕ15k6 左端轴肩，ϕ14h7 的右端轴肩等。

3）标注各段的轴向尺寸时，首先考虑重要尺寸要直接注出，次要部分的尺寸可间接形成；其次考虑加工顺序和方便性，例如，需注出螺纹退刀槽的长度，而不注螺纹的长度。

4）对于轴向尺寸，尽量按不同工序分开标注。同一工序的各轴段的轴向尺寸，一般统一注在主视图的下方；此外，轴上键槽、销孔等结构的有关尺寸，一般注在主视图的上方。

图 7-5 中螺纹部分的长度尺寸不太重要，应该空出不注。如果标出螺纹部分的长度尺寸，就形成了封闭的尺寸链，这样各段尺寸的精度互相影响，很难保证每段尺寸的精度和总长尺寸。因此，零件图上不允许注成封闭的尺寸链。

2. 盘盖类零件

（1）零件结构特征 盘盖类零件如图 7-1 和图 7-6 所示。一般有如下结构特征：

1）此类零件有不同的外形轮廓，如圆、椭圆、方形等，主要在车床、铣床上加工。

2）零件上通常带有键槽、肋板、轮辐、凸台、沉孔、销孔、螺纹、圆角等结构。

读图 7-6 所示零件图，可以看出该端盖左端有 ϕ60 的凸沿和 ϕ40F8 的孔，上、下有两个肋板，厚度为 8；右端有 ϕ80js6 的凸沿和 ϕ52J7 的孔；直径为 ϕ120 的最大圆盘上有四个均布的阶梯孔，前、后部被正平面对称截切，两平面的前后距离为 102。

（2）视图表达特点 盘盖类零件根据其作用与结构特征，一般具有以下视图表达特点：

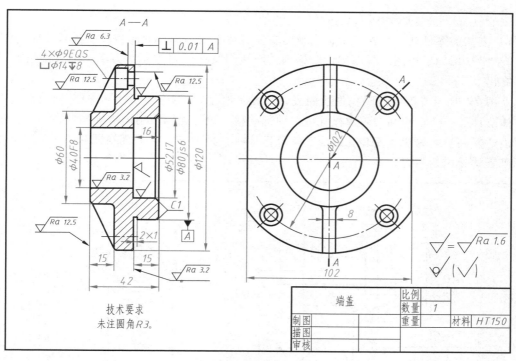

图 7-6 端盖零件图

1）按加工位置原则，主视图一般将轴线水平放置，常采用适当的剖视进行表达。

2）左视图重点表达零件的外形轮廓，以及孔、槽、肋板等结构的位置分布情况。

图 7-6 所示的主视图主要采用了旋转剖的表达方法，重点表达了内部孔的结构；左视图重点表达了轮廓形状及圆周分布的孔和肋板的结构位置和数量。

（3）尺寸标注

1）径向基准通常选择较大孔的中心轴线，一般将各回转结构的直径尺寸注在主视图上，例如，图 7-6 中在主视图上注出各直径 $\phi120$、$\phi60$ 和 $\phi40F8$ 等尺寸，而将反映外形轮廓、孔、肋板等位置的尺寸注在左视图上。

2）轴向基准通常选择重要的端面和接触面。例如，图 7-6 中以 $Ra = 3.2\mu m$ 的接触面为主要轴向基准，注出尺寸 15，以确定右端面，再以右端面为辅助基准，标注总长 42 和孔的深度尺寸 16 等。

3. 支架类零件

（1）零件结构特征　支架类零件如图 7-7 所示，一般有如下结构特征：

1）支架类零件结构形状较复杂，一般由安装底板、工作主体、支撑肋板三大部分组成。

2）零件上常带有凸台、沉孔、肋板、斜面、圆角等结构，一般为铸件且加工位置多变。

（2）视图表达特点　支架类零件根据其作用与结构特

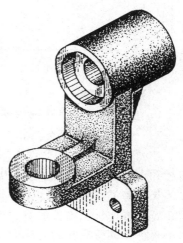

图 7-7 支架

165

征，一般具有以下视图表达特点：

1）支架类零件加工位置多变，主视图主要表达三大组成部分的相对位置和结构特征。

2）常采用局部视图、局部剖、阶梯剖、旋转剖及断面图等表达方法，使各图形的表达重点突出。

对图 7-7 所示支架零件结构形状的表达如图 7-8 所示，主视图采用阶梯全剖视，主要表达主体阶梯孔、凸台孔和安装螺栓孔等的内部结构，也可分别采用局部剖视来表达；左视图主要表达安装板的轮廓和安装孔的位置等外部形状；另配有 C 向局部视图和 B—B 移出断面图用来表达相应的内容。

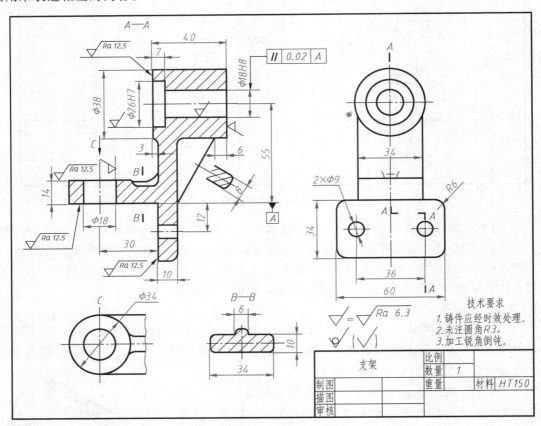

图 7-8　支架零件图

（3）尺寸标注

1）支架类零件通常选择零件的安装面、对称面和重要的端面作为标注尺寸的基准。

2）先将各组成部分的相对位置等重要尺寸直接注出，再集中标注各自的形状尺寸。

在图 7-8 中，支架高度方向的尺寸基准选择凸台板的底面，由此注出尺寸 55，确定主体阶梯孔中心的高度位置，并注出安装螺栓孔的位置尺寸 12；长度方向选择安装板的左端面作为尺寸基准，注出尺寸 30，确定凸台孔的位置，再注出尺寸 3，确定主体阶梯孔的左右位置；宽度方向选择零件的前后对称面作为主要尺寸基准，注出两螺栓孔的位置尺寸 36。

零件主体阶梯孔的总深度 40、圆柱内孔直径 φ26H7 及 φ18H8、深度 7 等尺寸都集中标注在主视图上。安装板的形状尺寸 60、34 和安装孔的尺寸 36、φ9 等尺寸都集中标注在左视图上。其他结构形状尺寸也集中标注在相应的视图上。

4. 箱体类零件

（1）零件结构特征　箱体类零件如图 7-9 所示，根据其作用一般有如下结构特征：

1）箱体类零件主体部分一般是壁厚基本均匀的壳体，用来支承、包容、保护主要运动零件及其他零件；制造箱体时，一般先铸造成壁厚均匀的毛坯件，再进行多种切削加工。

2）这类零件常带有较大的密封面、接触面，用来与箱盖或其他零部件紧密联接；常带有肋板、螺孔、沉孔、销孔、凸台等结构。箱体类零件的结构通常比较复杂。

图 7-9 所示箱座为箱体类零件，底面上有一凹坑，四角有四个螺栓联接孔；箱体的主体部分为竖直的空心圆柱体；左、右、上、后四个方向都有与箱体相通的通孔，以及与其他部件联接用的密封面、平面等结构，其零件图如图 7-10 所示。

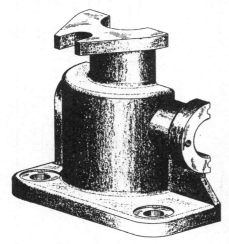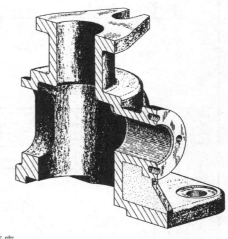

图 7-9　箱座

（2）视图表达特点　箱体类零件根据其作用与结构特征，一般具有以下视图表达特点：

1）箱体类零件结构较为复杂，而且加工位置多变，主视图尽量按工作位置原则来确定，以最能反映主要结构的形状特征及各组成部分相互位置关系的视图作为主视图。

2）根据结构，常选用各种视图、剖视图、断面图、规定及简化等表达方法，每个视图必须要有重点表达的内容，并配合适当的表达方法，尽量减少视图数量。

图 7-10 所示零件图中，主、俯视图均采用全剖视图。主视图主要表达箱座的内腔及左、右、上三个方向通孔的结构位置；俯视图为 A—A 处全剖视图，表达底板的形状和左、右、后三个方向通孔的结构及连通情况，其中的虚线主要用于表达底面的凹坑形状；采用 B、C、D 三个局部视图分别表达右侧圆形法兰、左侧凸台和上部菱形法兰的局部结构形状。

（3）尺寸标注

1）在标注箱体类零件的尺寸时，常选用的尺寸基准有：箱体主要结构的对称面、重要的安装面、接触面或加工面、设计上要求的轴线等，且标注方法与支架类零件相同。

2）箱体类零件的安装尺寸、各支承孔的配合尺寸及其相对位置尺寸等都属于重要尺寸，必须直接注出。

图 7-10 中，以底板的安装底面为高度方向尺寸基准，注出 48、103 等尺寸；以箱座的铅垂轴线为径向尺寸基准，注出 $\phi 30$、$\phi 60$、$\phi 72$、$\phi 42$ 等尺寸；以通过轴线的前后方向主要

168

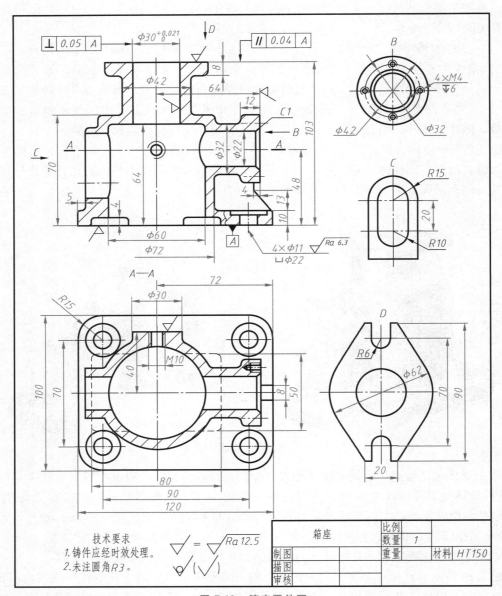

图 7-10　箱座零件图

结构对称面为宽度方向尺寸基准，注出 50、70、100 等尺寸；以过轴线的侧平面为长度方向
尺寸基准，注出 80、72、64 等尺寸。

图 7-10 中，底板上的尺寸 90、70，顶板（D 向）上的尺寸 70 以及右侧法兰（B 向）上
的尺寸 φ32，都是与其他零件联接用的安装尺寸，属于重要尺寸；主视图中左、右、后三个
方向通孔的高度尺寸 48 也是重要尺寸，应直接注出。

5. 其他类零件

（1）冲压件的表达　冲压件是金属薄板由冲模冲压而成的，如图 7-11a 所示。一般在常
温下进行加工，有的还需要少量的机械加工。冲压件的表达特点是：除视图外一般还附有展

开图，展开图可以单独画出，也可以与基本视图结合起来绘制，如图 7-11b 所示。零件图中弯曲部分的中间位置，在展开图中用细实线画出弯折线，并标注出定位尺寸。展开图一般要标注出名称"展开图"。

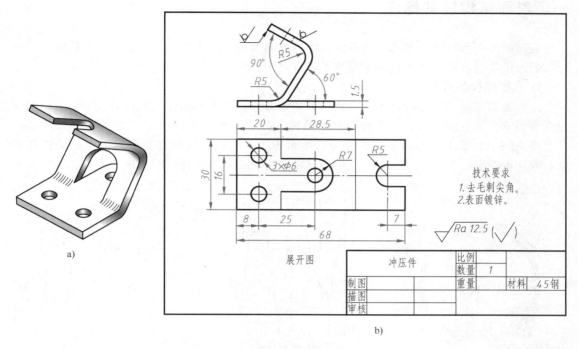

图 7-11　冲压件

a）立体图　b）零件图

（2）镶嵌件的表达　镶嵌件又称为压塑嵌接件，一般需要将嵌接的轴套、螺母、螺钉等金属零件提前装入模具中，等压入塑料后就形成不可拆卸的整体，如图 7-12 所示。这种零件为组件，在装配图中只编一个号。

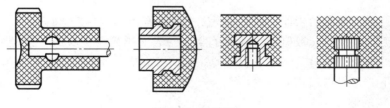

图 7-12　镶嵌件

第四节　技术要求

为了提高机械设备的质量，必须保证各零件的制造精度。在零件图中除了视图和尺寸之外，还要标注出技术要求，它是制造和检验零件的重要技术依据之一。

技术要求包括：表面结构、尺寸公差、几何公差、热处理和镀涂，以及其他文字说明。本节主要介绍表面结构、尺寸公差和几何公差等内容。

一、表面结构及其标注

表面结构表示零件表面的光滑程度，零件各表面的作用不同，所需要的光滑程度也不一样。表面结构是衡量零件质量的重要技术指标之一。

1. 表面结构的概念

由于加工零件时，刀具在零件表面上会留下刀痕，以及切削分割材料时表面金属的塑性变形等影响，零件表面都存在着间距较小的轮廓峰谷，如图 7-13 所示。这种零件加工表面具有微小间距和微小峰谷的不平度称为表面粗糙度。表面结构是在有限区域上的表面粗糙度、表面波纹度、纹理方向、表面几何形状及表面缺陷等表面特性的总称。

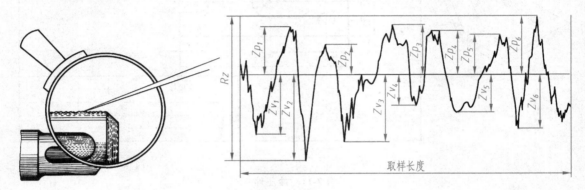

图 7-13　表面结构的概念

评定表面结构最常用的参数有两项：轮廓算术平均偏差 Ra 和轮廓最大高度 Rz。其中，Ra 是指在取样长度内，轮廓偏距绝对值的算术平均值，即

$$Ra = \frac{1}{l} \int_0^l |Z(x)| \, dx$$

机械制造业中，常用的表面结构评定参数是轮廓算术平均偏差 Ra。

由 Ra 的定义可见，Ra 数值越小，表示零件的表面越光滑，表面质量越好；Ra 数值越大，表示零件的表面越粗糙，表面质量越差。从加工方便和降低成本的角度来说，在满足使用要求的前提下，一般选用较大的 Ra 值。

2. 表面结构的选用

现将表面结构 Ra 的数值及选用列于表 7-4 中，可根据零件表面的作用、加工方法和实物的表面特征要求来选用 Ra 数值。

表 7-4　表面粗糙度 Ra 数值、表面特征、主要加工方法及应用举例

表面粗糙度 $Ra/\mu m$	相当旧国标		表面特征	主要加工方法	应用举例
	等级	名称			
∨	∞	非切削面	除净毛口	铸、锻、轧制、模制、吹砂铸件	铸件、锻件、碾压件的不接触面

（续）

表面粗糙度 $Ra/\mu m$	相当旧国标		表面特征	主要加工方法	应用举例
	等级	名称			
50	▽1	粗糙面	明显可见刀痕	粗车、粗铣、粗刨、钻孔、锯断、用粗纹锉刀或粗砂轮等加工	一般很少应用
25	▽2		可见刀痕		不接触表面、不重要的接触面，如螺钉孔、倒角、机座底面等
12.5	▽3		微见刀痕		
6.3	▽4	半光面	可见加工痕迹	精车、精铣、铰、镗、刮研、拉制（钢丝）	静配合面，如箱和盖、键和键槽等要求紧贴的表面；零件间相对速度不高的接触面，如支架孔、衬套、带轮轴孔的工作面
3.2	▽5		微见加工痕迹		
1.6	▽6		不见加工痕迹		
0.8	▽7	光面	可辨加工痕迹的方向	精铰、精镗、精磨、精拉、金刚石车刀的精车	要求很好密合的接触面，如与滚动轴承配合的表面、锥销孔；相对运动速度较高的接触面，如滑动轴承的配合面、齿轮轮齿的工作面
0.4	▽8		微辨加工痕迹的方向		
0.2	▽9		不可辨加工痕迹的方向		
0.1	▽10	最光面	暗光泽面	研磨、抛光、超级精细研磨等	精密量具的工作表面、极重要零件的摩擦面，如气缸的内表面、精密机床的主轴颈等

为正确选用表面粗糙度 Ra 的数值，基本的选用原则如下：

1) 工作表面比非工作表面的 Ra 值小；接触表面比非接触表面的 Ra 值小。

2) 有相对运动比无相对运动表面的 Ra 值小；运动速度越高时 Ra 值越小。

3) 对于配合面、密封面、易腐蚀及尺寸精度高的表面的 Ra 值相对要小。

3. 表面结构的符号

1) 表面结构的图形符号的画法如图 7-14a 所示。

2) 图样上表示表面结构的符号及意义，参见表 7-5 中的说明。

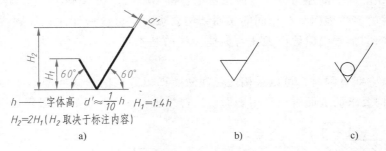

h——字体高　$d' \approx \frac{1}{10}h$　$H_1 = 1.4h$

$H_2 = 2H_1$（H_2 取决于标注内容）

　　　a)　　　　　　　　　　　b)　　　　　　　　　c)

图 7-14　表面结构的图形符号

a) 画法　b) 表示去除材料的图形符号　c) 表示不去除材料的图形符号

表 7-5　表面结构的图形符号及意义

图形符号	意义说明
√	基本符号——表示表面可用任何方法获得。当不加注粗糙度参数值或有关说明（如表面处理、局部热处理状态等）时，仅用于简化代号标注

（续）

图形符号	意义说明
	扩展符号——基本符号加一短横,表示表面是用去除材料的方法获得的,如车、铣、钻、磨、剪切、抛光、腐蚀、电火花加工、气割等
	扩展符号——基本符号加一小圆,表示表面是用不去除材料的方法获得的,如铸、锻、冲压变形、热轧、冷轧、粉末冶金等,或者用于保持原供应状态的表面(包括保持上道工序的状况)
	完整符号——在上述三个符号的长边均可加一横线,在横线的上、下可标注有关参数和说明
	相同要求符号——在完整符号的长边与横线相交处加一圆圈,在不致引起歧义时,用来表示某视图上构成封闭轮廓的各表面具有相同表面粗糙度要求
	a——注写表面结构的单一要求 b——注写表面结构第二个单一要求。要注写第三个或更多的单一要求时,图形符号应在垂直方向扩大,以空出足够的空间 c——注写加工方法、表面处理、涂层或其他工艺要求,如铣、磨、镀铬等 d——注写表面纹理和方向 e——注写加工余量,单位为毫米

4. 表面结构的标注要求

在零件图中,表面结构的标注要求如下:

1) 零件表面结构图形符号的尖端一般需要指向零件的被加工表面。

2) 表面结构符号应注在轮廓线、尺寸线、尺寸界限或其延长线上。

3) 零件图中的每一个结构表面只允许标注一次表面结构符号。

5. 表面结构的标注示例

表面结构在图样上的注写方法,应按国家标准 GB/T 131—2006 规定,详见如下示例。

1) 当机件的多数表面具有相同的表面结构要求时,可统一标注在标题栏附近,且表面结构符号后面的圆括号内应给出无任何其他标注的基本符号,（√）表示"除此之外",如图 7-15 所示。

2) 当图纸空间有限时,可以采用简化注法。即以等式的形式在图形或标题栏附近,对有相同表面结构要求的表面可以只用表面结构符号进行简化标注,如图 7-16 所示。

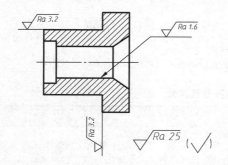

图 7-15　多数表面具有相同的表面结构要求标注

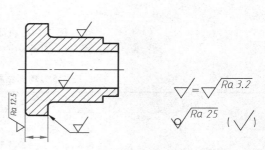

图 7-16　相同表面结构要求的简化标注

3）不连续的同一表面，用细实线将其相连并只标注一次表面结构符号，如图 7-17 所示。

4）当同一表面有不同的表面结构要求时，需用细实线画出分界线，并注上相应的尺寸和表面结构符号，如图 7-18 所示。

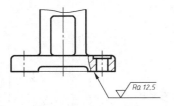

图 7-17　不连续的同一表面的表面结构要求标注

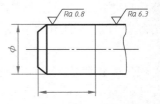

图 7-18　同一表面有不同的表面结构要求标注

5）重复要素（槽、齿等）的表面，表面结构符号可以只标注一次，如图 7-19 所示。

6）齿轮及渐开线花键工作表面的表面结构图形符号一般注在节线上，如图 7-20 所示。

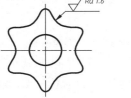

图 7-19　重复要素的表面结构要求标注

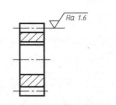
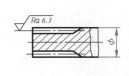

图 7-20　齿轮及渐开线花键的表面结构要求标注

7）中心孔及键槽的工作表面、倒角、倒圆的表面结构符号可以简化标注，如图 7-21 所示。

8）螺纹工作表面一般不注表面结构符号，当需要注出又未画出牙型时，则必须与螺纹代号一起引出标注，如图 7-22 所示。

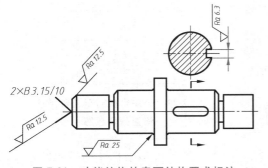

图 7-21　功能结构的表面结构要求标注

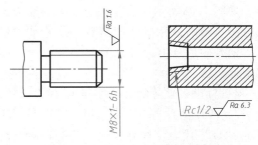

图 7-22　螺纹的表面结构要求标注

二、尺寸公差与配合

在零件加工过程中，由于机床精度、测量等诸多因素，零件的尺寸不可能加工得绝对准确，总会产生一些误差。若在加工好的同一批零件中任取一件，不经修配就能立即装到机器上去，并能保证使用要求，这种性质称为互换性。现代化的机械工业，要求机器零件具有良好的互换性，这样既能满足各生产部门广泛的协作要求，又能进行高效率的专业化生产。

1. 尺寸公差的基本术语

为了保证零件的互换性，必须把零件的尺寸限制在允许的变动范围之内，允许的尺寸变动量称为尺寸公差。尺寸公差术语如下：

1）公称尺寸：设计时根据零件使用要求而确定的尺寸。

2）实际尺寸：零件在加工完成后实际测量所得到的尺寸。

3）极限尺寸：制造零件时所允许的上、下极限尺寸值。

4）尺寸偏差：零件的实际尺寸减其公称尺寸所得到的代数差。

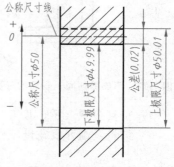

图 7-23　尺寸偏差名词

上极限尺寸及下极限尺寸减其公称尺寸所得的代数差，分别称为上极限偏差及下极限偏差，统称为极限偏差。国家标准规定：孔的上、下极限偏差代号分别用 ES 和 EI 表示；轴的上、下极限偏差代号分别用 es 和 ei 表示，如图 7-23 及图 7-24 所示。

上极限偏差 ES = 上极限尺寸 − 公称尺寸 = $(50.01-50)$ mm = $+0.01$ mm

下极限偏差 EI = 下极限尺寸 − 公称尺寸 = $(49.99-50)$ mm = -0.01 mm

5）公差：公差是尺寸所允许的变动量，是一个没有符号的绝对值。公差等于上极限尺寸与下极限尺寸的差值，也等于上极限偏差与下极限偏差的差值。如图 7-23 所示的公差为：

$$(50.01-49.99)\text{mm} = [0.01-(-0.01)]\text{mm} = 0.02\text{mm}$$

2. 公差带

1）公差：公差极限之间（包括公差极限）的尺寸变动值。公差带包含在上极限尺寸和下极限尺寸之间，由公差大小和相对于公称尺寸的位置确定，如图 7-24 所示。公差大小是一个标准公差等级与被测要素的公称尺寸的函数。公差带的位置，即基本偏差的信息由一个或多个字母标示，称为基本偏差标示符。

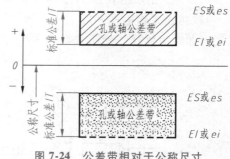

图 7-24　公差带相对于公称尺寸位置的示意图

2）标准公差等级：用字符 IT 和等级数字表示，如 IT7。共有 20 个等级，即 IT01、IT0、IT1、IT2、…、IT18，"IT" 代表 "国际公差"。随着标准公差等级的增大，尺寸的精确程度依次降低，公差数值依次增大，其中 IT01 精度最高，IT18 精度最低。

需要指出的是，对一定的公称尺寸而言，公差等级越高，公差数值越小，尺寸精度越高；属于同一公差等级的公差数值，公称尺寸越大，对应的公差数值越大，但被认为具有同等的精确程度。

3）基本偏差：定义了与公差尺寸最近的极限尺寸的那个极限偏差。对于孔，其基本偏差标示符为大写字母 A、B、C、…、ZA、ZB、ZC；对于轴，其基本偏差标示符为小写字母 a、b、c、…、za、zb、zc，如图 7-25 所示。

关于基本偏差，有如下说明：基本偏差的概念不适用于 JS 和 js。它们的公差极限是相对于公称尺寸线对称分布的；对于孔，A~H 为下极限偏差，J~ZC 为上极限偏差。对于轴，a~h 为上极限偏差，j~zc 为下极限偏差。

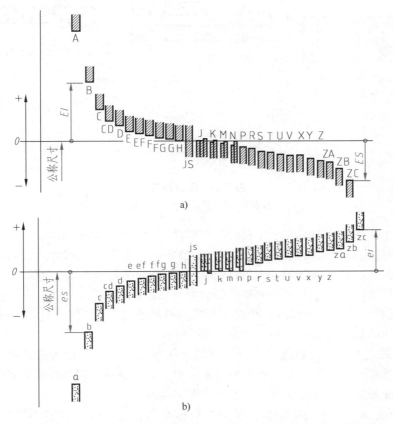

图 7-25　公差带（基本偏差）相对于公称尺寸位置的示意说明
a）孔（内尺寸要素）　b）轴（外尺寸要素）

4）公差带代号：由基本偏差标示符和标准公差等级组成。对于孔和轴，公差带代号分别由代表孔的基本偏差的大写字母和轴的基本偏差的小写字母与代表标准公差等级的数字的组合标示。例如：

尺寸 $\phi30H7$ 中，$\phi30$ 为公称尺寸，H7 为孔的公差带代号，H 为基本偏差标示符，7 表示标准公差等级为 IT7。

尺寸 $\phi30f6$ 中，$\phi30$ 为公称尺寸，f6 为轴的公差带代号，f 为基本偏差标示符，6 表示标准公差等级为 IT6。

3. 配合与基准制

（1）配合　类型相同且待装配的外尺寸要素（轴）和内尺寸要素（孔）之间的关系称为配合。配合的尺寸要素不仅限于孔和轴，也包括衔种包容件和被包容件。

根据使用要求不同，孔和轴配合可能出现不同的松紧程度。国家标准将配合分为三类，如图 7-26 所示。

1）间隙与间隙配合。当轴的直径小于孔的直径时，孔和轴的尺寸之差称为间隙。孔和轴装配时总是存在间隙（包括最小间隙为零）的配合称为间隙配合。此时孔的实际尺寸大

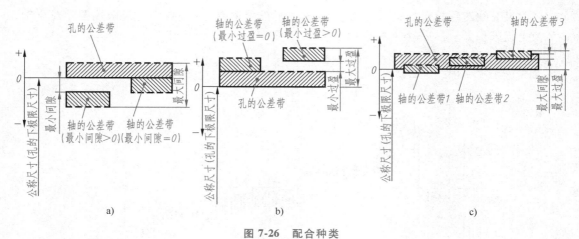

图 7-26 配合种类

a）间隙配合 b）过盈配合 c）过渡配合

于轴的实际尺寸，轴的公差带完全在孔的公差带之下，如图 7-26a 所示。

2）过盈与过盈配合。当轴的直径大于孔的直径时，孔和轴的尺寸之差称为过盈。孔和轴装配时总是存在过盈（包括最小过盈为零）的配合称为过盈配合。此时，孔的实际尺寸小于轴的实际尺寸，轴的公差带完全在孔的公差带之上，如图 7-26b 所示。

3）过渡配合。轴和孔相配时，可能有间隙也可能有过盈的配合，称为过渡配合。此时孔的公差带和轴的公差带相互重叠，如图 7-26c 所示。

（2）配合的基准制 在制造配合的零件时，使其中一种零件作为基准件，它的基本偏差固定不变，通过改变另一种非基准件的基本偏差来获得各种不同性质配合的制度称为配合制度。国家标准规定配合制度有基孔制配合和基轴制配合。

1）基孔制配合。孔的基本偏差为零的配合称为基孔制配合，如图 7-27a 所示。基孔制的孔为基准孔，其基本偏差代号为 H，下极限偏差 EI 为 0。

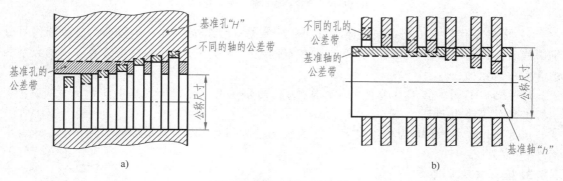

图 7-27 基孔制和基轴制

a）基孔制 b）基轴制

2）基轴制配合。轴的基本偏差为零的配合称为基轴制配合，如图 7-27b 所示。基轴制的轴为基准轴，其基本偏差代号为 h，上极限偏差 es 为 0。

国家标准规定优先选用基孔制，因为孔比轴难加工。采用基孔制可降低加工成本，提高生产率。但是，对于特殊结构或标准件等，有时采用基轴制，例如，同一轴上要求有几种不同的配合时，以及滚动轴承外径与轴承孔的配合都采用基轴制。

国家标准规定了基孔制和基轴制的优先和常用配合，见表 C-1 和表 C-2。设计时应尽量选用优先和常用配合。对于优先、常用配合中轴和孔的公差带上、下极限偏差，可直接查阅表 C-3 和表 C-4。

4. 公差与配合的标注

图 7-28 所示为箱体零件上孔、轴套、轴配合的标注方法。

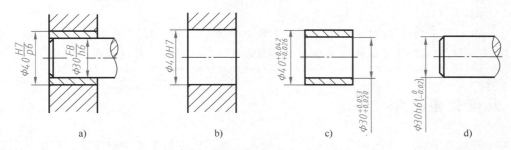

图 7-28　图样上公差与配合的标注方法

a）孔、轴套、轴配合　b）孔　c）轴套　d）轴

（1）在装配图上的标注　在装配图上标注公差与配合，采用组合式注法，即

$$公称尺寸\frac{孔的公差带代号}{轴的公差带代号}$$

（2）在零件图上的标注　在零件图上标注公差的方法有以下三种形式：

1）只标注公差带代号，如图 7-28b 所示，常在现代化的批量生产中采用此种形式标注。

2）只注极限偏差值，如图 7-28c 所示，书写时将下极限偏差与公称尺寸写在同一底线上，上极限偏差写在公称尺寸的右上方，上、下极限偏差小数点及位数应对齐，数字较公称尺寸数字小一号；偏差前有正、负号，而 0 偏差前不写正、负号。当上、下极限偏差数值相同时，其数值只需标注一次，字高与公称尺寸相同。此种标注形式一般在单件或小批量的生产中采用。

3）公差带代号和上、下极限偏差值可同时注出，如图 7-28d 所示。

注意：在表 C-3 和表 C-4 中所查到的偏差值单位为微米（μm），在图样上标注偏差时必须将查到的数值换算成以毫米（mm）为单位。

[例 7-1]　试说明图 7-29a 所示尺寸 $\phi20H7/s6$ 所表示的含义，查表 C-3 和表 C-4 确定孔和轴的上、下极限偏差值，并画图表示孔和轴的公差带。

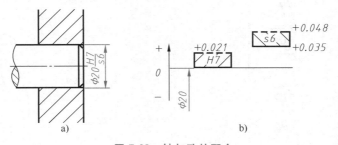

图 7-29　轴与孔的配合

1）$\phi20H7/s6$ 的含义为：公称尺寸为 $\phi20$ 的孔和轴配合，基孔制孔的公差带代号为 H7，其中 H 为孔的基本偏差标示符，7 表示标准公差等级为 IT7；轴的公差带代号为 s6，其中 s 为轴的基本偏差标示符，6 表示标准公差等级为 IT6。该孔与轴应为过盈配合。

2）由表 C-1 可知，$\phi20H7/s6$ 为优先的过盈配合，轴和孔的上、下极限偏差值可直接从表 C-3 和表 C-4 查出。

轴：由表 C-3 查出 $\phi20s6$ 的上、下极限偏差值为 $+48\mu m$、$+35\mu m$，应换算为 +0.048mm、+0.035mm。

孔：由表 C-4 查出 $\phi20H7$ 的上、下极限偏差值为 $+21\mu m$、0，应换算为 +0.021mm、0。

3）配合尺寸 $\phi20H7/s6$ 的公差带如图 7-20b 所示，从中可分析过盈量的大小。

三、几何公差简介

对一般零件来说，其几何公差可由尺寸公差、加工机床精度等加以保证；对于要求较高的零件，则根据设计要求，需要在零件图上注出有关的几何公差。

1. 几何公差的代号

国家标准 GB/T 1182—2018 规定用代号来标注几何公差，见表 7-6。在实际生产中，当无法用代号标注几何公差时，允许在技术要求中用文字说明。

表 7-6　几何公差特征项目及符号（摘自 GB/T 1182—2018）

公差类型	几何特征	符号	有无基准	公差类型	几何特征	符号	有无基准
形状公差	直线度	—	无	方向公差	面轮廓度	⌓	有
	平面度	▱	无	位置公差	位置度	⌖	有或无
	圆度	○	无		同心度（用于中心点）	◎	有
	圆柱度	⌭	无		同轴度（用于轴线）	◎	有
	线轮廓度	⌒	无		对称度	꞊	有
	面轮廓度	⌓	无		线轮廓度	⌒	有
方向公差	平行度	∥	有		面轮廓度	⌓	有
	垂直度	⊥	有	跳动公差	圆跳动	↗	有
	倾斜度	∠	有		全跳动	⌰	有
	线轮廓度	⌒	有				

　几何公差代号包括几何公差框格及指引线、几何公差特征项目的符号、几何公差数值和其他有关符号，以及基准符号等，如图 7-30 所示，h 为字体的高度。

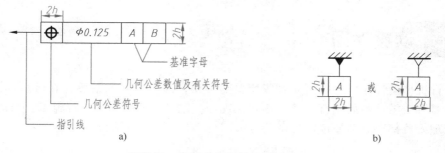

图 7-30　几何公差代号及基准符号

a）几何公差框格及指引线　b）基准符号

2. 几何公差标注

　图 7-31 所示为盘套零件图中所标注的几何公差。当被测量的要素为线或平面时，从框格引出的指引线箭头应指在该要素的轮廓线或其延长线上；当被测要素是轴线时，应将箭头与该要素的尺寸线对齐。当基准要素是轴线时，应将基准符号与该要素的尺寸线对齐，如基准 A、B、C 等。

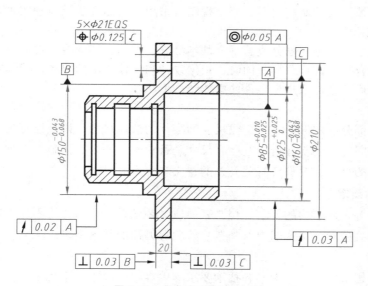

图 7-31　几何公差标注示例

图 7-31 所示几何公差标注的含义分别说明如下：

1）$\phi125^{+0.025}_{0}$ 圆柱孔轴线与 $\phi85^{+0.010}_{-0.025}$ 圆柱孔轴线 A 的同轴度公差为 $\phi0.05$。

2）$\phi150^{-0.043}_{-0.068}$ 圆柱面对轴线 A 的径向圆跳动公差为 0.02。

3）厚度为 20 的安装板左端面对 $\phi150^{-0.043}_{-0.068}$ 圆柱面轴线 B 的垂直度公差为 0.03。

4）安装板右端面对 $\phi160^{-0.043}_{-0.068}$ 圆柱面轴线 C 的垂直度公差为 0.03。

5）$\phi160^{-0.043}_{-0.068}$ 圆柱面对 $\phi85^{+0.010}_{-0.025}$ 圆柱孔轴线 A 的径向圆跳动公差为 0.03。

179

6）5×ϕ21 孔由与基准 C 同轴的直径尺寸 ϕ210 确定，并且均匀分布的理想位置的位置度公差为 ϕ0.125。

第五节　读零件图

在进行机械设计时，往往要先看些相关的图样，以便学习和借鉴；在进行加工制造时，技术人员要看懂零件图后制订工艺；在施工现场，也必须依照图样进行施工。因此工程技术人员及管理人员都要具备阅读零件图的能力。

一、读零件图的方法与步骤

读零件图，就是要看懂零件的结构形状，分析尺寸大小和加工精度，以及各项技术要求，还要了解零件的作用、材料、件数等有关内容。

1. 看标题栏

了解零件的名称、材料、件数、重量、比例大小等，对零件有一个初步的认识。

2. 分析视图

首先搞清各视图间的对应关系，每个视图所采用的表达方法及表达的重点内容。

3. 想象形状

从主视图入手，把零件划分成若干个基本部分，并结合其他视图想象每个部分的结构形状，有时还要结合尺寸进行分析。同时，根据设计和工作方面的要求，了解零件每个表面和结构的作用，最后综合起来想象零件的整体结构形状。

4. 分析尺寸

分析零件各部分的定形尺寸、定位尺寸和零件的总体尺寸，以及注写尺寸时所选用的三个方向的基准。同时，还要分析检查已有尺寸是否正确、齐全、清晰、合理。对于带有公差代号或公差数值的尺寸，要理解有关公差的意义和要求。

5. 分析技术要求

看清对零件各表面结构的要求，哪些表面质量要求最高，哪些为不加工表面等，并了解尺寸公差、几何公差和文字说明中对制造、检验等方面的技术要求。

6. 综合考虑

将读懂的结构形状、尺寸大小和技术要求等内容综合起来，全面地掌握零件的整体情况和要求。在读较复杂的零件图时，有时需要参考有关技术资料并进行细致研究。

二、读图举例

[例 7-2]　阅读图 7-32 所示的支座零件图。

1. 看标题栏，分析视图

零件名称为支座，材料为 HT150，这个零件是铸铁件。

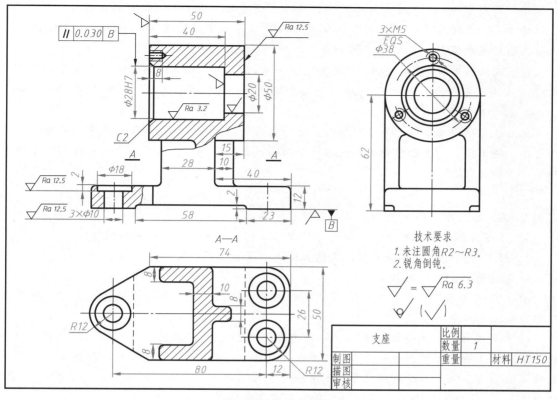

图 7-32　支座零件图

该零件共采用三个视图表达。主视图两处采用局部剖视图，分别表达轴承孔和底板上安装孔的内部结构。俯视图采用 A—A 全剖视图，重点表达底板的轮廓形状和安装孔的位置，以及支承连板的 U 形截面形状。左视图主要画出了外形，重点表达支座左端面上三个螺孔的位置分布，以及支座的外部形状。

2. 分析视图，想象形状

根据上述三个视图，将支座分成三大部分。

（1）底板部分　底板尺寸由 80、74、50、R12 等确定轮廓形状，厚度为 12；底板上有三个 φ10 的螺栓孔，用于底板的安装联接，其凹坑深 2，孔的位置尺寸有 26 等。

（2）主体圆柱部分　主体圆柱位于支座的前后对称面上，左右基本居中；圆柱直径为 φ50，长度为 50，在高度为 62 的位置上，大圆柱孔内径为 φ28H7，深度为 40；右端小圆通孔内径为 φ20，与大圆柱孔形成同轴阶梯孔；左端面在 φ38 的圆上分布了三个 M5 的螺孔，孔深度为 8。

（3）连接部分　根据俯视图中支承连板的 U 形截面与底板的相对位置，结合主、左两个视图，可想象出下与底板、上与主体圆柱前后相切的连接结构。

3. 分析尺寸和技术要求

通过上述形体分析，结合图 7-32 所示零件图中所标注的尺寸可以分析出，高度方向的尺寸基准为底板的底面注有尺寸 62，长度方向的尺寸基准分别是主体圆柱和底板的右端面注有尺寸 40 与 15，宽度方向的尺寸基准为支座的前后对称面。由三个方向的尺寸基准，进一步分析各部分的定形尺寸和定位尺寸，同时可确定支座各部分的形状和位置。

对于有公差要求的尺寸，如大圆柱孔 $\phi28H7$，可查出尺寸的上、下极限偏差值，计算出相关的公差数值；由 $\boxed{// \,|\,0.030\,|\,B}$ 可知圆柱孔轴线与底面的平行度要求。

按表面粗糙度 Ra 值的大小，将零件表面分为四类，即 $Ra = 3.2\mu m$ 的较光亮表面，$Ra = 6.3\mu m$ 的次光亮表面，$Ra = 12.5\mu m$ 的一般加工表面，其余为不进行切削加工的表面。

4. 综合构思

把上述各项内容综合起来，就能得出这个支座的总体情况，即对于支座的结构形状、尺寸大小、技术要求、表面粗糙度等内容有全面的认识和了解。在此基础上，可按实际需要进行下一步的工作。

[例 7-3] 阅读图 7-33 所示的夹具体零件图。要求：

1）看懂零件的结构形状，分析尺寸及技术要求，并找出零件图中的问题。

2）试对视图的选择及所采用的表达方法进行分析，并对表达方案加以比较和讨论。

1. 看懂零件的结构形状

图 7-33 所示夹具体零件图共采用了五个视图。读主视图并结合其他视图，可以把夹具体划分成三大部分：

（1）底板部分　主要根据主、俯视图想象底板的形状。底板上表面有左、右两端 $R16$ 的凸台及 $R11$ 的开口槽；底板下表面有宽度为 $20H9$、高度为 5 的左右方向的通槽，左视图反映了该槽的形状特征；从主视图右下角的局部剖视图还可看出，底板下部有两个螺孔，规格为 M6、深度为 12，结合尺寸可确定螺孔的数量和位置。

（2）主体圆柱部分　主体圆柱外径为 $\phi122$，左、右各有宽度为 12 的肋板。由左视图看出内部结构主要为上、下两个空腔，上空腔内径为 $\phi75H7$、深度为 44，下空腔内径为 $\phi92$、深度为 49（即 45+4）；中间有一厚 23 的隔板，隔板下表面有一凸台，直径为 $\phi50$、高度为 4，隔板中间有一内径为 $\phi20H9$ 的孔，带有键槽，将上、下空腔连通；此外，下腔前部开有一通槽，其形状可以结合主、俯、左三个视图想象，在俯视图上注出尺寸 $120°$，在左视图上注出开槽的高度尺寸 16。

（3）顶部圆板部分　根据主视图、A 向局部视图和 B—B 局部断面图可以看出，圆板部分的直径为 $\phi176$、厚度为 16，前、后被两个平面截切；圆板左侧有一个 $\phi16H7$、深为 40 的孔。为了使钻孔有一定的壁厚，铸造时在圆板下方主体圆柱上对应孔的位置铸出 $R18$ 的小柱体，小柱体下部铸出 $SR18$ 的球形；此外，顶部圆板前部有 $R20$ 的凸台，凸台上加工出 M20 的螺纹通孔。

2. 分析尺寸并找出图中问题

根据形体分析和已有的尺寸，找出长、宽、高三个方向的尺寸基准。长度方向和宽度方向的尺寸基准分别为：与 $\phi75H7$ 中心孔轴线重合的左右方向和前后方向的对称面；高度方向的尺寸基准为底板的底面。

在图 7-33 所示零件图中，有四处带有尺寸公差的尺寸，应能够看懂有关符号的含义，并能根据表 C-4 查出相应孔的上、下极限偏差值。

按照形体分析法，检查各部分的定位、定形尺寸是否齐全。通过检查可见漏注尺寸有：

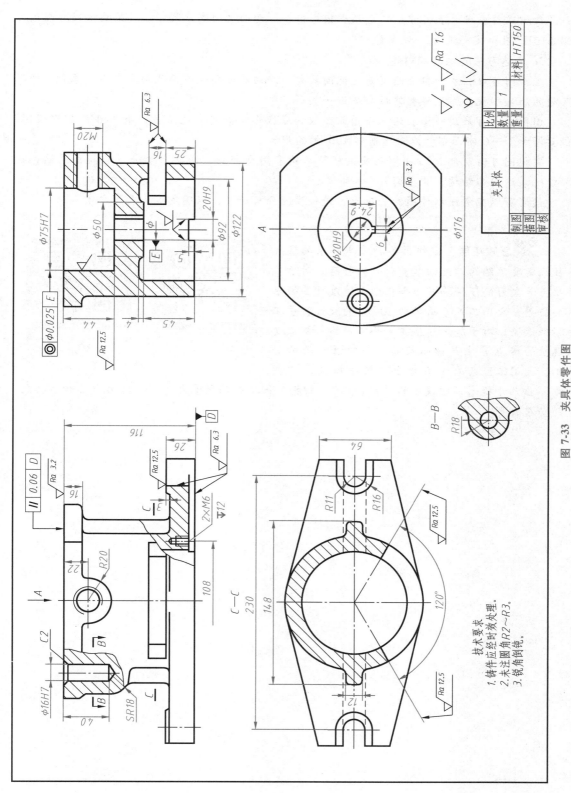

技术要求
1. 铸件应经时效处理。
2. 未注圆角R2~R3。
3. 锐角倒钝。

夹具体

材料 HT150

图 7-33 夹具体零件图

一是缺少零件底板总长尺寸，二是缺少顶板前、后两面之间宽度尺寸，三是缺少顶部圆板左侧 φ16H7 孔的定位尺寸，必须补全。

3. 表达方法的比较和讨论

主视图可以在左侧自上而下采用范围较大一点的局部剖视图，从而省去右下角表达螺孔及槽的局部剖视图，这样整体性会更好一些。

俯视图也可采用视图表达，将顶面圆板和底板形状同时表达清楚，省去 A 向局部视图，但要增加 C—C 断面图，以表达前部 120° 槽的形状。

左视图可对前部 M20 的螺孔及键槽等结构采用局部剖，而其余部分保留视图表达，这样能既表达内部结构，又保留外部形状。

读者可以在看懂零件图的基础上，进一步地分析研究，以确定最优表达方案。

思政拓展：零件上各种技术要求的实现往往需要熟练的工匠细心、耐心的打磨。对于长征七号火箭的惯性导航组合中的加速度计 5 微米的公差，大国工匠李峰借助 200 倍的放大镜手工精磨修整；对于加工精度要求异常严格、视线受遮挡的水电站生产核心设备——弹性油箱的加工，大国工匠裴永斌锻炼出靠双手摸就能"测量"出几十微米尺寸误差的"绝活儿"。扫描右侧二维码观看大国工匠打磨自己精湛技艺的动人故事。

大国工匠：大技贵精

大国工匠：大道无疆

第八章 | 装配图

　　装配图是用来表达机器或部件的图样，是机械工程中的重要技术文件。在一部机器或部件的设计过程中，一般都是先画出机器或部件的装配图，再根据装配图设计并绘制出零件图。在生产过程中，先按零件图加工零件，再根据装配图把零件装配成机器或部件。

　　在现有机械设备的使用和维修过程中，常需要通过装配图来了解机器的结构和联接关系。装配图也常用来进行设计方案的论证和技术交流。因此，装配图是设计、安装、维修机器或进行技术交流的一项重要的技术资料。

第一节　装配图的内容

　　图 8-1 所示为齿轮泵部件的立体图，其装配图如图 8-2 所示。由图 8-2 所示装配图可以看出，一张完整的装配图应包括一组视图、几种尺寸、技术要求和零件编号及明细栏四项内容。

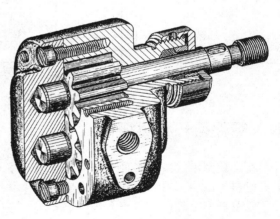

图 8-1　齿轮泵

一、一组视图

　　根据装配图的规定画法和表达方法，按各零件之间的相互关系画出的一组视图，用来表达机器或部件的工作原理、结构形状、装配关系、联接情况及主要零件的结构形状等。

二、几种尺寸

　　装配图中一般需要标注如下尺寸：表示机器或部件的规格性能尺寸、配合联接尺寸、部件总体尺寸、零件重要尺寸、安装固定机器或部件时所需要的相关尺寸等。

三、技术要求

　　需用文字说明机器或部件的规格性能、装配调整、试验安装、检验维修时所需要达到的技术质量要求，以及在包装运输、使用管理中所要注意的事项等，以作为对装配图形和尺寸方面的补充表达。

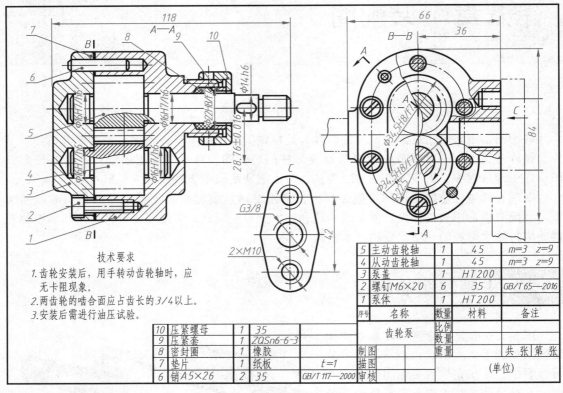

图 8-2 齿轮泵装配图

四、零件编号和明细栏

在装配图中，应对每种不同的零件编写序号，并在明细栏中依次填写出序号、名称、数量、材料等内容。另外，标题栏中应填写机器或部件的名称、数量、重量，作图的比例、图号，以及制图、描图、审核人员的签名及产品图样的所属单位等。

第二节 装配体的表达方法

前面所介绍的零件视图、剖视图、断面图、局部放大图及规定画法等各种基本的表达方法，也是画装配图时所采用的一般表达方法。但因装配图与零件图的作用不同，所表达的内容与重点也不同，所以，装配图还有一些规定画法及特殊的表达方法。

一、装配图的规定画法

装配图需将机器或部件的所有零件画到一起，用来表达其工作原理、结构特征、装配联接关系及主要零件的结构形状等。因此，国家标准制定了装配图的规定画法。

1) 在装配图中相邻两零件的接触面和配合面只画一条粗实线，而对公称尺寸不同的非接触面必须画两条粗实线。

2) 相邻两零件的剖面线应方向相反或方向相同间隔不等；同一零件在各视图中的剖面线方向和间隔必须一致。

3) 对于标准件和实心件，若剖切面通过其回转轴线，则这些零件均按不剖画出，必要时可以采用局部剖视图。

以上三条装配图中的规定画法如图 8-3 所示，这与前面介绍的螺纹紧固件联接的画法基本一致。图 8-2 所示的齿轮泵装配图就是完全按照上述三条规定画法绘制的。

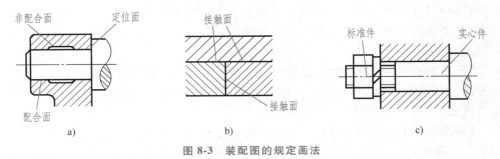

图 8-3 装配图的规定画法

二、特殊的表达方法

1. 沿接合面剖切

为了表达部件的内部结构和装配关系，可假想沿某些零件的接合面进行剖切，但需要注意，接合面上并不画出剖面线。

例如，图 8-2 中的 *B—B* 剖视图就是沿泵体和泵盖的接合面剖开画出的，接合面上没画剖面线，而螺钉、销和两齿轮轴被截断面中的剖面线仍需画出。

2. 拆卸画法

在装配图中，当零件遮住了视图中需要表达的零件结构或装配关系时，可假想拆去这些零件后再画出投影图，必要时需对画出的图形加注"拆去××件"。

例如，图 8-15 中的左视图和俯视图就是拆去手轮 12、螺母 11 等件以后画出的，图 8-17 中的左视图则是拆去扳手 13 以后画出的半剖视图。

3. 假想画法

在装配图中，对机器或部件中运动零件的运动范围或极限位置，或者表示两部件之间的相互位置及联接关系的轮廓线，常采用细双点画线画出其假想轮廓。

例如，图 8-2 中左视图两侧的细双点画线表示了齿轮泵的安装和进、出油管的联接关系。而图 8-4 中的细双点画线，表示了操纵手柄转动 55° 后的极

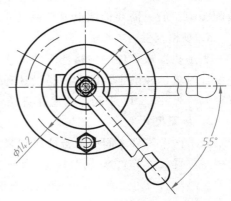

图 8-4 操纵手柄

限位置。

4. 夸大画法

在部件中，零件的大小差别较大，对装配图中一些薄的垫片、小的零件及细小间隙等，为表达得更清楚可以不按图中的比例绘制，而采用夸大的画法画出。

例如，图 8-2 中的垫片 7、主动齿轮轴 5 与压紧套 9 的间隙等就是采用夸大的方法画出的。

5. 单独表达

对装配图中重要零件的某些结构，需要表达但还没有表达清楚时，可将该零件从部件中拆出，单独画出该零件的某一视图，且一般需要对图形进行标注。

例如，图 8-2 中泵体 1 的 C 向视图，单独画出了齿轮泵安装面的结构与尺寸；图 8-15 中手轮 12 的 B 向视图单独表达了手轮的结构形状。

6. 简化画法

1）装配图中的零件工艺结构，如圆角、倒角、退刀槽等可以省略不画。但由装配图拆画零件图时，必须将这些结构详细正确地画出来。例如，图 8-3c 所示的螺纹倒角、螺母及螺纹退刀槽都采用了简化画法。

2）装配图中若干相同的零件组，如螺栓联接等，可以详细地画出一组或几组，其余的只要用细点画线表示其装配位置即可。例如，图 8-4 所示的端盖由均布的三个螺栓固定，仅详细地画出了其中的一组螺栓联接。

3）在装配图中，对某些标准产品的组合件，可只在确切的位置画出其外形轮廓。如通常使用的标准油杯、电动机、离合器等均可简化画出。

第三节 装配图的尺寸与编号

188

一、装配图中的尺寸

由于装配图与零件图的作用完全不同，因此，对装配图的尺寸标注要求也完全不一样。装配图中一般只需要标注以下几种尺寸。

1. 规格尺寸

表示机器或部件的规格性能的尺寸，用来确定机器或部件的工作范围和能力。这些尺寸在设计时就已经确定，因此，是设计和使用机器或部件的依据。如图 8-2 中齿轮泵的进出口直径 G3/8、图 8-17 中阀体的通孔直径 $\phi20$ 等。

2. 装配尺寸

表示两个零件之间的配合性质和联接方式的尺寸，以及轴线之间的距离和零件间较重要的相对位置尺寸等。这些尺寸用来保证机器具有良好的工作状况和性能。如图 8-2 中齿轮轴与轴孔的配合尺寸 $\phi16H7/h6$ 和两齿轮轴的距离尺寸 28.76 ± 0.016，以及图 8-15 中的配合尺寸 $\phi50H7/n7$、联接尺寸 M52×3 和 Tr26×5 等。

3. 安装尺寸

将部件安装到机器上或将机器固定在基础上所需要的尺寸，以及在工程建设中与安装设备位置有关的尺寸。如图 8-2 中齿轮泵的安装孔尺寸 2×M10、定位尺寸 42 及泵盖与泵体的固定尺寸 $R22.5$ 等，以及图 8-4 中端盖的定位尺寸 $\phi142$、图 8-15 中法兰上孔的尺寸 $\phi130$ 和 $4\times\phi13$ 等。

4. 总体尺寸

表示机器或部件的总长、总宽、总高的尺寸，这些尺寸为机器或部件的包装、运输、存放及安装时判断所占空间等提供了重要数据。如图 8-2 中的总长 118、总宽 66 和总高 84 等尺寸，以及图 8-13 中的 260~350 等尺寸。

5. 其他重要尺寸

在设计零部件过程中经计算确定或选定的尺寸、主要零件的重要结构尺寸及运动件的极限位置尺寸等。如图 8-2 中齿轮与泵体腔的配合尺寸 $\phi34.5H8/f7$，图 8-4 中操纵手柄的旋转角度 55°、图 8-15 中手轮的直径尺寸 $\phi180$ 等。

应该指出的是：并不是每一张装配图中都标有上述五种尺寸，且同一尺寸也可能兼有几种尺寸的意义。因此，在装配图上标注尺寸时，应根据机器或部件的结构和运行等情况，合理地进行标注。

二、零件序号与明细栏

为了便于零件图样的管理和读图，在装配图上必须对每一种零件或组件进行编号，并将有关内容填写在明细栏和标题栏内，如图 8-2 所示。

1. 零件的序号

1）在装配图中，形状、尺寸、材料、规格等相同的零件或组件，通常只编写一个序号，且一般只标注一次，必要时也可重复标注相同的序号。

2）序号应注写在指引线一端的横线上或圆内，同一装配图中编注序号的形式应一致。序号数字应比装配图中所标注的尺寸数字大一号或两号，编注形式如图 8-5 所示。

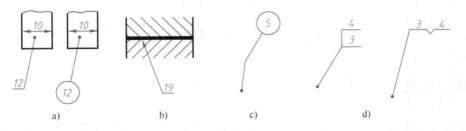

图 8-5　零件序号的编注形式

3）指引线采用细实线，应从所指零件的可见轮廓内引出，且末端画一个小圆点。若所指的零件较薄或为涂黑的断面时，可在指引线的末端画出箭头，并指向该零件的轮廓。

4）两指引线不能相交，当指引线通过有剖面线的区域时，一般不能与剖面线平行。必要时可将指引线画成折线，但只能曲折一次，如图 8-5c 所示。

5）对装配图中的一组螺纹紧固件或装配关系清楚的零件组，可采用一条公共指引线，如图 8-5d 所示。

6）序号应按顺时针或逆时针方向，按顺序竖直或水平整齐地排列在视图之外。

2. 填写明细栏

明细栏是装配图中全部零件或组件的详细内容清单，填写时应遵守下列事项：

1）明细栏应画在标题栏的上方，零件或组件的序号应自下而上填写，便于修改和补充。当上方位置不够时，可在标题栏的左侧接着继续填写，如图 8-2 所示。

2）对于标准件，应在其名称栏内填写规格代号，标准代号等一般填写在备注栏内，如图 8-2 中的螺钉 M6×20、GB/T 65—2016 等。对于常用件，应在其备注栏内填写重要参数，如图 8-2 中的 $m = 3$、$z = 9$ 等。

3）材料栏内填写制造该零件所用材料的名称或牌号。热处理等常填写在备注栏内。

第四节 装配结构的工艺性

机器和部件的装配工艺要求零件结构的合理性，不合理的结构不仅影响工作性能和设计精度，还会给装拆、修理和操作带来困难。下面介绍几种常见的装配结构。

一、两零件接触面

当两零件表面接触时，在同一方向上接触面的数量一般只有一个，要避免两组表面同时接触，否则会给加工和装配造成麻烦。两零件接触面结构的合理性如图 8-6 所示。

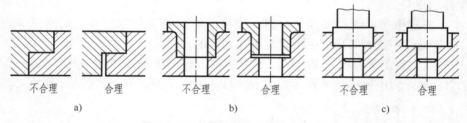

不合理　　合理　　　　不合理　　合理　　　　不合理　　合理

a)　　　　　　　　b)　　　　　　　　c)

图 8-6 两零件接触面结构的合理性

二、轴和孔配合结构

为了便于装配零件和保护配合表面，应对轴端和孔边进行倒角处理；为保证轴肩与孔的端面切实接触，通常采用轴颈切槽和孔边倒角等结构。轴和孔配合结构的合理性如图 8-7 所示。

三、便于拆装结构

当设计机器和部件时，要考虑安装、拆卸和维修的方便。滚动轴承的内、外圈应便于从

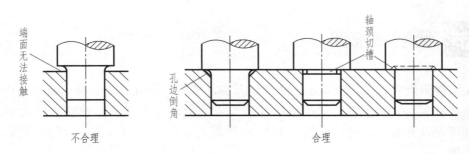

图 8-7　轴和孔配合结构的合理性

轴肩或箱体孔中拆出，如图 8-8a 所示；联接螺钉也应便于拆装，如图 8-8b 所示。

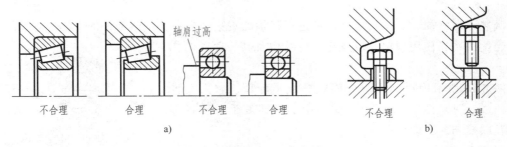

图 8-8　拆装结构的合理性

四、典型的密封防漏装置

密封防漏装置是泵和阀上的常见结构。常用沾油石棉绳或橡胶作填料，通过调节螺母使压盖压紧填料，从而起到防漏作用。填料压盖与轴、杆之间要有间隙，以免轴、杆运动时产生摩擦；填料压盖轴向要有足够的压紧空间。图 8-9 所示为典型的防漏装置。

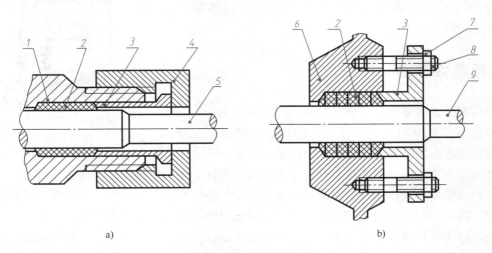

图 8-9　典型的防漏装置

1—泵体　2—填料　3—压盖　4—压紧螺母　5—主动轴　6—阀体　7—螺母　8—螺柱　9—阀杆

第五节 绘制装配图

装配图应适当采用零件的基本表达方法及部件的特殊表达方法，将机器或部件的工作原理、结构特征、装配关系、联接情况及主要零件的结构形状表达清楚。为此，必须恰当地选择视图及其表达方案。下面以图 8-10 所示的螺旋千斤顶为例，说明绘制装配图的方法与步骤。

一、分析部件

画装配图之前，必须对所画部件进行仔细的观察和分析，了解部件的工作原理、结构性能、装配关系、使用情况，以及各零件结构及其表面间的作用等。

图 8-10 所示为得到广泛应用的螺旋千斤顶，它由七种零件构成。可从图 8-10 所示立体图中了解螺旋千斤顶各零件相互联接与配合的情况。

螺旋千斤顶的工作原理：装在螺杆十字孔里的铰杠逆时针转动时，使螺杆向上移动，从而顶起重物；若反方向旋转铰杠则螺杆下降，重物复回原位。

螺旋千斤顶各零件间的联接关系：底座内孔与螺套外圆柱面相配合，且由紧定螺钉（M10×16 螺钉）防止螺套转动，螺套内梯形螺孔与螺杆联接。装在螺杆十字孔里的铰杠产生转矩，使螺杆旋转产生轴向移动。顶垫套在螺杆球面顶端，并由 M10×12 螺钉限位，顶垫可以转动但不能脱离螺杆。

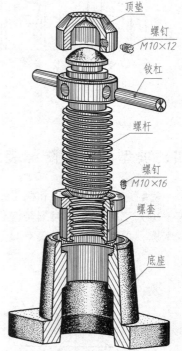

图 8-10 螺旋千斤顶

二、画零件草图

在对部件及其零件进行充分的观察和分析以后，应首先画出普通零件的草图，并将标准件的规格、型号等记录清楚。这些零件草图和资料是画装配图的基本依据。

零件草图的内容和要求与零件图是一致的。零件草图一般是目测比例徒手画出。首先根据零件的结构形状选择适当的视图，详细地表达出零件的内、外结构，对倒角、退刀槽、小孔等细小结构必须表达清楚。图 8-11 所示为螺旋千斤顶的各零件草图。

当画好零件草图以后，再正确、完整、清晰地标注出零件的尺寸。一般先画出全部的尺寸界线、尺寸线和箭头，然后集中测量并标注出全部尺寸。应注意两配合零件的尺寸要一致，选择公差配合要准确，有些尺寸需要计算或查阅标准注出等。

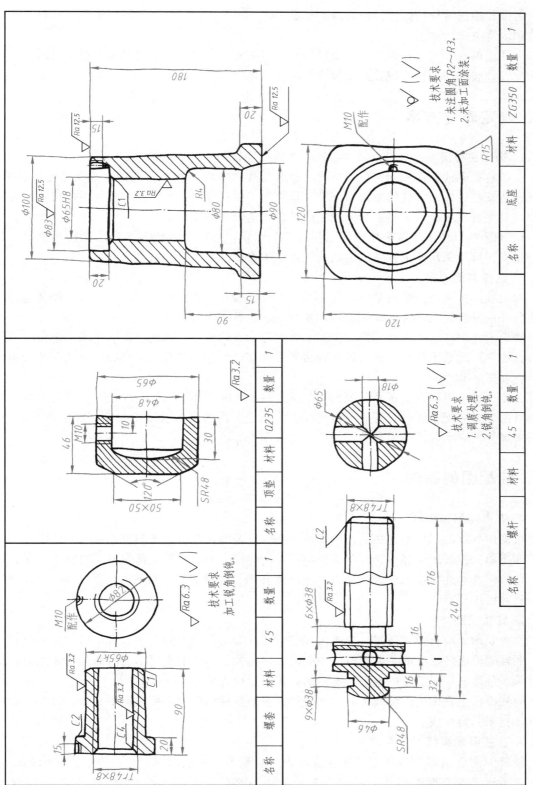

图 8-11 螺旋千斤顶的零件草图

另外，根据零件的作用提出合理的技术要求，如加工、配合、表面粗糙度、材料、热处理和试验等方面的要求。

应注意的是，当设计新的机器或机构时，不是先画零件草图，而是先直接构思结构原理并画出设计装配图，再根据装配图拆画出零件工作图。

三、确定表达方案

1. 选择主视图

一般将机器或部件按工作位置放置，使装配体的主要轴线及安装面呈水平或铅垂位置。选择最能反映机器或部件的结构特征、工作原理、传动路线、零件间装配关系的视图作为主视图，且主视图一般都采用适当的剖视图，以表达较多的装配关系。

根据图 8-10 所示螺旋千斤顶的工作位置和结构，以底座的底面水平、螺杆轴线铅垂放置，主视图可以采用全剖视图，清楚地表达出工作原理、装配关系等内容。

2. 选择其他视图

对主视图中无法表达清楚的装配关系、工作原理及主要零件的结构，适当选择其他视图来进行相应的表达。尽可能地采用基本视图来表达有关内容。

螺旋千斤顶底座的形状等在主视图中无法完全表达清楚，因此，需要俯视图采用剖视图或拆去铰杠画出整个外形。而对顶垫顶面和螺杆铰杠孔分别进行了单独的局部视图及断面图表达，如图 8-12 所示。

总之，装配图的视图选择主要围绕如何表达部件的工作原理和装配关系来进行。而在表达部件的各条装配干线时，还要分清主次，首先把部件的主要装配干线反映在基本视图上，然后考虑如何表示部件的局部装配关系，使各个视图表达重点突出、内容明确。

四、装配图的画法

1. 选择比例和图幅

根据所确定的部件装配图的视图表达方案，以及部件真实大小和复杂程度，确定合适的比例和图幅。图幅的选择不仅要考虑视图所需的面积，而且还要把标题栏、明细栏、零件序号、标注尺寸和注写技术要求的地方一起计算在内，当确定图纸幅面后，即可着手画图框、标题栏和明细栏。

2. 布置视图

在由表达方案布置视图时，应先由零件草图计算出各视图的大小，具体确定各视图的位置，通常先画出各视图的主要轴线、中心线或对称线、部件的主要基面轮廓。要注意为标注尺寸和零件序号留出足够的空间。图面的总体布置应力求匀称。

应先画出主视图中的轴线和底面水平线，再画俯视图中的十字对称中心线，以及所确定的其他视图的定位线。

3. 画主要轮廓线

画装配图底稿时一般从主视图或反映较多装配关系的视图画起，按照视图之间的投影对应关系联系起来同时画出。也可首先画出表达部件主要结构的视图，然后按各零件之间的联接关系、各视图要表达的内容及视图间的投影对应关系，依据零件草图及装配图的画法规定分别作图，如图 8-12a 所示。

画剖视图时以装配干线为准，按先内后外或由外到内，先画轮廓、后画细节的原则，逐个画出各相联零件的主要结构。

4. 检查加深，画剖面线

当完成了装配图的底稿后，必须进行认真的检查校对，然后加深图形并画出零件的剖面线，如图 8-12b 所示。必须注意，同一零件的剖面线在各视图中的方向和间隔均要一致。

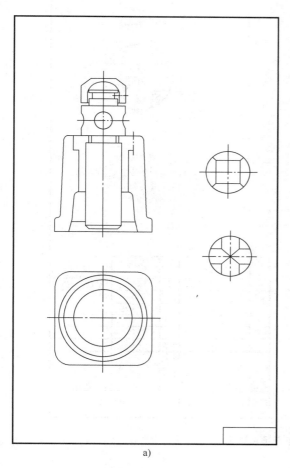

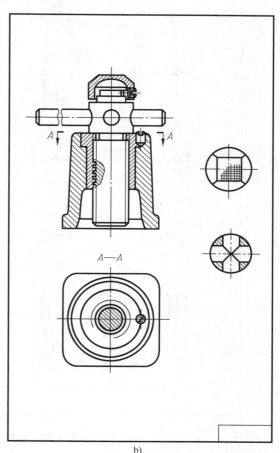

a)   b)

图 8-12　画螺旋千斤顶装配图的步骤

5. 标注尺寸，编写序号

按装配图中对标注尺寸的要求，标注出相应的性能、配合、安装、总体等尺寸，并按要求对部件的每一种不同的零件编写一个序号。

6. 填写标题栏等

最后填写标题栏和明细栏，并制订出必要的技术要求和说明，即完成了装配图的绘制，如图 8-13 所示。

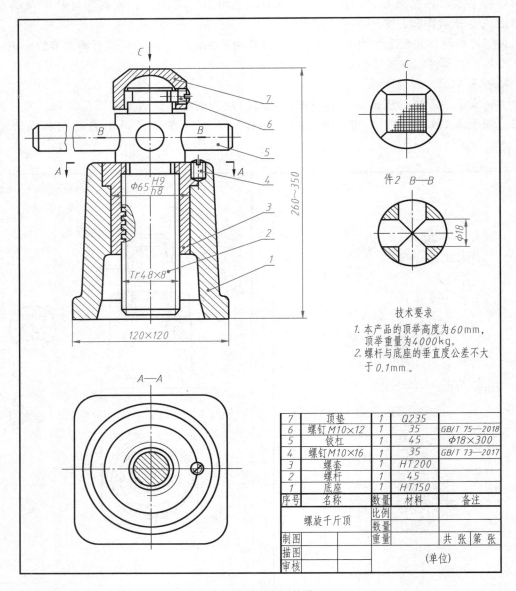

技术要求

1. 本产品的顶举高度为60mm，顶举重量为4000kg。
2. 螺杆与底座的垂直度公差不大于0.1mm。

7	顶垫	1	Q235	
6	螺钉M10×12	1	35	GB/T 75—2018
5	铰杠	1	45	Φ18×300
4	螺钉M10×16	1	35	GB/T 73—2017
3	螺套	1	HT200	
2	螺杆	1	45	
1	底座	1	HT150	
序号	名称	数量	材料	备注

螺旋千斤顶		比例				
		数量				
制图			重量		共 张	第 张
描图				(单位)		
审核						

图 8-13　螺旋千斤顶的装配图

思政拓展：装配体越大型，其装配越困难，扫描右侧二维码了解316吨的核反应堆压力容器如何放入华龙一号堆坑的。

中国创造：
华龙一号

第六节 读装配图

在进行产品设计、机器装配、设备维修、技术交流的过程中，经常要阅读装配图，以了解机器或部件的用途、工作原理和结构关系等。因此，必须掌握阅读装配图的方法。

图 8-14 所示为一常用的截止阀，其装配图如图 8-15 所示。下面以图 8-15 为例介绍阅读装配图的方法与步骤。

一、读装配图的方法与步骤

1. 概括了解

了解装配部件的名称、性能、作用、大小，以及装配体中各零件的一般情况等。

首先从标题栏入手，了解部件的名称，再结合生产实际了解部件的性能和作用。图 8-15 所示为工程或生活中经常使用的截止阀，它一般应用在气液管路中，其公称通径为 $\phi50$。再看装配图中标注的尺寸，与图形对照就可以知道部件的实际大小。

由零件序号可以了解到该阀共有 15 种零件。明细栏中列

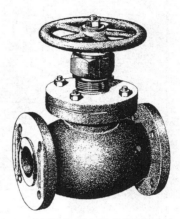

图 8-14 截止阀

出了所有零件的名称、数量、材料，以及标准件的规格和标准代号等。还可以了解哪些是标准件，哪些是一般零件。

2. 分析视图及表达方法

首先分析装配图采用了几个视图来表达，确定出主视图及各视图之间的投影关系，即确定每个视图的投射方向、剖切位置、表达方法，分析各视图所表达的主要内容。

该截止阀共采用了 5 个视图进行表达。主视图采用了全剖视，主要表达工作原理、装配关系等；左视图采用了拆卸画法和半剖视图，主要表达阀的外形和两端面安装孔的位置及尺寸；俯视图同样采用了拆卸画法，主要表达阀顶部的外形，以及阀盖端面联接螺栓的数量及位置；另外，用一局部视图单独表达了手轮零件的结构形状，又用断面图表达了阀杆与阀盘的联接和装配关系等。

3. 工作原理及装配关系

了解机器或部件是怎样工作的，运动和动力是如何传递的，明确各零件间的联接方式和装配关系，读图确定部件的传动、支承、调整、润滑和密封等情况。

截止阀的工作原理是：图 8-15 所示装配图中的截止阀处于关闭状态，若将手轮 12 逆时针转动，带动阀杆 5 转动并向上移动，从而带动阀盘 4 上移，截止阀便开启，使管路中的气液流通。可通过控制阀杆 5 上移的距离大小控制流量。若手轮 12 顺时针转动则截止阀关闭。

截止阀的装配关系是：由反映装配关系比较明显的主视图可知，阀体 1 与阀座 2 采用的是过盈配合，插销 3 将阀盘 4 与阀杆 5 联接在一起，阀盖 9 与阀体 1 采用间隙配合且用 4 个螺柱联接；阀杆 5 通过梯形螺纹与阀盖 9 联接，手轮 12 与阀杆 5 之间用螺母 11 和垫圈 10

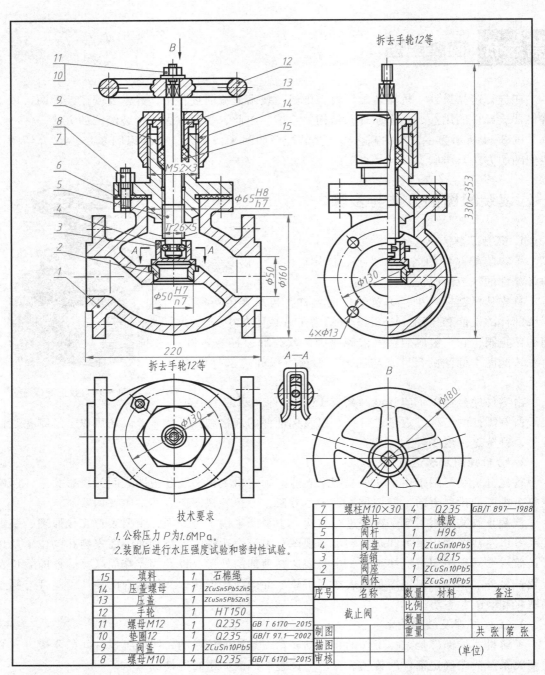

技术要求

1.公称压力 P 为1.6MPa。
2.装配后进行水压强度试验和密封性试验。

15	填料	1	石棉绳	
14	压盖螺母	1	ZCuSn5Pb5Zn5	
13	压盖	1	ZCuSn5Pb5Zn5	
12	手轮	1	HT150	
11	螺母M12	1	Q235	GB T 6170—2015
10	垫圈12	1	Q235	GB/T 97.1—2002
9	阀盖	1	ZCuSn10Pb5	
8	螺母M10	4	Q235	GB/T 6170—2015

7	螺柱M10×30	4	Q235	GB/T 897—1988
6	垫片	1	橡胶	
5	阀杆	1	H96	
4	阀盘	1	ZCuSn10Pb5	
3	插销	1	Q215	
2	阀座	1	ZCuSn10Pb5	
1	阀体	1	ZCuSn10Pb5	
序号	名称	数量	材料	备注

截止阀	比例			
	数量			
制图	重量		共　张　第　张	
描图			(单位)	
审核				

图 8-15　截止阀的装配图

联接固定；在阀杆 5 与阀盖 9 之间装有填料，并靠压盖螺母 14 及压盖 13 压紧，在阀盖 9 与阀体 1 的接合处加有防漏垫片 6，以防止液体渗漏。

4. 分析零件的结构形状

分析零件的目的是为了弄清每个零件的主要结构形状和作用，以进一步了解各零件间的联接形式和装配关系。

对图 8-15 中每个零件进行分析时，首先从主要零件开始，区分出该零件的投影范围，即根据各视图的对应关系，及同一零件在各个视图上的剖面线方向和间隔都相同的规则，区分出该零件在各个视图上的投影范围，按照相邻零件的作用和装配关系构思该零件结构。然后依次逐个进行分析确定。

对于部件装配图中的标准件，如螺柱、螺母、滚动轴承等，可由明细栏确定其规格、数量和标准代号，再从手册中查到有关资料。

5. 分析尺寸和技术要求

分析装配图中所标注的尺寸，对弄清部件的规格、零件间的配合性质、安装联接关系和外形大小有着重要的作用。分析技术要求，了解装配、调试、安装等的注意事项。

二、由装配图拆画零件图

在设计过程中，常要根据装配图画出零件图，这项工作应在彻底看懂装配图后进行。下面以由图 8-15 所示装配图拆画截止阀中阀盖 9 的零件图为例，说明拆画零件图的方法与步骤。

1. 确定视图表达方案

由于装配图着重于表达机器或部件的工作原理和装配关系，对各零件的结构并不都能完整地表达清楚。因此，在确定零件的视图表达方案之前，应对所画零件的结构做仔细分析，根据该零件的作用及它与周围零件的关系，构想出所拆零件的基本形状轮廓，并根据剖面线将该零件的视图从装配图中分离出来，如图 8-16a 所示。然后，准确地补画出在装配图中没有表达清楚的形状结构。

零件的视图表达方案应根据零件的结构形状重新考虑，并不一定与装配图相同。如图 8-16a 所示，拆画截止阀中阀盖 9 的零件图，就要按盘盖类零件的结构特点重新考虑表达方案，主视图以轴线水平放置来生成且采用全剖或半剖视图，并画出左视图，以表达阀盖轮廓形状和螺栓孔的位置与个数。

此外，由于装配图上零件的圆角、倒角、退刀槽等工艺结构采用了简化画法，在画零件图时应做详细补充，完整画出。

2. 确定零件的尺寸

分析零件间的装配关系和零件上各种结构的作用，合理地确定重要尺寸并选好尺寸基准。凡是在装配图上注出的尺寸，零件图必须要与其保持一致，不能随意修改和变动。

例如，截止阀中阀盖 9 的直径 $\phi65h7$、梯形螺纹规格 Tr26×5、普通螺纹规格 M52×3 等，都必须与装配图保持一致。其他各部分尺寸的标注，通常都按比例从装配图上直接量取并适当圆整，如图 8-16b 所示。

对于装配图中与标准件有关的结构，如螺栓孔的直径、螺纹规格、退刀槽等应查阅有关标准，采用标准中规定的尺寸。例如，阀盖 9 上四个螺栓孔的尺寸需查阅有关标准确定，可得与螺栓 M10 相关孔的直径应为 $\phi12$。此外，齿轮的分度圆直径等尺寸，应根据有关参数计算后确定。

3. 确定技术要求

零件图中标注的尺寸公差应与装配图一致，可将装配图中有关的公差代号移注到零件图上，或者查出上、下极限偏差数值后注出。对于零件的表面粗糙度、几何公差、热处理等技

199

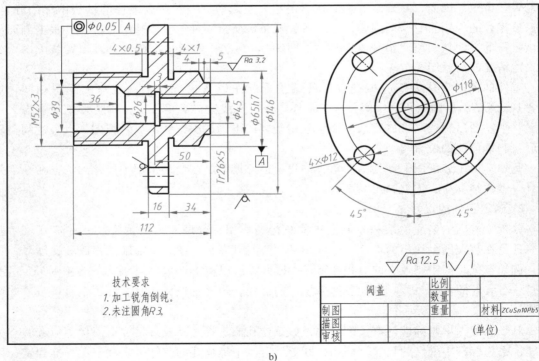

a)

b)

图 8-16　阀盖零件图

术要求，可以根据零件的作用，参照类似的图样或资料，用类比法加以确定。

　　图 8-17 所示为管路中常用的球阀的装配图，读者可从中读懂其工作原理、装配关系和各零件的作用与结构。图 8-18 所示为从球阀装配图中拆画的阀杆 12 的零件图。

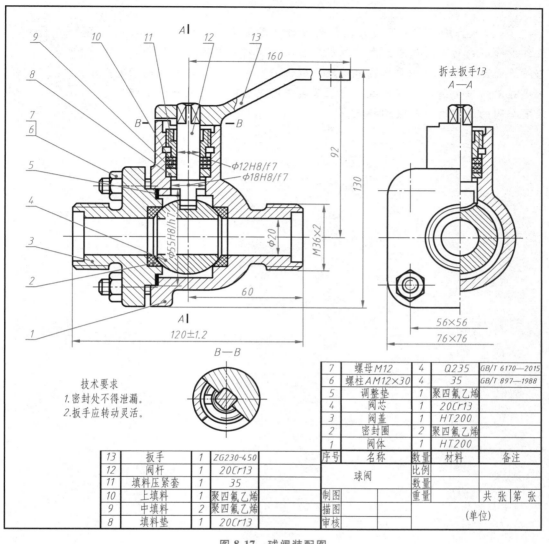

技术要求
1.密封处不得泄漏。
2.扳手应转动灵活。

13	扳手	1	ZG230-450	
12	阀杆	1	20Cr13	
11	填料压紧套	1	35	
10	上填料	1	聚四氟乙烯	
9	中填料	2	聚四氟乙烯	
8	填料垫	1	20Cr13	

7	螺母M12	4	Q235	GB/T 6170—2015
6	螺柱AM12×30	4	35	GB/T 897—1988
5	调整垫	1	聚四氟乙烯	
4	阀芯	1	20Cr13	
3	阀盖	1	HT200	
2	密封圈	2	聚四氟乙烯	
1	阀体	1	HT200	
序号	名称	数量	材料	备注
	球阀	比例		
		数量		
制图		重量		共 张 第 张
描图				
审核		(单位)		

图 8-17 球阀装配图

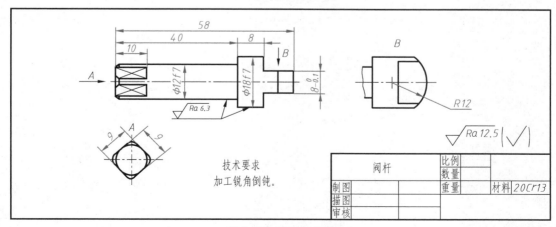

技术要求
加工锐角倒钝。

	阀杆	比例			
		数量			
制图		重量		材料	20Cr13
描图					
审核					

图 8-18 阀杆零件图

✎思政拓展：安全阀是启闭件受外力作用下处于常闭状态，当设备或管道内的介质压力升高超过规定值时，通过向系统外排放介质来防止管道或设备内介质压力超过规定数值的特殊阀门。扫描右侧二维码观看新中国第一台煤矿液压支架及其中的安全阀相关视频，了解该安全阀的制造过程和结构特点。

新中国第一台
煤矿液压支架

通过焊接而形成的零件和部件统称为焊接件，焊接件是一个不可拆卸的整体。焊接就是用电弧或火焰在金属被联接处进行局部加热，同时填充并熔化金属，使被联接件熔合而联接在一起，因此焊接是一种不可拆卸的联接形式。

焊接工艺简捷、联接可靠，在化工、石油、造船、机械、电子、建筑等现代工业生产中得到广泛的应用。

焊接图就是采用图形及其代号，明确地表达零部件的焊接结构和工艺技术的工程图样，如图 9-1 所示。

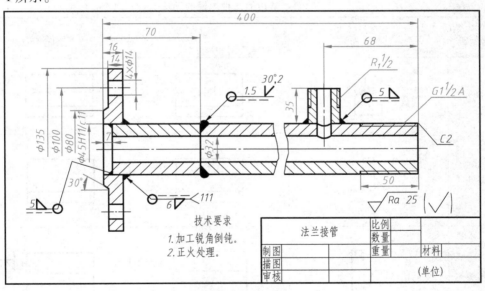

图 9-1　焊接图

一、焊缝的形式

在零部件的焊接结构中，常见的焊接接头有对接接头、搭接接头、角接接头和 T 形接接头等，如图 9-2 所示。与接头对应的焊缝的主要形式有对接焊缝、点接焊缝、角接焊缝和塞接焊缝等。

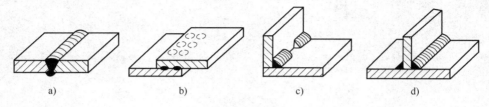

图 9-2 焊接接头的形式
a) 对接接头 b) 搭接接头 c) 角接接头 d) T 形接头

二、焊缝的画法

在技术图样中一般需要简易地绘制出焊缝，常可选用视图、剖视图、断面图、轴测图和局部放大图等表达方法。表 9-1 列出了常用的几种焊缝的画法。

表 9-1 常用的几种焊缝的画法

接头形式	焊缝形式 （剖视、剖面图）	图示画法	简化画法
对接接头			
角接接头			
T 形接头			
搭接接头			

另外，必要时可将焊缝部位进行局部放大表示，并标注出相关尺寸，如图 9-3 所示。有时也可采用轴测图示意地表示焊缝，如图 9-4 所示。

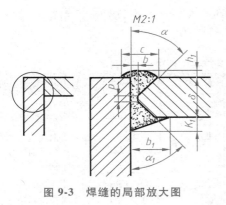

图 9-3　焊缝的局部放大图

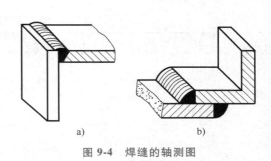

图 9-4　焊缝的轴测图

第二节　焊缝的代号

　　为简化图样上焊缝的表示方法，一般采用标准规定的焊缝代号来表示焊缝，但也可采用技术制图中常用的表达方法进行表达。具体可参考 GB/T 324—2008《焊缝符号表示法》。

　　焊缝代号主要由基本符号、补充符号、尺寸符号、方法符号和指引线等组成。

一、焊缝的基本符号

　　焊缝的基本符号是表示焊缝横截面形状的符号。标准规定基本符号采用粗实线进行绘制。常用焊缝的主要基本符号及图示法见表 9-2。

表 9-2　常用焊缝的主要基本符号及图示法

焊缝名称	基本符号	焊缝形式	焊缝名称	基本符号	焊缝形式
I 形焊缝	‖		角焊缝	△	
V 形焊缝	∨		点焊缝	○	
单边 V 形焊缝	Ⅴ		塞焊缝或槽焊缝	⊓	

二、焊缝的补充符号

　　焊缝的补充符号是表示焊缝表面的形状特征的符号，以及说明焊缝某些特征的符号。当不需要确切地说明焊缝的表面形状时，可以不采用补充符号。补充符号也采用粗实线进行绘制。常用焊缝的补充符号及图示法见表 9-3。

表 9-3 常用焊缝的补充符号及图示法

名称	符号	图示法	符号说明	名称	符号	图示法	符号说明
平面符号	—		焊缝表面平齐	三面焊缝符号	⊏	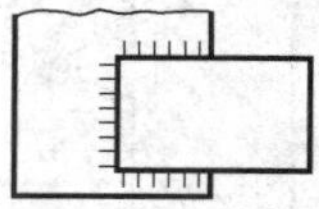	表示三面带有焊缝，开口的方向应与焊缝开口的方向一致
凹面符号	⌣	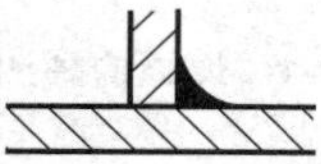	焊缝表面凹陷	周围焊缝符号	○	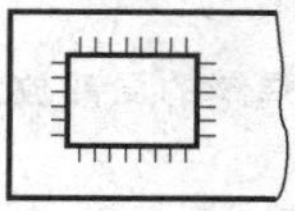	表示环绕工件周围均有焊缝
凸面符号	⌢		焊缝表面凸起	现场符号	 ⚑	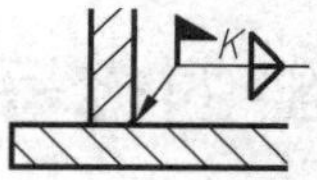	表示在现场或工地上进行焊接

三、焊缝的尺寸符号

工程图样中所标的基本符号，在必要时可附带焊缝的尺寸符号及数据。常用焊缝的尺寸符号见表 9-4。

表 9-4 常用焊缝的尺寸符号

符号	名称	示意图	符号	名称	示意图	符号	名称	示意图
δ	板材厚度	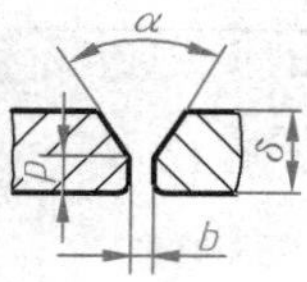	K	焊脚尺寸	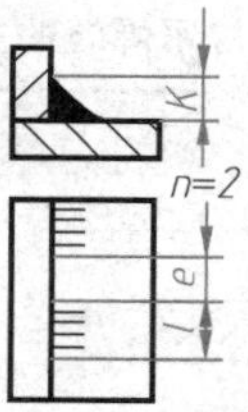	c	焊缝宽度	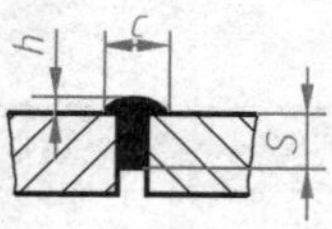
α	坡口角度		l	焊缝长度		h	余高	
p	钝边高度		e	焊缝间距		S	焊缝有效厚度	
b	根部间隙		n	焊缝段数		H	坡口深度	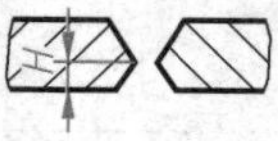
R	根部半径		d	熔核直径		β	坡口面角度	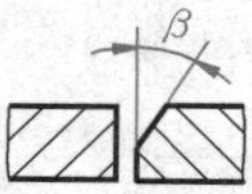

四、焊接的方法符号

目前焊接件的焊接方法主要分为熔焊、压焊和钎焊等类型。每类又有多种焊接工艺方法。现场应用最广的焊条电弧焊、埋弧焊和气体保护焊等均属熔焊。常用的各种焊接方法新（GB/T 5185—2005）、旧（GB/T 324—1964）代号对照见表 9-5。

表 9-5 焊接方法新旧代号对照表

焊接方法	新标准	旧标准	焊接方法	新标准	旧标准
焊条电弧焊	111	S	氧乙炔焊	311	Q
埋弧焊	12	Z	摩擦焊	42	M
熔化极惰性气体保护电弧焊（MIG）	131	C	冷压焊	48	L
钨极惰性气体保护电弧焊（TIG）	141	A	电渣焊	72	D
电阻对焊	25	J	硬钎焊	91	H

五、焊缝的指引线

工程图样上采用以上有关符号表示焊接件的焊缝，必须要先画出焊缝指引线，用来指明焊缝的位置、标明各焊缝符号和说明某些焊接要求等。工程图样中的焊缝指引线必须要遵照以下几点规定：

1）焊缝指引线一般由箭头线和基准线（实线和虚线）两部分组成。焊缝指引线须采用细实线绘制，如图 9-5 所示。

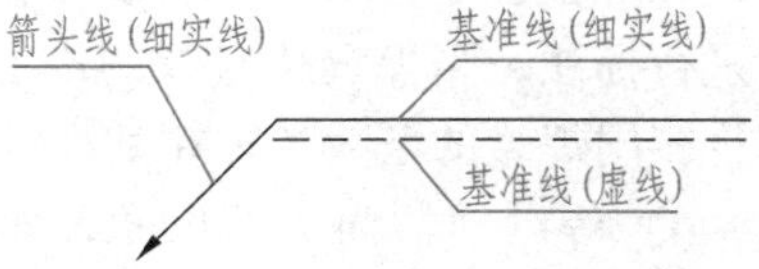

2）基准线一般应与图样标题栏的底边平行，但在特殊情况下也可与底边垂直。

图 9-5 焊缝指引线

3）基准线末端可加一尾部，用作说明焊接方法或相同焊缝数量等，如图 9-6 所示。

4）箭头线用来指向焊缝，但相互不能交叉，必要时允许弯折一次，如图 9-7 所示。

图 9-6 焊缝指引线尾部 　　　　　　图 9-7 焊缝指引线弯折

第三节 焊缝的标注

通常焊接件不但要按焊缝的规定画法绘制，还要标注出焊缝的各种符号和尺寸，以说明焊缝形式、结构尺寸、焊接方法和工艺要求等。

一、焊缝的标注方法

焊缝代号的标注必须遵循如下规定：

1）当焊缝指引线的箭头指向焊缝的焊接面时，其基本符号必须注写在基准线的实线一侧，如图 9-8a 所示。

2）当焊缝指引线的箭头指向焊缝的非焊接面时，基本符号必须注写在基准线的虚线一侧，如图 9-8b 所示。

3）在标注对称焊缝或双面焊缝时，基准线不加虚线，基本符号必须注写在基准线的两侧，如图 9-8c 所示。

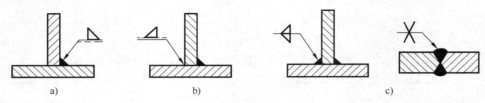

图 9-8　焊缝基本符号的标注

4）箭头线所指明的焊缝位置一般没有特殊要求，当所标注的焊缝为单边坡口时，箭头必须指向焊缝带有坡口的一侧，如图 9-9 所示。

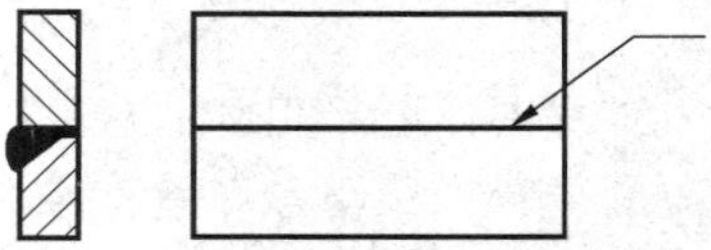

5）当有几条焊缝的焊缝代号相同时，可采用公共基准线进行标注；当焊缝代号及焊缝在接头中的位置也相同时，可将相同焊缝的条数注写在基准线的尾部，如图 9-10 所示。

图 9-9　箭头线指向坡口一侧

6）焊缝横截面上的尺寸，如表 9-4 中坡口深度 H、焊脚尺寸 K、焊缝有效厚度 S、根部半径 R、钝边高度 p、余高 h、焊缝宽度 c、熔核直径 d 等尺寸，必须标注在基本符号的左侧，如图 9-11 所示。

图 9-10　相同焊缝的标注

图 9-11　焊缝尺寸的标注

7）焊缝长度方向上的尺寸，如焊缝长度 l、焊缝间距 e、焊缝段数 n 等尺寸，必须标注在基本符号的右侧，如图 9-11 所示。

8）对于焊缝的坡口角度 α、坡口面角度 β、根部间隙 b 等尺寸，必须标注在基本符号的上侧或下侧，如图 9-11 所示。

二、焊缝的标注举例

焊缝代号必须遵照有关规定进行标注。焊缝代号的标注方法举例见表 9-6。

表 9-6　焊缝代号的标注方法举例

接头形式	焊缝示例	标注示例	说　明
对接接头	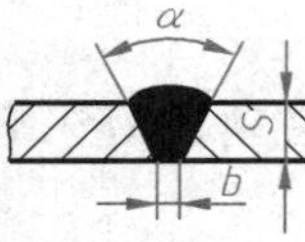	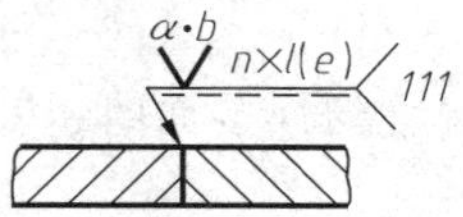	111 表示焊条电弧焊，V 形坡口，坡口角度为 α，根部间隙为 b，有 n 段焊缝，焊缝长度为 l

（续）

接头形式	焊缝示例	标注示例	说　明
角接接头	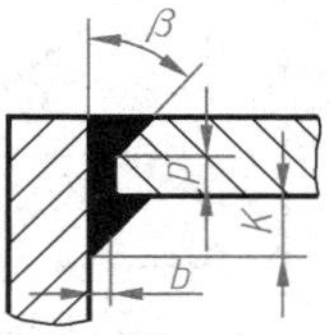	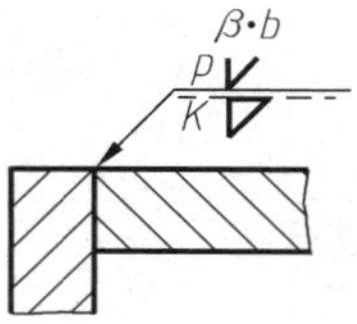	表示双面焊缝，上面为单边 V 形焊缝，下面为角焊缝
搭接接头	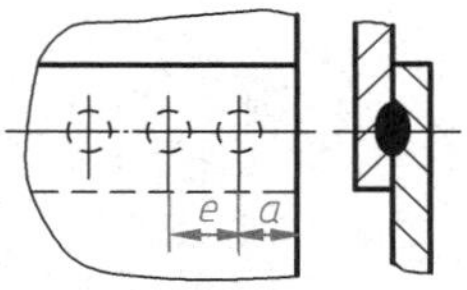	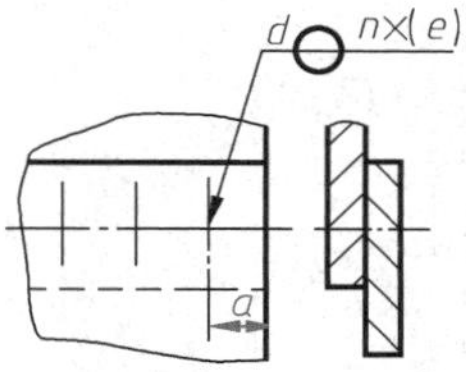	表示点焊缝，熔核直径为 d，共 n 段焊缝，焊缝间距为 e
	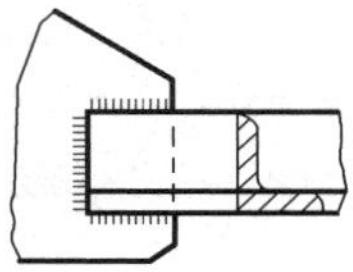	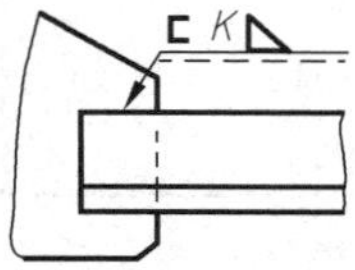	表示三面焊缝 表示单面角焊缝
T 形接头	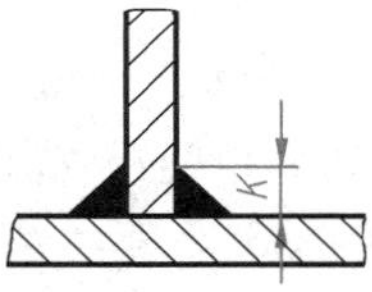	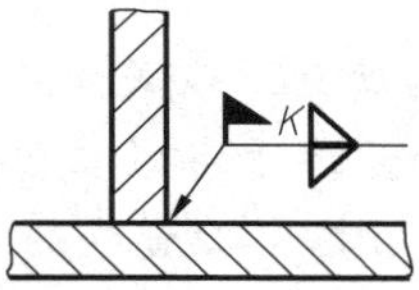	表示在现场装配时进行焊接 表示双面角焊缝，焊脚尺寸为 K
	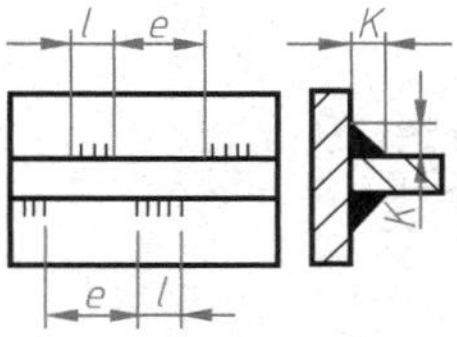	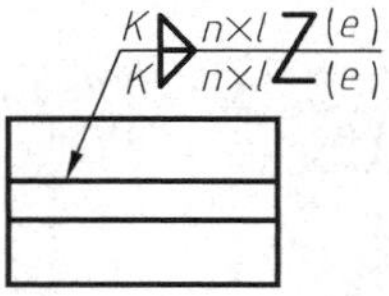	表示有 n 段交错断续的角焊缝，焊缝长度为 l，焊缝间距为 e，焊脚尺寸为 K

　　在焊接件的焊接图中，仅用焊缝代号不能表示清楚的技术问题，可在技术要求中用文字加以说明，如加工、安装、测试、检验等技术要求。

第四节　焊接图示例

　　焊接图实际上是一个装配图，对于简单的焊接件，一般不需要另外画出各组成件的零件图，而是在结构图中标出各组成件的全部尺寸，如图 9-1 和图 9-12 所示。

　　但对于复杂的焊接件，一般需要列出明细栏，注写出各零件的名称、数量和材料等，并另外绘制出各组成零件的零件图。

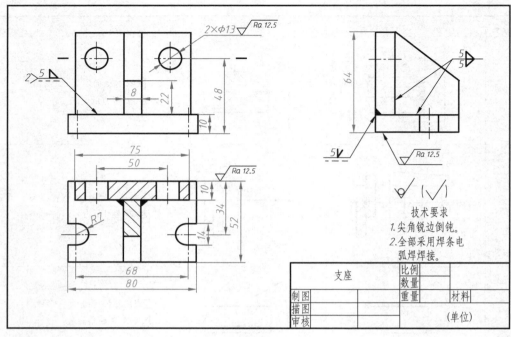

图 9-12　支座焊接图

思政拓展：坦克驾驶舱是坦克上最关键也是最复杂的部位，大国工匠卢仁峰给自己制订训练任务、不断进行试验，终于实现驾驶舱复杂异型结构的"完美"焊接；对于长征五号火箭发动机的喷管上数百根空心管线的焊接，大国工匠高凤林锻炼出 10 分钟不眨眼进行焊接的"稳准狠"的功夫。扫描下方二维码观看大国工匠打磨自己精湛技艺的动人故事。

大国工匠：大
术无极

大国工匠：大
任担当

第十章 管路图

第一节 管路图概述

现代化的石油、天然气的生产与输送，炼油、化工产品的生产与储存，建筑工程中的供水与供气等，都需要通过管道来实现。因此，管道工程的设计与施工，已成为现代化生产建设中的一个重要组成部分。

管道通常需要用法兰、弯头、三通等管件联接起来。在生产中通过管道输送的油、气、水等物料，一般要求定时、定压、定温、定量、定向地完成输送，这样管道必然要与塔罐、机泵、阀件、容器、控制件、测量表等设备有机地联接成系统，以满足工程设计与生产的要求。

通常以管道与管件为主体，用来指导生产与施工的工程技术图样称为管路图。

管路图一般可分为工艺流程图和管路布置图两种。

1. 工艺流程图

工艺流程图是主要用来表明生产过程中运行程序的图样，是一种示意性的工艺程序展开图，它属于工程基础设计类图样。

工艺流程图一般需用管线、机泵、设备、阀件等的图形符号，来表示流程的顺序、方向、层次、控制接点等，可注写必要的技术说明或代号，如图 10-1 所示。因为这种图样并不用于管路安装，所以一般不标注尺寸和比例。

2. 管路布置图

管路布置图主要是以管路的工艺流程图和总平面布置图为基础设计和绘制出来的，用来指导工程的施工安装。

管路布置图需要用标准所规定的符号表示出管路、建筑、设备、阀件、仪表、管件等的相互位置关系，要求标有准确的尺寸和比例。图样上必须注明施工数据、技术要求、设备型号、管件规格等，如图 10-2 所示。

一、管路图形符号

管路图是用标准所规定的各种图形符号和代号绘制而成的。管路图形符号包含管路、管件、阀件、联接形式等图形符号和物料代号等，可参考 GB/T 6567.1 ~ 5—2008。

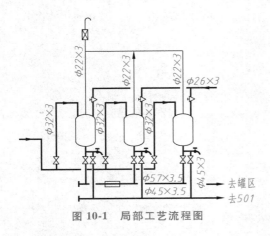

图 10-1 局部工艺流程图

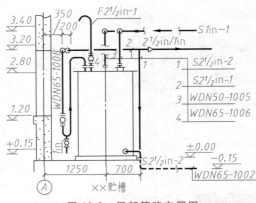

图 10-2 局部管路布置图

1. 管路

管道工程中的管路一般用单线表示，对大径或重要管路也可用双线表示。由于所观察（投射）的方向不同，管路多由平面和立面两种图形符号表示。管路图中常用的管路图形符号见表 10-1，管路转折、相交与重叠的情况见表 10-2。

表 10-1　常用的管路图形符号

名　称	符　号	说　明
方法一① 可见管路 不可见管路 假想管路		方法一：符号表示图样上管路与有关剖切平面的相对位置。介质的状态、类别和性质用规定的代号注在管路符号上方或中断处表示，必要时应在图样上加注图例说明
方法二①		方法二：符号表示介质的状态、类别和性质，并应在图样上加注图例说明。如不够用时，可按符号的规律进行派生或另行补充
挠性管、软管		—
保护管		起保护管路的作用，使其不受撞击、防止介质污染绝缘等，可在被保护管路的全部或局部上用该符号表示或者去符号仅用文字说明
保温管		起隔热作用。可在被保温管路的全部或局部上用该符号表示或者去符号仅用文字说明
夹套管		管路内及夹层内均有介质出入。该符号可用波浪线断开表示
蒸汽伴热管		—
电伴热管		—
交叉管		指两管路交叉不连接。当需要表示两管路相对位置时，其中在下方或后方的管路应断开表示
相交管		指两管路相交连接，连接点的直径为所连接管路符号线宽 d 的 3 倍~5 倍

212

（续）

名　称	符　号	说　明
弯折管	———————⊙	表示管路朝向观察者弯成90°
	———————◯	表示管路背离观察者弯成90°
介质流向	 ——————▶——	一般标注在靠近阀的图形符号处，箭头的形式按 GB/T 4458.4—2003 的规定绘制
管路坡度	 ⊿0.002　⟍3°　⟍1:500	管路坡度符号按 GB/T 4458.4—2003 中的斜度符号绘制

① 方法一和方法二应尽量避免在同一图样上同时使用。

表 10-2　管路转折、相交与重叠

类型	上转管	下转管	斜转管	上交管	下交管	两叠管	三叠管	弯叠管
主视图				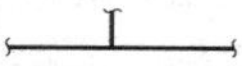	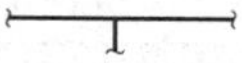		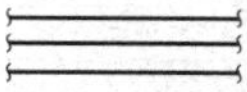	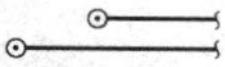
俯视图				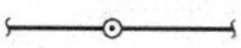			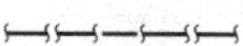	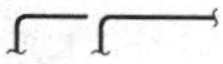

2. 管件与阀件

在工程管路中的管件与阀件起着控制流向、流量等的重要作用。管路图中常用的管件与阀件的图形符号见表 10-3。

表 10-3　常用的管件与阀件图形符号

名　称	图形符号	说　明	名　称	图形符号	说　明
弯头	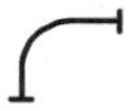	符号是以螺纹联接为例，如法兰、承插和焊接联接形式，可按规定的图形符号派生	截止阀		由空白三角形流向非空白三角形
三通	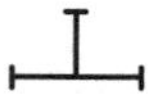		止回阀		
四通	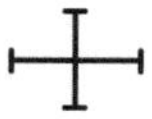		减压阀		小三角形一端为高压端
螺纹堵		堵头螺纹为外螺纹	闸阀		
螺纹管帽	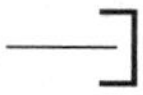	管帽螺纹为内螺纹	节流阀		—
法兰端盖	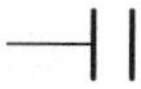	—	球阀		—
异径管接头		异径同心	隔膜阀		
快换接头	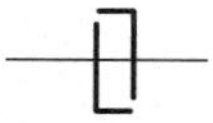		三通阀		
指示表		—	安全阀	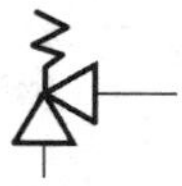	弹簧式安全阀

213

3. 管路联接形式

管路通常需要以一定的联接形式联接起来，根据情况可选择不同的联接方式。管路图中常用管路联接形式的图形符号见表 10-4。

表 10-4　常用管路联接形式的图形符号

联接形式	符号	图形符号	联接形式	符号	图形符号
螺纹联接			承插联接		
法兰连接			焊接联接		

4. 管路中介质的类别代号

在管道工程图样中，为了区别不同用途和介质的管线，常需要标明管路中介质的类别代号，见表 10-5。

表 10-5　常用的管路中介质的类别代号

类别	代号	英文名称	类别	代号	英文名称
油	O	Oil	蒸汽	S	Steam
水	W	Water	煤气	CG	Coal Gas
空气	A	Air	天然气	NG	Natural Gas

管路中的其他介质的类别代号，可用相应的英文名称的第一位大写字母表示。若类别代号重复，则用前两位大写字母表示，也可采用该介质化合物分子式符号表示。

二、管路图示举例

图 10-3 展示了一段管路的空间位置关系。在图 10-3a 中采用了平面图和立面图两个视图的表达方法，而图 10-3b 所示为这段管路空间走向的轴测图。

在管路安装图中，若阀门上控制元件的位置可与任一坐标轴平行，则可以不表示。当需要表示阀门上控制元件的位置时，可按图 10-3 所示的形式画出。

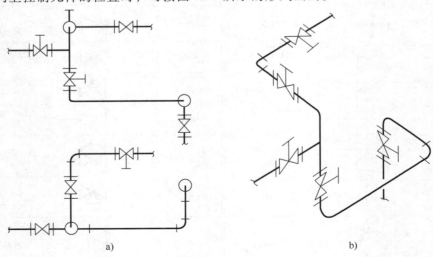

a)　　　　　　　　　　　　　　　b)

图 10-3　管路的视图

第二节 管路布置图

管路布置图是进行管路安装施工的重要依据，必须遵照有关规定和管路图形符号进行绘制。下面就管路布置图的主要内容、有关规定、表达方法、标注形式等做简要介绍。

一、管路布置的基本原则

为使管路的设计和布置符合高标准的要求，提出以下基本原则：

1）首先要全面地了解工程对管路布置的要求，充分了解工艺流程、建筑结构、设备及管口配置等情况。由此对工程管路做出合理的初步布置。

2）管路中的冷、热管道应分开布置，难以避免时应使热管在上、冷管在下。有腐蚀介质的管道，应布置在平列管道的下侧或外侧。管道敷设应有坡度，坡度方向一般均沿介质的流动方向。

3）管道应集中架空布置，尽量走直线而少拐弯，管道应避免出现"气袋"和"盲肠"。对分支管路多的管道应布置在并行管道的外侧，分支气体管道从上方引出，而液体管道从下方引出。

4）通过道路或受负荷地区的地下管道，应加保护措施。行走过道顶的管道至地面的距离应高于2.2m。有一定自重的管道和阀门，一般不能架设在设备上。

5）阀门要布置在便于操作的部位，开关频繁的阀门应按操作顺序排列。重要的阀门或易开错的阀门，相互间要拉开一定的距离，并涂刷不同的颜色。

二、管路的视图表达

管路布置图中常用的表达方法和规定画法一般有以下几方面。

1. 视图的配置

管路布置图同样是采用正投影原理和规定符号绘制出来的一组视图，这组视图常采用平面图、立面图、向视图和局部放大图等表达方法。

图10-4所示为采用平面图和Ⅰ—Ⅰ立面图表达了管路和设备布置情况的泵房管路布置图。

平面图相当于机械制图中的俯视图，是管路布置图中最重要的视图，主要用来表达管路与建筑、设备、管件等之间的布置安装情况。管路布置图通常根据管道的复杂程度，按建筑位置、楼板层次及安装标高等分区分层地分别进行绘制。

立面图相当于机械制图中的主视图，主要用来表达管路与建筑、设备、管件等之间的立面布置安装情况。立面图多采用全剖视图、局部剖视图或阶梯剖视图进行表达，但必须对剖切位置、投射方向、视图名称进行标注，以便于表示各视图之间的关系。

剖切位置采用粗实线段表示，并在剖切符号旁注写罗马数字Ⅰ、Ⅱ、…；投射方向用与剖切线段相交的箭头表示；断面图名称用Ⅰ—Ⅰ、Ⅱ—Ⅱ、…表示，并注写在图形的下方且

215

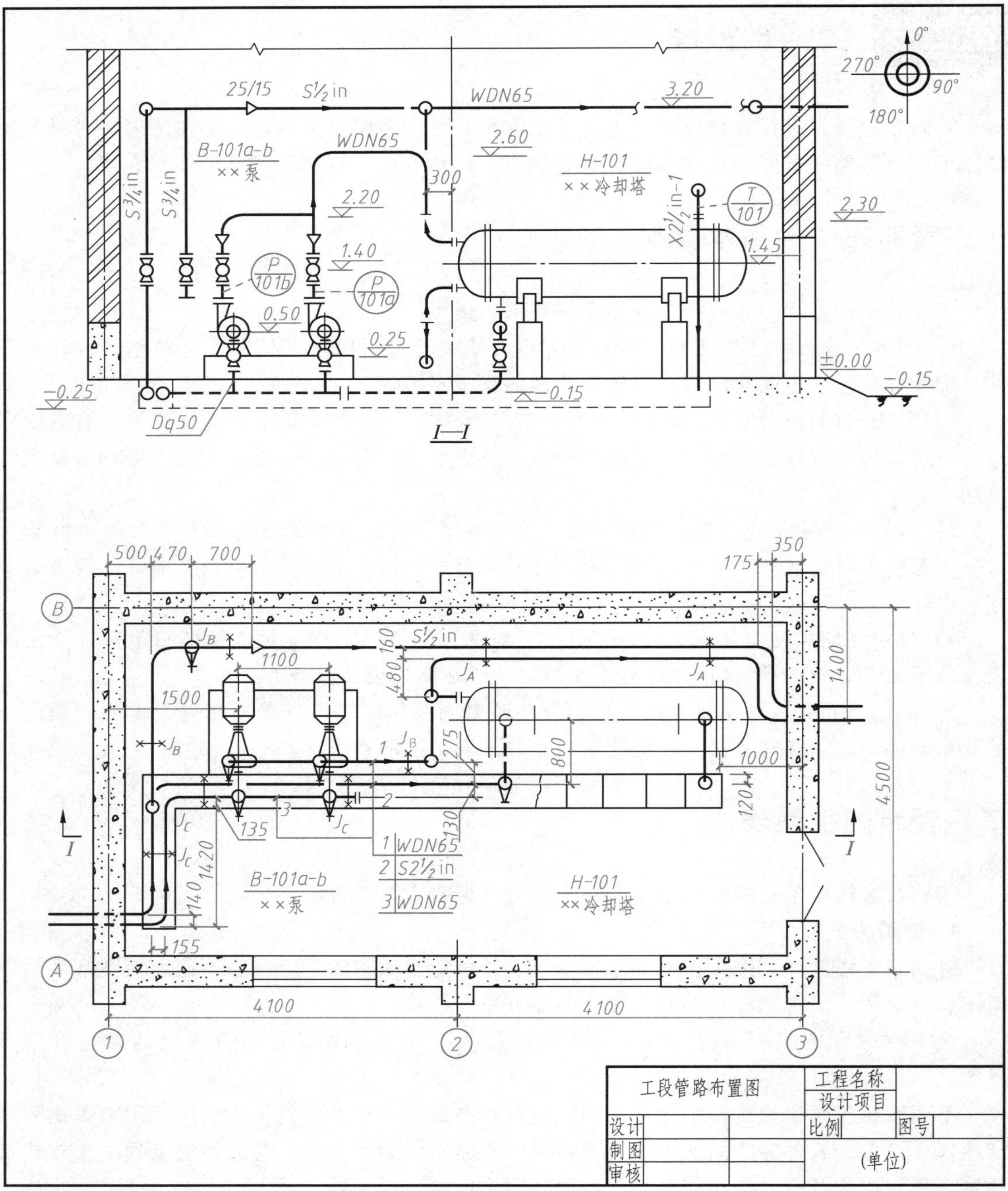

图 10-4　泵房管路布置图

字母下方加画粗实线，如图 10-4 所示。

　　对在平面图和立面图中还没表达清楚的部位，根据需要还可选择向视图或局部放大图进行表达，但必须标注出视图名称和放大比例。

2. 建筑及构件

在管路布置图中，凡是与管路布置安装有关的建筑物、设备基础等，均应按比例及有关规定用细实线画出，如图 10-4 所示。而与管路安装位置关系不大的门、窗等建筑构件等，可简化画出或不予表示。

3. 设备及管口

管路布置图中的设备应大致按比例用细实线绘制出其外形特征，但设备上与配管有关的接口应全部画出。设备的安装位置及设备的中心必须用细点画线画出其中心线。必要时可另外画出管路中的设备布置图。

4. 管路及管件

管路布置图中一般应绘制出全部工艺管路和辅助管路，当管路较为复杂时，也可分别画出。不同的管路必须用表 10-1 所规定的图形符号绘制，以表达出管路的走向和相互间的位置关系。当局部管路较密集、表达欠清楚时，可画出其局部放大图。

管路中各种类型的管件和联接形式，必须采用表 10-2 和表 10-3 所规定的符号绘制出来。

5. 管架及方位

管道通常用管架安装固定。管架的形式及位置一般采用符号在平面图上表示出来。管架有固定型、活动型、导向型和复合型等。管架的图形符号如图 10-5 所示。

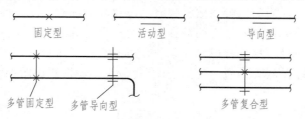

图 10-5　管架的图形符号

管路布置图中一般需要在图样的右上角画出方位标记，以作为管道安装的定位基准。方位标记应与相应的建筑图及设备布置图相一致，箭头指向建筑北向，如图 10-6 所示。

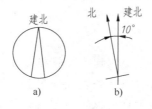

图 10-6　方位标记

三、管路的尺寸标注

在工程管路布置图中，需要标注管路的平面布置尺寸和安装标高尺寸，标注设备和管件的代码、编号及尺寸等，并注写必要的文字说明。

标注尺寸时，常以建筑定位轴线、设备的中心线、管路的延长线等作为尺寸界线；尺寸线的起止点可采用 45°的短细斜线来代替箭头，尺寸常标注成连续的串联形式。

通常，平面图中的定位尺寸以毫米为单位，而标高尺寸则以米为单位。

1. 建筑基础

在管路布置图中，通常需标注出建筑物或构件的定位轴线的编号，以作为管路布置的定位基准，并且标注出这些建筑定位轴线的间距尺寸和总体尺寸。

在各定位轴线的端部均画一细实线圆，且成水平或竖直排列。水平方向自左至右以1、2、3、…顺序编号，竖直方向自下而上以A、B、C、…顺序编号，如图10-4所示。

2. 设备位置

设备是管路布置的主要定位基准，因此必须标注出所有设备的名称与位号，以及设备中心线的定位尺寸，并标注出相邻设备之间的定位安装尺寸。

由图10-4可见，设备的名称和位号一般标注在相应图形的上方或下方，位号在上，名称在下，中间画一横线。设备中心的定位尺寸常以建筑定位轴线为基准来标注，邻近设备的定位安装尺寸则以所确定的设备中心为基准进行标注，如图10-4中两泵的定位尺寸1100、1500等。

3. 管路位置

管路的平面定位尺寸常以建筑定位轴线、房屋墙面、设备中心、设备管口等为基准进行标注，并以串联的形式顺序标注出各管路间的距离尺寸，如图10-9所示。Y型联接管和非直角弯管应标注出角度。当局部管路较密集时，可在其局部放大图上标注尺寸。

管路的安装标高一般标注管中心的标高，必要时也可标注管底的标高，并标注在立面图上管线的起始点、转弯处。标高常以米为单位，以室内地平面±0.00为基准，正标高前可不加"+"号，而负标高前必须加"-"号。标高符号及标注形式如图10-7所示。

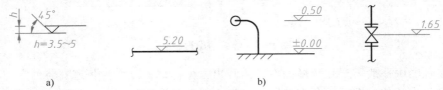

图 10-7　标高符号及标注形式

a）标高符号　b）标注示例

4. 管段代号

管路图中应标注出各管段的介质类别代号、管径尺寸、管段序号等。管段的有关代号一般标注在管线的上方或左侧，也可以将几条管线一起引出标注。引出时在各管线引出处画一斜线并顺序编号，指引线用细实线画且可以转折，管段代号应顺序标注在水平细线的上方，如图10-8所示。

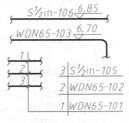

图 10-8　管段代号的标注

当管路布置图只采用平面图表达时，可在管段代号的后面标出其标高，如图 10-8 所示。

5. 管件管架

对管路图中的阀门、仪表等管件，一般应标注出安装尺寸或在立面图上标出安装标高。当在管路中使用的管件类型较多时，应在管件的符号旁分别注明其规格、型号等。

对管路图中的管架，应在管架符号旁标注上管架代号 J_1、J_2、…或 J_A、J_B、…。

第三节　读管路布置图

无论是审查设计，还是参考借鉴，无论是安装施工，还是维修改造，都需要通过阅读管路布置图来了解工程管路的设计意图，以及明确管道、管件、阀门、仪表、设备等的具体布置安装情况，因此应掌握读管路布置图的方法和步骤。

一、读图的方法和步骤

1. 概括了解

首先概括了解工程管路的视图配置、数量及各视图的表达重点，并初步了解图例、代号的含义，以及非标准型管件、管架等的图样。然后浏览设备位号、管口表、施工要求以及各不同标高的平面布置图等。

2. 布置分析

首先根据流程次序，按照管道编号，明确每条管道的起始点及终止点的设备位号及管口，并依照管路布置图的投影关系、表达方法、图示符号及有关规定，搞清每条管道的来龙去脉、分支情况、安装位置，以及阀门、管件、仪表、管架等的布置情况。

3. 尺寸分析

通过对管路布置图中所标注的尺寸进行分析，可了解管道、设备、管口、管件等的定位情况，以及它们之间的相互位置关系。对其他标注内容进行分析，从而搞清管路中的介质类别、管道直径、阀门型号、管件规格、安装要求等。

二、管路布置图举例

图 10-9 所示为中国石油大学储运工程馆的脱水器工艺管路安装图。图 10-9 共有 5 个视图：一个平面布置图、一个 I—I 主立面图、分支立面图 II—II 和分支立面图 III—III、一个仪表安装图。平面布置图主要表达主要管线与管件的平面布置及安装位置，以及介质的流向等。主立面图主要表达脱水器立面管线与管件的安装位置。两个分支立面图表达了部分管路竖向和横向管件的安装情况。仪表安装图则表达了仪表的型号及安装尺寸等。图 10-9 中的管径尺寸、管件型号及安装尺寸请自行分析。

请读者按读管路布置图的方法和步骤，自行分析、阅读图 10-10 所示的管道布置图。

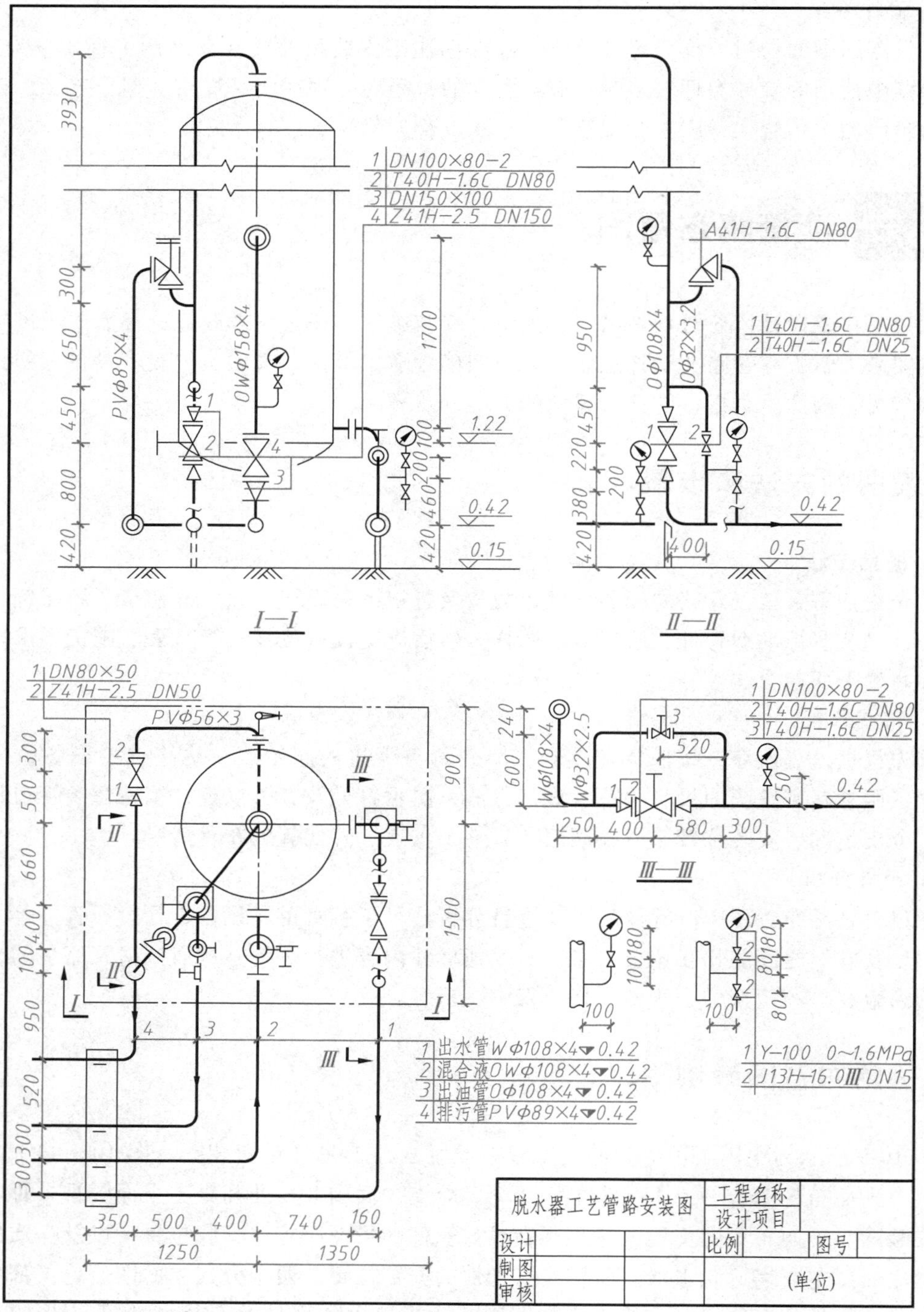
1 DN100×80−2
2 T40H−1.6C DN80
3 DN150×100
4 Z41H−2.5 DN150
PVΦ89×4
OWΦ158×4
1.22
0.42
0.15
I—I
A41H−1.6C DN80
1 T40H−1.6C DN80
2 T40H−1.6C DN25
OΦ108×4
OΦ32×3.2
400
II—II
1 DN80×50
2 Z41H−2.5 DN50
PVΦ56×3
1 DN100×80−2
2 T40H−1.6C DN80
3 T40H−1.6C DN25
WΦ108×4
WΦ32×2.5
520
III—III
1 出水管WΦ108×4▼0.42
2 混合液OWΦ108×4▼0.42
3 出油管OΦ108×4▼0.42
4 排污管PVΦ89×4▼0.42
1 Y−100 0~1.6MPa
2 J13H−16.0Ⅲ DN15
脱水器工艺管路安装图
工程名称
设计项目
设计
制图
审核
比例
图号
(单位)

图 10-9 脱水器工艺管路安装图

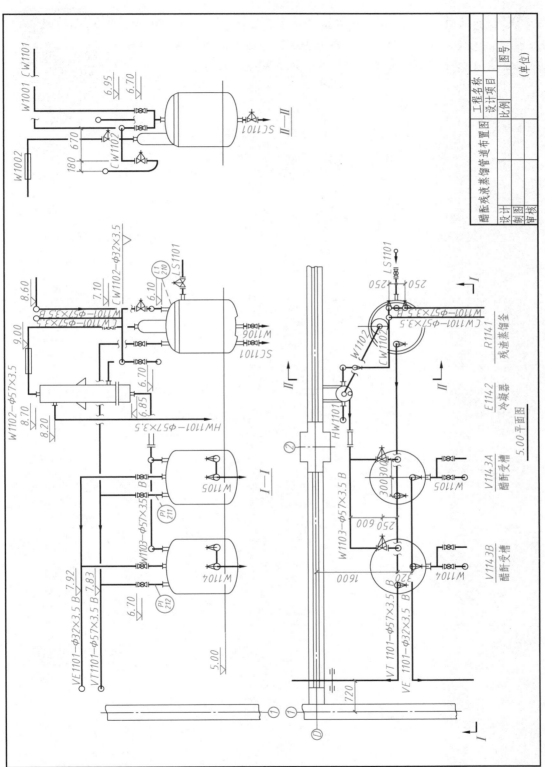

图 10-10 醋酐残液蒸馏管道布置图

思政拓展："庆抚线"是我国第一条大口径长距离原油运输管道，是一条改写油气运输历史的功勋管道，扫描右侧二维码观看相关视频，感受二十万建设大军克服困难、艰苦奋斗的的感人精神。

改写油气运输历史的功勋管道

第十一章 化工设备图

第一节 化工设备图概述

在石油化工业的生产中，使用容器、反应罐、热交换器及塔器等各种设备，以进行加热、冷却、吸收、蒸馏等各种化工单元操作，这些设备通常称为化工设备。

化工设备的设计、制造，以及安装、检修和使用，均需借助图样来进行。因此，石化工业的技术人员必须具有绘制及阅读化工设备图样的能力。

完整成套的化工设备施工图样通常包括化工设备的装配图、部件图、零件图等。本章所述的化工设备图是化工设备装配图的简称。

化工设备图用来表示一台设备的结构形状、技术特性、各零部件间的装配联接关系，以及必要的尺寸等。与机械装配图一样，化工设备装配图有一组图形、必要的尺寸、零部件序号、技术要求、明细栏及标题栏等内容，另外还有以下两项内容：

1）接管口序号和管口表。设备上所有的接管口均用英文字母顺序编号，并用管口表列出各管口的有关数据及用途等内容。

2）设备技术特性表。用表格形式列出设备的设计压力、设计温度、物料名称、设备容积等设计参数，用以表达设备的主要工艺特性。

> 思政拓展：水压机是冶金、核电、石油化工、国防工业等众多行业压制大型锻件的设备，扫描右侧二维码观看新中国最早的万吨水压机的工程图的相关视频，结合该工程图理解万吨水压机的工作原理、用途及其设计、制造过程。

新中国最早的
万吨水压机

第二节 化工设备的视图

化工设备的视图表达方法要适应化工设备的结构特点，因此在选择表达方法前，先要了解化工设备的基本结构及特点。

一、化工设备的结构特点

不同种类的化工设备构造不同，选用的零部件也不完全一致，但结构上大多具有若干共同特点。现以图 11-1 所示的立式容器为例做如下说明。

1）设备中的主壳体以回转体结构为主，且尤以圆柱体居多。例如，图 11-1 所示的筒体 6 即为圆柱体。

2）设备主体上有较多的开孔和接管口，用以联接管道和装配各种零部件。例如，图 11-1 所示立式容器顶盖上有人孔 2 和接管 5，筒体 6 上则有液面计 1 的 4 个接管。

3）设备中的零部件大量采用焊接结构。例如，图 11-1 中筒体 6 由钢板弯卷后焊接成形，筒体 6 与封头 8、接管 5、支座 7、人孔 2 等的联接也都采用焊接结构。

4）常采用较多的通用化、标准化的零部件。例如，图 11-1 中的封头 8、法兰 4、人孔 2 等都是标准化的零部件。常用的化工零部件的结构尺寸可在相应的工程手册中查到。

5）化工设备的结构尺寸相差比较悬殊。特别是总体尺寸与设备壳体的壁厚尺寸或某些细部结构的尺寸相差悬殊。例如，图 11-16 中短节直径为 700，但其壁厚仅为 6 等。

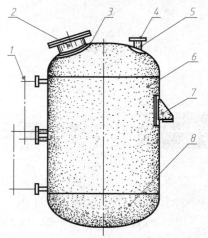

图 11-1　立式容器

1—液面计　2—人孔　3—补强圈　4—法兰
5—接管　6—筒体　7—支座　8—封头

二、化工设备的习惯表达法

根据化工设备的结构特点，可相应地采用一些习惯的表达方法，现做如下介绍。

1. 多次旋转表达法

化工设备上开孔和接管口较多，为在主视图上清楚地表达它们的结构形状和轴向位置，常采用多次旋转的表达方法。即假想将设备上处于不同周向方位的结构，分别旋转到与投影面平行的位置，然后画出其视图或剖视图。图 11-2 所示的人孔 b 是假想按逆时针方向旋转 45°之后在主视图上画出的；而液面计 a_1 和 a_2 是假想按顺时针方向旋转 45°后在主视图上画出的。

需要注意的是：多接管口旋转方向的选择，应避免各零部件的投影在主视图上出现互相重叠的现象。对于采用多次旋转表达法无法在主视图上表达清楚的结构，例如，图 11-2 中的接管 d 无论是顺时针还是逆时针旋转画出，都将与人孔 b 或接管口 c 的结构相重叠，因此，只能用其他

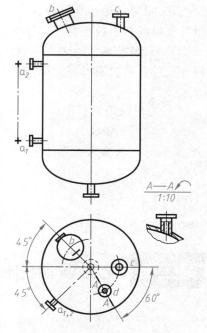

图 11-2　多次旋转的表达方法

的局部剖视图来表示，如图 11-2 中的 *A—A* 旋转局部剖视图所示。

另外，在基本视图上采用多次旋转表达法时，表示剖切位置的剖切符号及剖视图的名称都不必标注，如图 11-2 中的主视图所示。

2. 管口方位的表达法

设备管口的轴向位置可用多次旋转表达法在主视图上画出，而设备管口的周向方位则必须用俯视图或管口方位图予以正确表达。

管口方位图用粗实线示意画出设备管口，用细点画线画出管口中心线，并标注管口符号且注出设备中心线及管口的方位角度，如图 11-3 所示。

3. 细部结构的表达法

由于化工设备各部分尺寸相差悬殊，故选用全图的作图比例时，某些局部结构很难表达清晰，为此，常采用局部放大图来表示，此类局部放大图俗称节点图，设备的焊接接头及法兰联接面等尤为常用。例如，图 11-16 中法兰 7 的焊接结构就采用了局部放大图。

必要时，局部放大图可采用几个视图来表达同一个被放大部分的结构。例如，对图 11-4 所示的设备底座的支承圈，采用了两个全剖的局部放大图来表示该部分的细部结构。

另外，局部放大图可按放大部分结构的表达需要，灵活采用视图、剖视图、断面图等表达方法，如图 11-4 所示。注意必须对放大部位和局部放大图标注出名称和放大比例。

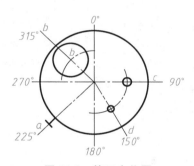

图 11-3　管口方位图

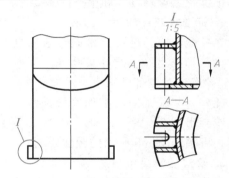

图 11-4　细部结构的表达方法

4. 断开和分段表示法

当设备过高或过长，而又有相同结构或重复的部分时，为节省图纸空间，可采用断开并缩短的画法。例如，图 11-5a 中填料塔的断开部分为规格及排列都相同的填料，图 11-5b 中浮阀塔的断开部分为重复的塔盘结构。如果不能用断开画法而图纸空间又不够时，可采用分段表示的方法画出。例如，图 11-6 所示的填料塔是分两段画出的。

5. 设备整体的示意表达法

为了表达设备的完整形状，以及有关结构的相对位置和尺寸，可采用设备整体的示意画法。即按比例用粗实线画出设备外形，必要的设备内件也可同时示意画出，如塔板等，并标出设备总高、接管口、人（手）孔的位置等尺寸，其与图 11-2 所示的表达相似。这种表达方法常见于大型塔设备的装配图中。

225

三、化工设备的简化画法

在化工设备图中，除了可以采用《机械制图》国家标准制定的简化画法和规定画法外，

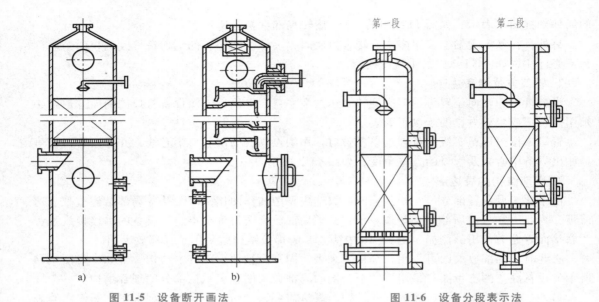

a)　　　　b)

图 11-5　设备断开画法

第一段　　　第二段

图 11-6　设备分段表示法

还可根据化工设备设计和生产的需要，补充若干简化画法。

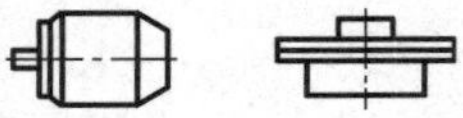

1. 标准零部件的简化画法

在装配图中，仅按比例画出表示这些标准零部件特征的外形轮廓即可，如减速器、搅拌桨叶等。例如，图 11-7 所示的电动机、人（手）孔等标准零部件均可采用简化画法。

此外，装配图中的玻璃管液面计，其两面投影均可简化，即用粗实线画出"+"表示，如图 11-8a 所示。当液面计有两组或两组以上时，可按图 11-8b 所示的画法绘制。

2. 管法兰的简化画法

在化工设备中，法兰密封面常有平面、凹凸、榫槽等形式。但不论是什么形式的法兰密封面，在装配图中均可简化画成图 11-9 所示的结构。

3. 重复结构的简化画法

（1）螺孔和螺栓联接　螺栓孔可用中心线表示而省略圆孔的投影，如图 11-10a 所示；螺栓联接的简化如图 11-10b 所示。当螺孔或螺栓联接分布均匀时，可用中心符号只画出几个位置，其余省略不画。

（2）规则排列的管子　当设备中密集的管子按一定规律排列时，在装配图中可只画出其中的一根或几根管子，其余管子用中心线表示。例如，图 11-11所示的热交换器中的管子就是按此画法画出的。

（3）规则排列的孔　热交换器中的管板、折流板或塔器中的塔板上规则排列的孔，可采用图11-12 所示两种简化画法。如图 11-12a 所示，用细

a)　　　b)

图 11-7　标准零部件的简化画法

a) 电动机　b) 人孔

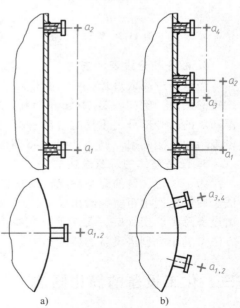

a)　　　b)

图 11-8　液面计的简化画法

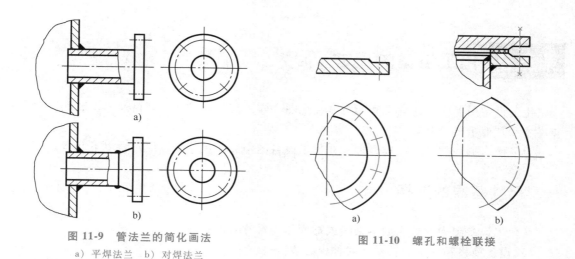

图 11-9　管法兰的简化画法

a）平焊法兰　b）对焊法兰

图 11-10　螺孔和螺栓联接

实线表示孔的范围及孔的连心线，符号（+）表示管板上定距杆（拉杆）螺孔的位置。如图 11-12b 所示，只用细实线画出了钻孔范围线，不画孔连心线，但画出了局部放大图，并标注有关尺寸，以表示孔的大小、间距和排列方式。

（4）塔盘及其填充物　塔设备中的塔盘，若已由零部件图及其他方法表达其结构形状时，则在装配图中可用粗实线简化表示，如图 11-13 所示。

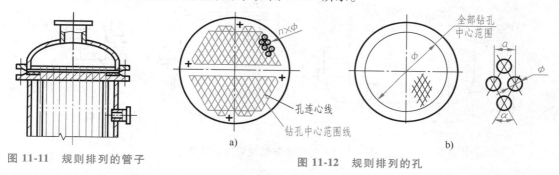

图 11-11　规则排列的管子

图 11-12　规则排列的孔

若设备中装有同一规格、材料和同一堆放方法的填充物，如瓷环、卵石等，则在装配图的剖视图中，允许用符号表示并注以尺寸和说明。若填充物的规格不同或规格相同但堆放方法不同，则必须分层表示，如图 11-14 所示。

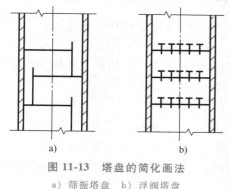

图 11-13　塔盘的简化画法

a）筛振塔盘　b）浮阀塔盘

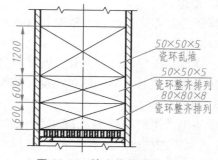

图 11-14　填充物的简化画法

第三节　化工设备的尺寸

化工设备图上应标注的尺寸同机械装配图一样，有外形尺寸、规格尺寸、装配尺寸、安装尺寸和其他重要尺寸等。

为了使所标注的尺寸比较合理，在化工设备图中标注尺寸时，应注意以下几点。

一、尺寸基准的选择

在化工设备图中常选用如下轴线或端面作为尺寸基准：
1）设备筒体和封头的轴线或对称中心线。
2）设备筒体和封头焊接时所用的环焊缝。
3）化工容器中接管法兰的密封面。
4）设备安装时所要使用的支座底面。

图 11-15 表示了卧式容器和立式设备上的几种尺寸基准。

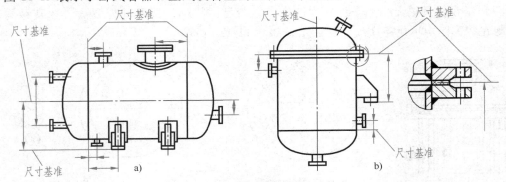

图 11-15　化工设备常用的尺寸基准

二、常见结构的尺寸注法

1. 筒体
筒体通常需注出内径、壁厚和长度，如图 11-16 中管箱的尺寸 $\phi700$、6 及短节长 324。
2. 封头
椭圆形封头应注出其内径、壁厚和高度，因在设备中封头内径与筒体内径的尺寸通常相同，故一般只注封头的壁厚和高度，如图 11-17 中的尺寸 4 及 150。
3. 接管
设备中常用的接管有无缝钢管和卷焊钢管。无缝钢管一般标注"外径×壁厚"，如图 11-16 所示明细栏内的接管 4 注出 $\phi133×4$；卷焊钢管一般标注内径和壁厚。接管还须注出它的伸出长度，该长度一般是指接管法兰密封面至接管轴线与相接封头或筒体外表面的交点间的距离，如图 11-16 中的尺寸 150 等。

当设备上所有接管的长度都相等时，可在技术要求中注写"所有接管伸出长度为××mm"的统一说明。若设备中大部分接管的伸出长度相等，则可统一写"除已注明外，其余接管的伸出长度为××mm"的说明。

三、其他

1）为了保证重要尺寸的加工与安装精确度，一般不允许将尺寸标注成封闭的尺寸链。但是，参考尺寸与外形尺寸则例外，通常将这些尺寸数字加上括号"（　）"以示参考。

2）绘有局部放大图的结构，其尺寸一般标注在相应的局部放大图上，如图 11-16 中所示局部结构 I 处的放大图中所注的相关尺寸。

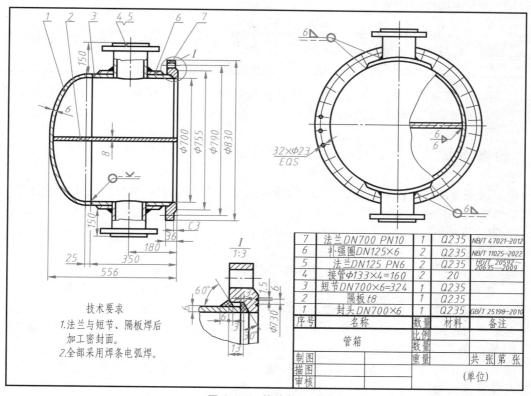

图 11-16　管箱装配图

7	法兰DN700 PN10	1	Q235	NB/T 47021-2012
6	补强圈DN125×6	2	Q235	NB/T 11025-2022
5	法兰DN125 PN6	2	Q235	HG/T 20592~20635-2009
4	接管φ133×4=160	2	20	
3	短节DN700×6=324	1	Q235	
2	隔板t8	1	Q235	
1	封头DN700×6	1	Q235	GB/T 25198-2010
序号	名称	数量	材料	备注

第四节　化工设备图的表格与技术要求

一、标题栏与明细栏

化工设备图中的标题栏与明细栏在内容和格式上尚未统一，本章节中沿用机械装配图的常用格式。

1. 标题栏图名

标题栏中图名一般分三项填写：第一项为设备名称；第二项为设备主要规格；第三项为图样名称，如表 11-1 中框格内所示。

2. 明细栏

明细栏中零部件编号的原则和方法，除与机械装配图中已介绍过的内容相同外，还应注意以下几点：

1）直接组成设备的部件、直属零件和外购件，不论有无图样，均需编独立的序号，以 1、2、3、…顺序表示。

2）部件图上有关零件的序号由两部分组成，如 1-4，其中 1 为部件在设备图中的序号，而 4 为零件在该部件中的序号。

表 11-1　图样名称格式

图名内容	设备名称	设备主要规格	图样名称
示例	卧式贮罐	$p_g = 0.6MPa$　　$V_g = 1m^3$	装配图

3）序号一般从主视图左下角开始，围绕图形且以顺时针方向顺序、整齐地编排。序号若有遗漏或需增添时，则应在外圈编排补足。

二、设备管口表

化工设备上的管口数量较多，为了清晰地表达各管口的位置、规格、尺寸、用途等，应编写管口符号，并将相关信息列入管口表。

1. 管口符号

管口符号编写有如下原则及方法：

1）管口符号一律用英文小写字母 a、b、c 等注写在有关视图中管口的图形旁。

2）管口符号一般应从主视图左下角起始，围绕图形且按顺时针方向依次编写。

对于规格、用途、密封面形式完全相同的管口，应编同一个管口符号，但必须在管口符号的右下角加注阿拉伯数字的注脚以示区别，如图 11-17 中的管口符号 g_1、g_2 等。

2. 管口表

用以说明各管口规格、用途等内容的表格，常绘制于技术特性表下方。常见管口表的形式及内容见表 11-2。

表 11-2　管口表

符号	公称尺寸	联接尺寸标准	密封面形式	用途及名称
a	20	HG/T 20592～20635—2009　DN20 PN10	平面	物料出口
b	15	HG/T 20592～20635—2009　DN15 PN10	平面	取样口
c	60	HG/T 20592～20635—2009　DN60 PN6	平面	视镜

三、技术特性表

技术特性表是表明该设备的重要技术特性和设计依据的一览表，见表 11-3。技术特性表常绘制于化工设备图中管口表的上方。

表 11-3　技术特性表

设计压力/MPa	0.8	物料	×××
设计温度/℃	45	全容积/m³	×××

技术特性表中填写的内容，除化工设备的通用特性，如设计压力、设计温度外，专用设备还需填写主要的物料名称，有时还需填写工作压力、工作温度。另外，根据设备的不同类型，还应增填有关特性，如带搅拌的反应罐类设备，要增填搅拌轴的转速、电动机功率等，有换热装置的还应增填换热面积等内容。

四、技术要求

技术要求主要说明设备在图样中未能表示出来的内容，包括对材料、制造、装配、验收、表面处理、涂饰、润滑、包装、保管和运输等的特殊要求，以及设备在制造、检验等过程中应达到的预期的技术指标。

化工设备的类型很多，一般以容器类设备的技术要求为基本内容，再按各类设备特点做适当补充。技术要求一般包括下列内容。

1. 设备的通用技术条件

它是根据化工设备的制造、检验等方面统一的标准而规定的通用技术要求，目前普遍采用的是 GB/T 150.1~4—2011《压力容器》、GB/T 151—2014《热交换器》等。

2. 设备加工装配的要求

设备在焊接、加工和装配时所要达到的要求与技术指标，如图 11-17 技术要求中所提出的第 1、2 条等，即为焊接时要注意的事项及需要达到的技术指标。

3. 设备检验的要求

设备检验要求包括焊缝质量检验要求和设备整体检验要求两类。例如，图 11-17 中技术要求的第 3 条即为设备的整体检验要求。有时还有涂装、保温、耐蚀、运输、包装等的要求。

各类设备具体填写的条款，可参阅附录及有关资料。

第五节　化工设备图的绘制和阅读

一、化工设备图的绘制

绘制化工设备图一般可通过两种途径：一是测绘化工设备，其方法与一般机械的测绘步骤类同；二是设计化工设备，通常以化工工艺设计人员提出的"设备设计条件单"为依据，进行设计绘图。

绘制化工设备图的具体方法和步骤与绘制机械装配图基本相似，其步骤简述如下。

1. 复核材料，确定结构

先进行调查研究，并在核对设计条件单中的各项设计条件后，设计和选定设备的主要结构及有关数据，如选用筒体和封头用法兰联接、选用回转人孔及支承式支脚等。

2. 确定视图表达方案

按所绘化工设备的结构特点确定表达方案。化工设备除采用主、俯两个基本视图外，还常采用局部放大图及局部视图等，分别表示支脚及接管口等的装配结构。主视图常采用多次旋转剖视的习惯表达方法以及一些简化画法。

3. 确定比例，绘制视图

按设备的结构大小选取作图比例，考虑视图表达与表格位置等情况布置视图。然后按装配图的作图步骤绘制化工设备图。

4. 标注尺寸及焊缝代号

按装配图上标注五类尺寸的要求，逐步完成尺寸标注，并对设备焊接结构的焊缝标注焊接代号。若设备的焊缝无特殊要求，则除在剖视图中按焊缝接头形式涂黑表示外，可在技术要求中对焊接方法、焊条型号、焊接接头形式等列写统一说明。

5. 编写序号及绘制表格

对零部件及管口编写序号，绘制并填写标题栏、明细栏、管口表、技术特性表等，并制订必要的技术要求等。

二、化工设备图的阅读

阅读化工设备图就是从图样所表达的全部内容来了解设备的功能、结构特点和技术特性，弄清各零件之间的装配联接关系，各主要零部件的结构形状及设备上的管口方位，了解制造、检验、安装等方面的技术要求。

阅读化工设备图的方法和步骤基本上与阅读机械装配图一样，仍可分为概括了解、详细分析、归纳总结等步骤。对于图样的阅读，如具有一定的化工设备基础知识，并初步了解典型设备的基本结构，将会提高读图的速度和效率。

现以图 11-17 所示的计量罐装配图为例，介绍阅读化工设备图的方法和步骤。

1. 概括了解

从化工设备图的标题栏、明细栏、管口表、技术特性表和视图等的内容可知：该设备的名称是计量罐，它由 15 种零部件组成。该计量罐设计压力为常压，设计温度为常温，物料是甲醛。该计量罐上有 8 个接管，各管的用途见管口表所列。

图 11-17 所示的计量罐装配图，除采用了主视图和俯视图外，还采用了一个 $A—A$ 局部剖视图。主视图采用全剖视图，用以表达计量罐的主要结构、管口、支承座，以及零部件所处的轴向位置、装配情况和结构尺寸。俯视图用以表达各管口的周向方位和计量罐的安装位置及尺寸。$A—A$ 局部剖视图补充表达了管口 f 的结构和尺寸。

2. 详细分析

按图 11-17 中明细栏所列的零部件，详细分析各个零部件之间的装配联接关系和主要零部件的结构形状，并了解有关技术要求。

（1）分析装配联接关系 筒体 7 与封头 8 采用焊接，焊缝的焊接要求在技术要求中已

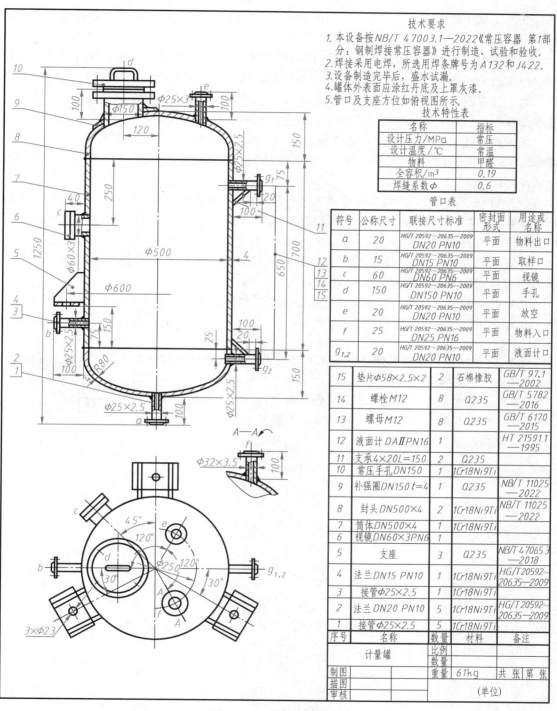

技术特性表

名称	指标
设计压力/MPa	常压
设计温度/℃	常温
物料	甲醛
全容积/m³	0.19
焊缝系数 φ	0.6

管口表

符号	公称尺寸	联接尺寸标准	密封面形式	用途或名称
a	20	HG/T 20592~20635—2009 DN20 PN10	平面	物料出口
b	15	HG/T 20592~20635—2009 DN15 PN10	平面	取样口
c	60	HG/T 20592~20635—2009 DN60 PN6	平面	视镜
d	150	HG/T 20592~20635—2009 DN150 PN10	平面	手孔
e	20	HG/T 20592~20635—2009 DN20 PN10	平面	放空
f	25	HG/T 20592~20635—2009 DN25 PN16	平面	物料入口
$g_{1,2}$	20	HG/T 20592~20635—2009 DN20 PN10	平面	液面计口

15	垫片φ58×2.5×2	2	石棉橡胶	GB/T 97.1—2002
14	螺栓 M12	8	Q235	GB/T 5782—2016
13	螺母 M12	8	Q235	GB/T 6170—2015
12	液面计 DAⅡPN16	1		HT 215911—1995
11	支承4×20 L=150	2	Q235	
10	常压手孔 DN150	1	1Cr18Ni9Ti	
9	补强圈 DN150 t=4	1	Q235	NB/T 11025—2022
8	封头 DN500×4	2	1Cr18Ni9Ti	NB/T 11025—2022
7	筒体 DN500×4	1	1Cr18Ni9Ti	
6	视镜 DN60×3PN6	1	1Cr18Ni9Ti	
5	支座	3	Q235	NB/T 47065.3—2018
4	法兰 DN15 PN10	1	1Cr18Ni9Ti	HG/T 20592~20635—2009
3	接管φ25×2.5	1	1Cr18Ni9Ti	
2	法兰 DN20 PN10	5	1Cr18Ni9Ti	HG/T 20592~20635—2009
1	接管φ25×2.5	5	1Cr18Ni9Ti	
序号	名称	数量	材料	备注

计量罐		比例		
		数量		
制图		重量	61kg	共 张 第 张
描图				
审核			(单位)	

图 11-17　计量罐装配图

详细说明。同时，筒体 7 和封头 8 与接管 1、3 之间也采用焊接结构相联接。

　　各管口的装配位置可由主、俯视图及 A—A 局部剖视图上所标注的尺寸确定。例如，管口 b 由主视图上的尺寸 75 确定它的轴向位置，由 100 确定法兰端面伸出筒体的长度。

此外，悬挂式支座 5 焊接在筒体 7 上，支座 5 的装配位置可由主视图上标注的尺寸 150、ϕ600 及俯视图上标注的尺寸 30° 来确定。

（2）零部件的结构形状　应由明细栏中的序号与视图对应起来，逐个地将零部件从视图中分离出来，弄清其结构形状和尺寸，并明确零部件的作用及所使用的材料。

对于另有图样的一些零部件，应同时阅读它们的零部件图，以明确其结构形状。对于标准零部件，则应查阅有关标准及手册，以确定其结构和尺寸。

例如，悬挂式支座 5 为标准化的通用部件，其详细结构形状及有关尺寸可查阅 NB/T 47065.3—2018《容器支座　第 3 部分：耳式支座》。在主视图及俯视图中，也可分析其结构形状及连接位置。

（3）详细了解技术要求　从技术要求中可知，该设备规定应按 NB/T 47003.1—2022《常压容器　第 1 部分：钢制焊接常压容器》进行制造、试验和验收，并对焊接方法、焊缝结构和质量检验提出了要求。

除要求进行盛水试漏，还需进行气密性试验。同时，还提出了设备外表面的耐蚀措施，要求涂红丹底及上罩灰漆。

其他典型的化工设备，如反应罐、塔等装配图的阅读方法及步骤同上，可结合有关图样资料自行分析阅读。

✎ **思政拓展：**浮选机是浮游选矿机的简称，指完成浮选过程的机械设备。浮选机由电动机三角带传动带动叶轮旋转，产生离心作用形成负压，一方面吸入充足的空气与矿浆混合，一方面搅拌矿浆与药物混合。扫描右侧二维码观看相关视频，了解新中国第一台自制浮选机，理解其工作原理。

新中国第一台
自制浮选机

附录

附录 A 螺纹

表 A-1 普通螺纹直径、螺距和基本尺寸（GB/T 193—2003，GB/T 196—2003）

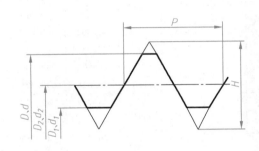

$H = 0.866P$

$d_2 = d - 0.6495P$

$d_1 = d - 1.0825P$

D、d——内、外螺纹大径；

D_2、d_2——内、外螺纹中径；

D_1、d_1——内、外螺纹小径；

P——螺距

标记示例：

公称直径为 24mm，螺距为 3mm 的粗牙普通螺纹：M24

公称直径为 24mm，螺距为 1.5mm 的细牙普通螺纹：M24×1.5

（单位：mm）

公称直径 D、d		螺距 P		中径 D_2、d_2	小径 D_1、d_1	公称直径 D、d		螺距 P		中径 D_2、d_2	小径 D_1、d_1
第一系列	第二系列	粗牙	细牙			第一系列	第二系列	粗牙	细牙		
3		0.5		2.675	2.459				1.5	9.026	8.376
			0.35	2.773	2.621	10			1.25	9.188	8.647
	3.5	0.6		3.110	2.850				1	9.350	8.917
			0.35	3.273	3.121				0.75	9.513	9.188
4		0.7		3.545	3.242	12		1.75		10.863	10.106
			0.5	3.675	3.459					11.026	10.376
	4.5	0.75		4.013	3.688				1.25	11.188	10.647
			0.5	4.175	3.959				1	11.350	10.917
5		0.8		4.480	4.134			2		12.701	11.835
			0.5	4.675	4.459		14		1.5	13.026	12.376
6		1		5.350	4.917				(1.25)	13.188	12.647
			0.75	5.513	5.188				1	13.350	12.917
8		1.25		7.188	6.647	16		2		14.701	13.835
			1	7.350	6.917				1.5	15.026	14.376
			0.75	7.513	7.188				1	15.350	14.917

（续）

公称直径 D、d		螺距 P		中径 D₂、d₂	小径 D₁、d₁
第一系列	第二系列	粗牙	细牙	中径 D_2、d_2	小径 D_1、d_1
	18	2.5		16.376	15.294
			2	16.701	15.835
			1.5	17.026	16.376
			1	17.350	16.917
20		2.5		18.376	17.294
			2	18.701	17.835
			1.5	19.026	18.376
			1	19.350	18.917
	22	2.5		20.376	19.294
			2	20.701	19.835
			1.5	21.026	20.376
			1	21.350	20.917
24		3		22.051	20.752
			2	22.701	21.835
			1.5	23.026	22.376
			1	23.350	22.917
	27	3		25.051	23.752
			2	25.701	24.835
			1.5	26.026	25.376
			1	26.350	25.917
30		3.5		27.727	26.211
			(3)	28.051	26.752
			2	28.701	27.835
			1.5	29.026	28.376
			1	29.350	28.917
	33	3.5		30.727	29.211
			(3)	31.051	29.752
			2	31.701	30.835
			1.5	32.026	31.376
36		4		33.402	31.670
		3		34.051	32.752

公称直径 D、d		螺距 P		中径 D₂、d₂	小径 D₁、d₁
第一系列	第二系列	粗牙	细牙	中径 D_2、d_2	小径 D_1、d_1
36			2	34.701	33.835
			1.5	35.026	34.376
	39	4		36.402	34.670
		3		37.051	35.752
			2	37.701	36.835
			1.5	38.026	37.376
42		4.5		39.077	37.129
			4	39.402	37.670
			3	40.051	38.752
			2	40.701	39.835
			1.5	41.026	40.376
	45	4.5		42.077	40.129
			4	42.402	40.670
			3	43.051	41.752
			2	43.701	42.835
			1.5	44.026	43.376
48		5		44.752	42.587
			4	45.402	43.670
			3	46.051	44.752
			2	46.701	45.835
			1.5	47.026	46.376
	52	5		48.752	46.587
			4	49.402	47.670
			3	50.051	48.752
			2	50.701	49.835
			1.5	51.026	50.376
56		5.5		52.428	50.046
			4	53.402	51.670
			3	54.051	52.752
			2	54.701	53.835
			1.5	55.026	54.376
	60	5.5		56.428	54.046
			4	57.402	55.670
			3	58.051	56.752
			2	58.701	57.835
			1.5	59.026	58.376

注：1. 优先选用第一系列，其次是第二系列，第三系列（表中未列出）尽可能不用。

2. M14×1.25 仅用于火花塞。

3. 括号内尺寸尽可能不用。

表 A-2 55°密封管螺纹的基本尺寸（GB/T 7306.1—2000）

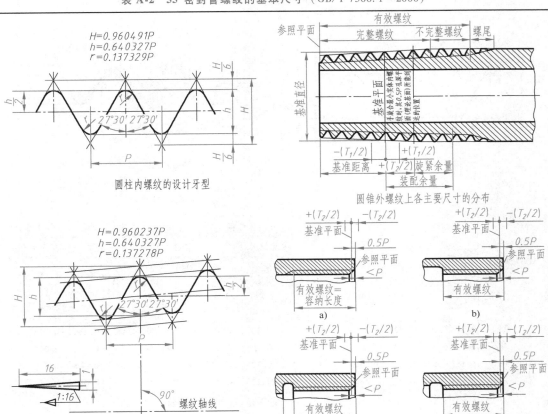

标记示例：如 1½ 螺纹

圆锥内螺纹 Rc1½；圆柱内螺纹 Rp1½；圆锥外螺纹 R₁1½ 或 R₂1½。

圆锥内螺纹与圆锥外螺纹的配合 Rc/R₂1½。

圆柱内螺纹与圆锥外螺纹的配合 Rp/R₁1½。

1	2	3	4	5	6	7	8	9	10	11	12	13	14	15	16	17	18	19
				基准平面内的基本直径			基准距离					装配余量		外螺纹的有效螺纹不小于			圆柱内螺纹直径的极限偏差±	
尺寸代号	每25.4mm内所包含的牙数 n	螺距 P /mm	牙高 h /mm	大径（基准直径）$d=D$ /mm	中径 $d_2=D_2$ /mm	小径 $d_1=D_1$ /mm	基本 /mm	极限偏差 $\pm T_1/2$		最大 /mm	最小 /mm			基准距离分别为			径向 /mm	轴向圈数 $T_2/2$
								/mm	圈数			/mm	圈数	基本 /mm	最大 /mm	最小 /mm		
1/16	28	0.907	0.581	7.723	7.142	6.561	4	0.9	1	4.9	3.1	2.5	2¾	6.5	7.4	5.6	0.071	1¼
1/8	28	0.907	0.581	9.728	9.147	8.566	4	0.9	1	4.9	3.1	2.5	2¾	6.5	7.4	5.6	0.071	1¼
1/4	19	1.337	0.856	13.157	12.301	11.445	6	1.3	1	7.3	4.7	3.7	2¾	9.7	11	8.4	0.104	1¼
3/8	19	1.337	0.856	16.662	15.806	14.950	6.4	1.3	1	7.7	5.1	3.7	2¾	10.1	11.4	8.8	0.104	1¼
1/2	14	1.814	1.162	20.955	19.793	18.631	8.2	1.8	1	10.0	6.4	5.0	2¾	13.2	15	11.4	0.142	1¼
3/4	14	1.814	1.162	26.441	25.279	24.117	9.5	1.8	1	11.3	7.7	5.0	2¾	14.5	16.3	12.7	0.142	1¼
1	11	2.309	1.479	33.249	31.770	30.291	10.4	2.3	1	12.7	8.1	6.4	2¾	16.8	19.1	14.5	0.180	1¼
1¼	11	2.309	1.479	41.910	40.431	38.952	12.7	2.3	1	15.0	10.4	6.4	2¾	19.1	21.4	16.8	0.180	1¼
1½	11	2.309	1.479	47.803	46.324	44.845	12.7	2.3	1	15.0	10.4	6.4	2¾	19.1	21.4	16.8	0.180	1¼
2	11	2.309	1.479	59.614	58.135	56.656	15.9	2.3	1	18.2	11.6	7.5	3¼	23.4	25.7	21.1	0.180	1¼
2½	11	2.309	1.479	75.184	73.705	72.226	17.5	3.5	1½	21.0	14.0	9.2	4	26.7	30.2	23.2	0.216	1½
3	11	2.309	1.479	87.884	86.405	84.926	20.6	3.5	1½	24.1	17.1	9.2	4	29.8	33.3	26.3	0.216	1½
4	11	2.309	1.479	113.030	111.551	110.072	25.4	3.5	1½	28.9	21.9	10.4	4½	35.8	39.3	32.3	0.216	1½
5	11	2.309	1.479	138.430	136.951	135.472	28.6	3.5	1½	32.1	25.1	11.5	5	40.1	43.6	36.6	0.216	1½
6	11	2.309	1.479	163.830	162.351	160.872	28.6	3.5	1½	32.1	25.1	11.5	5	40.1	43.6	36.6	0.216	1½

表 A-3　55°非密封管螺纹的基本尺寸和公差 （GB/T 7307—2001）

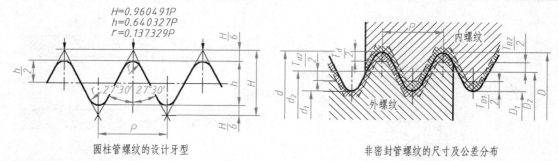

$H=0.960491P$
$h=0.640327P$
$r=0.137329P$

圆柱管螺纹的设计牙型　　　　　　　　　　非密封管螺纹的尺寸及公差分布

标记示例：

尺寸代号为 1½ 的右旋圆柱内螺纹：G1½

尺寸代号	每25.4mm内所包含的牙数 n	螺距 P /mm	牙高 h /mm	基本直径			中径公差[①]					小径公差		大径公差	
				大径 $d=D$ /mm	中径 $d_2=D_2$ /mm	小径 $d_1=D_1$ /mm	内螺纹		外螺纹			内螺纹		外螺纹	
							下极限偏差 /mm	上极限偏差 /mm	下极限偏差		上极限偏差 /mm	下极限偏差 /mm	上极限偏差 /mm	下极限偏差 /mm	上极限偏差 /mm
									A级 /mm	B级 /mm					
1/16	28	0.907	0.581	7.723	7.142	6.561	0	+0.107	−0.107	−0.214	0	0	+0.282	−0.214	0
1/8	28	0.907	0.581	9.728	9.147	8.566	0	+0.107	−0.107	−0.214	0	0	+0.282	−0.214	0
1/4	19	1.337	0.856	13.157	12.301	11.445	0	+0.125	−0.125	−0.250	0	0	+0.445	−0.250	0
3/8	19	1.337	0.856	16.662	15.806	14.950	0	+0.125	−0.125	−0.250	0	0	+0.445	−0.250	0
1/2	14	1.814	1.162	20.955	19.793	18.631	0	+0.142	−0.142	−0.284	0	0	+0.541	−0.284	0
5/8	14	1.814	1.162	22.911	21.749	20.587	0	+0.142	−0.142	−0.284	0	0	+0.541	−0.284	0
3/4	14	1.814	1.162	26.441	25.279	24.117	0	+0.142	−0.142	−0.284	0	0	+0.541	−0.284	0
7/8	14	1.814	1.162	30.201	29.039	27.877	0	+0.142	−0.142	−0.284	0	0	+0.541	−0.284	0
1	11	2.309	1.479	33.249	31.770	30.291	0	+0.180	−0.180	−0.360	0	0	+0.640	−0.360	0
1⅛	11	2.309	1.479	37.897	36.418	34.939	0	+0.180	−0.180	−0.360	0	0	+0.640	−0.360	0
1¼	11	2.309	1.479	41.910	40.431	38.952	0	+0.180	−0.180	−0.360	0	0	+0.640	−0.360	0
1½	11	2.309	1.479	47.803	46.324	44.845	0	+0.180	−0.180	−0.360	0	0	+0.640	−0.360	0
1¾	11	2.309	1.479	53.746	52.267	50.788	0	+0.180	−0.180	−0.360	0	0	+0.640	−0.360	0
2	11	2.309	1.479	59.614	58.135	56.656	0	+0.180	−0.180	−0.360	0	0	+0.640	−0.360	0
2¼	11	2.309	1.479	65.710	64.231	62.752	0	+0.217	−0.217	−0.434	0	0	+0.640	−0.434	0
2½	11	2.309	1.479	75.184	73.705	72.226	0	+0.217	−0.217	−0.434	0	0	+0.640	−0.434	0
2¾	11	2.309	1.479	81.534	80.055	78.576	0	+0.217	−0.217	−0.434	0	0	+0.640	−0.434	0
3	11	2.309	1.479	87.884	86.405	84.926	0	+0.217	−0.217	−0.434	0	0	+0.640	−0.434	0
3½	11	2.309	1.479	100.330	98.851	97.372	0	+0.217	−0.217	−0.434	0	0	+0.640	−0.434	0
4	11	2.309	1.479	113.030	111.551	110.072	0	+0.217	−0.217	−0.434	0	0	+0.640	−0.434	0
4½	11	2.309	1.479	125.730	124.251	122.772	0	+0.217	−0.217	−0.434	0	0	+0.640	−0.434	0
5	11	2.309	1.479	138.430	136.951	135.472	0	+0.217	−0.217	−0.434	0	0	+0.640	−0.434	0
5½	11	2.309	1.479	151.130	149.651	148.172	0	+0.217	−0.217	−0.434	0	0	+0.640	−0.434	0
6	11	2.309	1.479	163.830	162.351	160.872	0	+0.217	−0.217	−0.434	0	0	+0.640	−0.434	0

① 对薄壁件，此公差适用于平均中径，该中径是测量两个相互垂直直径的算术平均值。

附录 B　常用的标准件

表 B-1　六角头螺栓（GB/T 5782—2016），六角头螺栓　全螺纹（GB/T 5783—2016）

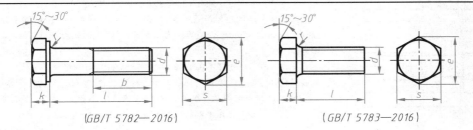

（GB/T 5782—2016）　　　　　　（GB/T 5783—2016）

标记示例：

螺纹规格为 M12，公称长度 *l*=80mm，性能等级为 8.8 级，表面不经处理，产品等级为 A 级的六角头螺栓：

螺栓　GB/T 5782—2016　M12×80

（单位：mm）

螺纹规格 *d*		M3	M4	M5	M6	M8	M10	M12	(M14)	M16	(M18)	M20	(M22)	M24	(M27)	M30	M36	M42	M48
s		5.5	7	8	10	13	16	18	21	24	27	30	34	36	41	46	55	65	75
k		2	2.8	3.5	4	5.3	6.4	7.5	8.8	10	11.5	12.5	14	15	17	18.7	22.5	26	30
r		0.1	0.2	0.2	0.25	0.4	0.4	0.6	0.6	0.6	0.6	0.8	1	0.8	1	1	1	1.2	1.6
e		6.1	7.7	8.8	11.1	14.4	17.8	20	23.4	26.8	30	33.5	37.7	40	45.2	50.9	60.8	72	82.6
b（参考）	*l*≤125	12	14	16	18	22	26	30	34	38	42	46	50	54	60	66	78	—	—
	125<*l*≤200	18	20	22	24	28	32	36	40	44	48	52	56	60	66	72	84	96	108
	l>200	31	33	35	37	41	45	49	53	57	61	65	69	73	79	85	97	109	121
l（GB/T 5782）		20~30	25~40	25~50	30~60	35~80	40~100	45~120	60~140	55~160	80~180	65~200	90~220	80~240	100~260	90~300	110~360	130~400	140~400
l（GB/T 5783）（全螺纹）		6~30	8~40	10~50	12~60	16~80	20~100	25~100	30~140	35~100	35~180	40~200	45~200	40~200	55~200	40~100	40~100	80~500	100~500
l 系列		6,8,10,12,16,20,25,30,35,40,45,50,(55),60,(65),70,80,90,100,110,120,130,140,150,160,180,200,220,240,260,280,300,320,340,360,380,400,420,440,460,480,500																	

注：1. A 级用于 *d*≤M24 和 *l*≤10*d* 或 ≤150mm 的螺栓，B 级用于 *d*>M24 和 *l*>10*d* 或 >150mm 的螺栓（按较小值）。

2. 不带括号的为优先系列。

表 B-2 双头螺柱 $b_m = d$ (GB/T 897—1988)，$b_m = 1.25d$ (GB/T 898—1988)，
$b_m = 1.5d$ (GB/T 899—1988)，$b_m = 2d$ (GB/T 900—1988)

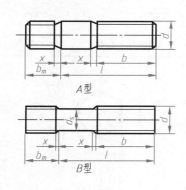

A型

B型

标记示例：

两端均为粗牙普通螺纹，$d = 10$mm，$l = 50$mm，性能等级为 4.8 级，不经表面处理，B 型，$b_m = d$ 的双头螺柱：

螺柱 GB/T 897—1988 M10×50

旋入机体一端为粗牙普通螺纹，旋螺母一端为螺距 $P = 1$mm 的细牙普通螺纹，$d = 10$mm，$l = 50$mm，性能等级为 4.8 级，不经表面处理，A 型，$b_m = d$ 的双头螺柱：

螺柱 GB/T 897—1988 AM10-M10×1×50

旋入机体一端为过渡配合螺纹的第一种配合，旋螺母一端为粗牙普通螺纹，$d = 10$mm，$l = 50$mm，性能等级为 8.8 级，镀锌钝化，B 型，$b_m = d$ 的双头螺柱：

螺柱 GB/T 897—1988 GM10-M10×50-8.8-Zn · D

（单位：mm）

螺纹规格 d	b_m				l/b
	GB/T 897 —1988	GB/T 898 —1988	GB/T 899 —1988	GB/T 900 —1988	
M2	—	—	3	4	(12~16)/6, (18~25)/10
M2.5	—	—	3.5	5	(14~18)/8, (20~30)/11
M3	—	—	4.5	6	(16~20)/6, (22~40)/12
M4	—	—	6	8	(16~22)/8, (25~40)/14
M5	5	6	8	10	(16~22)/10, (25~50)/16
M6	6	8	10	12	(18~22)/10, (25~30)/14, (32~75)/18
M8	8	10	12	16	(18~22)/12, (25~30)/16, (32~90)/22
M10	10	12	15	20	(25~28)/14, (30~38)/16, (40~120)/30, 130/32
M12	12	15	18	24	(25~30)/16, (32~40)/20, (45~120)/30, (130~180)/36
(M14)	14	18	21	28	(30~35)/18, (38~45)/25, (50~120)/34, (130~180)/40
M16	16	20	24	32	(30~38)/20, (40~55)/30, (60~120)/38, (130~200)/44
(M18)	18	22	27	36	(35~40)/22, (45~60)/35, (65~120)/42, (130~200)/48
M20	20	25	30	40	(35~40)/25, (45~65)/38, (70~120)/46, (130~200)/52
(M22)	22	28	33	44	(40~45)/30, (50~70)/40, (75~120)/50, (130~200)/56
M24	24	30	36	48	(45~50)/30, (55~75)/45, (80~120)/54, (130~200)/60
(M27)	27	35	40	54	(50~60)/35, (65~85)/50, (90~120)/60, (130~200)/66
M30	30	38	45	60	(60~65)/40, (70~90)/50, (95~120)/66, (130~200)/72, (210~250)/85
M36	36	45	54	72	(65~75)/45, (80~110)/60, 120/78, (130~200)/84, (210~300)/97
M42	42	52	63	84	(70~80)/50, (85~110)/70, 120/90, (130~200)/96, (210~300)/109
M48	48	60	72	96	(80~90)/60, (95~110)/80, 120/102, (130~200)/108, (210~300)/121
l(系列)	12,(14),16,(18),20,(22),25,(28),30,(32),35,(38),40,45,50,55,60,65,70,75,80,85,90,95,100, 110,120,130,140,150,160,170,180,190,200,210,220,230,240,250,260,280,300				

注：1. $d_s \approx$ 螺纹中径。

2. $x_{max} = 1.5P$（螺距）。

表 B-3　开槽圆柱头螺钉（GB/T 65—2016），开槽盘头螺钉（GB/T 67—2016），
开槽沉头螺钉（GB/T 68—2016）

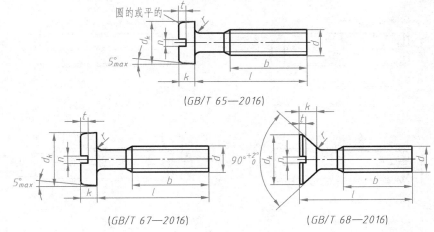

(GB/T 65—2016)

(GB/T 67—2016)　　(GB/T 68—2016)

标记示例：

螺纹规格为 M5，公称长度 $l=20mm$，性能等级为 4.8 级，不经表面处理的开槽圆柱头螺钉：

螺钉 GB/T 65—2016　M5×20

（单位：mm）

	螺纹规格 d	M1.6	M2	M2.5	M3	M4	M5	M6	M8	M10
GB/T 65 —2016	d_k	3.0	3.8	4.5	5.5	7	8.5	10	13	16
	k	1.1	1.4	1.8	2.0	2.6	3.3	3.9	5	6
	t	0.45	0.6	0.7	0.85	1.1	1.3	1.6	2	2.4
	r	0.1	0.1	0.1	0.1	0.2	0.2	0.25	0.4	0.4
	l	2~16	3~20	3~25	4~30	5~40	6~50	8~60	10~80	12~80
	全螺纹时最大长度	16	20	25	30	40	40	40	40	40
GB/T 67 —2016	d_k	3.2	4	5	5.6	8	9.5	12	16	20
	k	1	1.3	1.5	1.8	2.4	3	3.6	4.8	6
	t	0.35	0.5	0.6	0.7	1	1.2	1.4	1.9	2.4
	r	0.1	0.1	0.1	0.1	0.2	0.2	0.25	0.4	0.4
	l	2~16	2.5~20	3~25	4~30	5~40	6~50	8~60	10~80	12~80
	全螺纹时最大长度	16	20	25	30	40	40	40	40	40
GB/T 68 —2016	d_k	3	3.8	4.7	5.5	8.4	9.3	11.3	15.8	18.3
	k	1	1.2	1.5	1.65	2.7	2.7	3.3	4.65	5
	t	0.32	0.4	0.5	0.6	1	1.1	1.2	1.8	2
	r	0.4	0.5	0.6	0.8	1	1.3	1.5	2	2.5
	l	2.5~16	3~20	4~25	5~30	6~40	8~50	8~60	10~80	12~80
	全螺纹时最大长度	16	20	25	30	40	45	45	45	45
	n	0.4	0.5	0.6	0.8	1.2	1.2	1.6	2	2.5
	b	25					38			
	l（系列）	2,2.5,3,4,5,6,8,10,12,(14),16,20,25,30,35,40,45,50,(55),60,(65),70,(75),80								

表 B-4　开槽锥端紧定螺钉（GB/T 71—2018），开槽平端紧定螺钉（GB/T 73—2017），
开槽凹端紧定螺钉（GB/T 74—2018），开槽长圆柱端紧定螺钉（GB/T 75—2018）

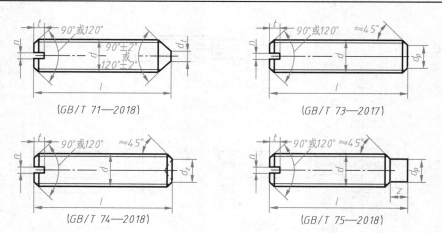

（GB/T 71—2018）　　（GB/T 73—2017）

（GB/T 74—2018）　　（GB/T 75—2018）

标记示例：

螺纹规格为 M5，公称长度 $l=12\text{mm}$，性能等级为 14H 级，表面不经处理，产品等级为 A 级的开槽锥端紧定螺钉：

螺钉　GB/T 71—2018　M5×12

（单位：mm）

螺纹规格 d		M1.2	M1.6	M2	M2.5	M3	M4	M5	M6	M8	M10	M12
n		0.2	0.25	0.25	0.4	0.4	0.6	0.8	1	1.2	1.6	2
t		0.5	0.7	0.8	1	1.1	1.4	1.6	2	2.5	3	3.6
d_z		—	0.8	1	1.2	1.4	2	2.5	3	5	6	8
d_t		0.1	0.2	0.2	0.3	0.3	0.4	0.5	1.5	2	2.5	3
d_p		0.6	0.8	1	1.5	2	2.5	3.5	4	5.5	7	8.5
z		—	1.1	1.3	1.5	1.8	2.3	2.8	3.3	4.3	5.3	6.3
公称长度 l	GB/T 71	2~6	2~8	3~10	3~12	4~16	6~20	8~25	8~30	10~40	12~50	14~60
	GB/T 73	2~6	2~8	2~10	2.5~12	3~16	4~20	5~25	6~30	8~40	10~50	12~60
	GB/T 74	—	2~8	2.5~10	3~12	3~16	4~20	5~25	6~30	8~40	10~50	12~60
	GB/T 75		2.5~8	3~10	4~12	5~16	6~20	8~25	8~30	10~40	12~50	14~60
公称长度 $l\leqslant$ 右表内值时，GB/T 71 两端制成 120°，其他为开槽端制成 120°。公称长度 $l>$ 右表内值时，GB/T 71 两端制成 90°，其他为开槽端制成 90°	GB/T 71	2	2.5	2.5	3	3	4	5	6	8	10	12
	GB/T 73	—	2	2.5	3	3	4	5	6	6	8	10
	GB/T 74	—	2	2.5	3	4	5	5	6	8	10	12
	GB/T 75	—	2.5	3	4	5	6	8	10	14	16	20
l（系列）		2,2.5,3,4,5,6,8,10,12,（14），16,20,25,30,35,40,45,50,（55），60										

表 B-5　1 型六角螺母　C 级（GB/T 41—2016），1 型六角螺母（GB/T 6170—2015），

六角薄螺母（GB/T 6172.1—2016）

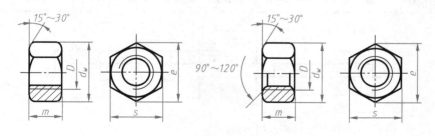

〔GB/T 41—2016〕　　　　　　　　　　　〔GB/T 6170—2015, GB/T 6172.1—2016〕

标记示例：

螺纹规格为 M12,性能等级为 5 级,不经表面处理,产品等级为 C 级的 1 型六角螺母：

螺母 GB/T 41—2016　M12

标记示例：

螺纹规格为 M12,性能等级为 10 级,不经表面处理,产品等级为 A 级的 1 型六角螺母：

螺母 GB/T 6170—2015　M12

螺纹规格为 M12,性能等级为 04 级,不经表面处理,产品等级为 A 级的六角薄螺母：

螺母 GB/T 6172.1—2016　M12

（单位:mm）

螺纹规格 D		M3	M4	M5	M6	M8	M10	M12	(M14)	M16	(M18)	M20	(M22)	M24	(M27)	M30	M36	M42	M48	M56	M64
e		6	7.7	8.8	11	14.4	17.8	20	23.4	26.8	29.6	33	37.3	39.6	45.2	50.9	60.8	72	82.6	93.6	104.9
s		5.5	7	8	10	13	16	18	21	24	27	30	34	36	41	46	55	65	75	85	95
m	GB/T 6170	2.4	3.2	4.7	5.2	6.8	8.4	10.8	12.8	14.8	15.8	18	19.4	21.5	23.8	25.6	31	34	38	45	51
	GB/T 6172.1	1.8	2.2	2.7	3.2	4	5	6	7	8	9	10	11	12	13.5	15	18	21	24	28	32
	GB/T 41	—	—	5.6	6.1	7.9	9.5	12.2	13.9	15.9	16.9	18.7	20.2	22.3	24.7	26.4	31.5	34.9	38.9	45.9	52.4

注：1. 表中 e 为圆整近似值。

　　2. 不带括号的为优先系列。

　　3. $D \leqslant$ M16 为 A 级，$D >$ M16 为 B 级。

表 B-6　平垫圈　C 级（GB/T 95—2002），大垫圈　A 级（GB/T 96.1—2002），

大垫圈　C 级（GB/T 96.2—2002），平垫圈　A 级（GB/T 97.1—2002），

小垫圈　A 级（GB/T 848—2002），平垫圈　倒角型　A 级（GB/T 97.2—2002）

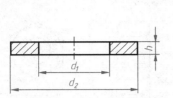

(GB/T 95—2002)，*(GB/T 96.1—2002)*，
(GB/T 96.2—2002)，*(GB/T 97.1—2002)*，
(GB/T 848—2002)

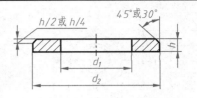

(GB/T 97.2—2002)

标记示例：

标准系列，公称规格 8mm，硬度等级为 100HV 级，不经表面处理，产品等级为 C 级的平垫圈：

　　垫圈　GB/T 95—2002　8

标记示例：

标准系列，公称规格 8mm，由钢制造的硬度等级为 200HV 级，不经表面处理，产品等级为 A 级倒角型的平垫圈：

　　垫圈　GB/T 97.2—2002　　8

（单位：mm）

公称规格（螺纹大径 d）	标准系列 GB/T 95—2002，GB/T 97.1—2002，GB/T 97.2—2002				大系列 GB/T 96.1—2002			GB/T 96.2—2002			小系列 GB/T 848—2002		
	d_2	h	d_1(GB/T 95)	d_1(GB/T 97.1，GB/T 97.2)	d_1	d_2	h	d_1	d_2	h	d_1	d_2	h
1.6	4	0.3	—	1.7	—	—	—	—	—	—	1.7	3.5	0.3
2	5		—	2.2	—	—	—	—	—	—	2.2	4.5	
2.5	6	0.5	—	2.7	—	—	—	—	—	—	2.7	5	0.5
3	7		—	3.2	3.2	9	0.8	3.4	9	0.8	3.2	6	
4	9	0.8	—	4.3	4.3	12	1	4.5	12	1	4.3	8	
5	10	1	5.5	5.3	5.3	15	1.2	5.5	15	1	5.3	9	1
6	12	1.6	6.6	6.4	6.4	18	1.6	6.6	18	1.6	6.4	11	
8	16		9	8.4	8.4	24	2	9	24	2	8.4	15	1.6
10	20	2	11	10.5	10.5	30	2.5	11	30	2.5	10.5	18	
12	24	2.5	13.5	13	13	37	3	13.5	37	3	13	20	2
16	30	3	17.5	17	17	50	3	17.5	50	3	17	28	2.5
20	37		22	21	22	60	4	22	60	4	21	34	3
24	44	4	26	25	26	72	5	26	72	5	25	39	4
30	56		33	31	33	92	6	33	92	6	31	50	
36	66	5	39	37	39	110	6	39	110	6	37	60	5

注：1. 表列 d_1、d_2、h 均为公称值。

　　2. GB/T 848 主要用于带圆柱头的螺钉，其他用于标准的六角螺栓、螺钉和螺母。

　　3. 精装配系列适用于 A 级垫圈，中等装配系列适用于 C 级垫圈。

表 B-7　平键　键槽的剖面尺寸（GB/T 1095—2003），普通型　平键（GB/T 1096—2003）

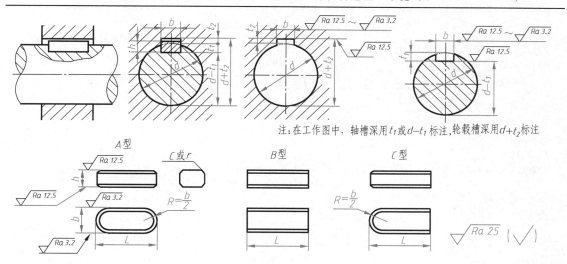

注：在工作图中，轴槽深用 t_1 或 $d-t_1$ 标注，轮毂槽深用 $d+t_2$ 标注

标记示例：

$b=16$mm，$h=10$mm，$L=100$mm 的普通 A 型（圆头）平键：GB/T 1096—2003　键 16×10×100

$b=16$mm，$h=10$mm，$L=100$mm 的普通 B 型（平头）平键：GB/T 1096—2003　键 B 16×10×100

$b=16$mm，$h=10$mm，$L=100$mm 的普通 C 型（单圆头）平键：GB/T 1096—2003　键 C 16×10×100

（单位：mm）

轴	键		键　槽										
公称直径 d	公称尺寸 $b×h$	长度 L	公称尺寸 b	宽　度　b				深　度				半径 r	
				极限偏差				轴 t_1		毂 t_2			
				松联接		正常联接		紧密联接					
				轴 H9	毂 D10	轴 N9	毂 JS9	轴和毂 P9	公称尺寸	极限偏差	公称尺寸	极限偏差	最小	最大
自 6~8	2×2	6~20	2	+0.025 / 0	+0.060 / +0.020	−0.004 / −0.029	±0.0125	−0.006 / −0.031	1.2	+0.1 / 0	1.0	+0.1 / 0	0.08	0.16
>8~10	3×3	6~36	3						1.8		1.4			
>10~12	4×4	8~45	4	+0.030 / 0	+0.078 / +0.030	0 / −0.030	±0.015	−0.012 / −0.042	2.5		1.8		0.16	0.25
>12~17	5×5	10~56	5						3.0		2.3			
>17~22	6×6	14~70	6						3.5		2.8			
>22~30	8×7	18~90	8	+0.036 / 0	+0.098 / +0.040	0 / −0.036	±0.018	−0.015 / −0.051	4.0		3.3		0.25	0.40
>30~38	10×8	22~110	10						5.0		3.3			
>38~44	12×8	28~140	12	+0.043 / 0	+0.120 / +0.050	0 / −0.043	±0.0215	−0.018 / −0.061	5.0	+0.2 / 0	3.3	+0.2 / 0		
>44~50	14×9	36~160	14						5.5		3.8			
>50~58	16×10	45~180	16						6.0		4.3			
>58~65	18×11	50~200	18						7.0		4.4			
>65~75	20×12	56~220	20	+0.052 / 0	+0.149 / +0.065	0 / −0.052	±0.026	−0.022 / −0.074	7.5		4.9		0.40	0.60
>75~85	22×14	63~250	22						9.0		5.4			
>85~95	25×14	70~280	25						9.0		5.4			
>95~110	28×16	80~320	28						10.0		6.4			
>110~130	32×18	80~360	32						11.0		7.4			
>130~150	36×20	100~400	36	+0.062 / 0	+0.180 / +0.080	0 / −0.062	±0.031	−0.026 / −0.088	12.0	+0.3 / 0	8.4	+0.3 / 0	0.70	1.00
>150~170	40×22	100~400	40						13.0		9.4			
>170~200	45×25	110~450	45						15.0		10.4			

注：1. $d-t_1$ 和 $d+t_2$ 两组组合尺寸的极限偏差按相应的 t_1 和 t_2 的极限偏差选取，但 $d-t_1$ 极限偏差应取负号（−）。

　　2. L 系列：6，8，10，12，14，16，18，20，22，25，28，32，36，40，45，50，56，63，70，80，90，100，110，125，140，160，180，…。

表 B-8　圆柱销　不淬硬钢和奥氏体不锈钢（GB/T 119.1—2000）

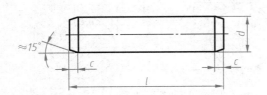

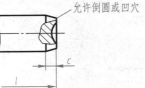

末端形状由制造者确定

允许倒圆或凹穴

标记示例：

公称直径 $d=8$mm，公差为 m6，公称长度 $l=30$mm，材料为钢，不经淬火，不经表面处理的圆柱销：

销　GB/T 119.1—2000　8 m6×30

公差 m6：$Ra \leqslant 0.8 \mu m$

公差 h8：$Ra \leqslant 1.6 \mu m$

（单位：mm）

d(公称)	2.5	3	4	5	6	8	10	12	16	20	25	30
$c \approx$	0.4	0.5	0.63	0.8	1.2	1.6	2.0	2.5	3.0	3.5	4.0	5.0
l	6~24	8~30	8~40	10~50	12~60	14~80	18~95	22~140	26~180	35~200	50~200	60~200
l(系列)	6,8,10,12,14,16,18,20,22,24,26,28,30,32,35,40,45,50,55,60,65,70,75,80,85,90,95,100,120,140,160,180,200										

表 B-9　开口销（GB/T 91—2000）

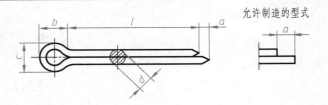

允许制造的型式

标记示例：

公称规格为 5mm，公称长度 $l=50$mm，材料为 Q215 或 Q235，不经表面处理的开口销：

销　GB/T 91—2000　5×50

（单位：mm）

公称规格	0.6	0.8	1	1.2	1.6	2	2.5	3.2	4	5	6.3	8	10	13
d	0.5	0.7	0.9	1	1.4	1.8	2.3	2.9	3.7	4.6	5.9	7.5	9.5	12.4
c	1	1.4	1.8	2	2.8	3.6	4.6	5.8	7.4	9.2	11.8	15	19	24.8
$b \approx$	2	2.4	3	3	3.2	4	5	6.4	8	10	12.6	16	20	26
a	1.6	1.6	1.6	2.5	2.5	2.5	2.5	3.2	4	4	4	4	6.3	6.3
l	4~12	5~16	6~20	8~26	8~32	10~40	12~50	14~65	18~80	22~100	30~120	40~160	45~200	70~200
l(系列)	4,5,6,8,10,12,14,16,18,20,22,24,26,28,30,32,36,40,45,50,55,60,65,70,75,80,85,90,95,100,120,140,160,180,200													

注：开口销孔直径等于公称规格。

表 B-10　紧固件通孔及沉孔尺寸（GB/T 5277—1985，GB/T 152.2—2014，GB/T 152.3~4—1988）

（单位：mm）

螺纹规格 d			3	3.5	4	5	6	8	10	12	14	16	20	24	30	36	42	48
螺栓和螺钉通孔（GB/T 5277—1985）	通孔直径 d_h	精装配	3.2	3.7	4.3	5.3	6.4	8.4	10.5	13	15	17	21	25	31	37	43	50
		中等装配	3.4	3.9	4.5	5.5	6.6	9	11	13.5	15.5	17.5	22	26	33	39	45	52
		粗装配	3.6	4.2	4.8	5.8	7	10	12	14.5	16.5	18.5	24	28	35	42	48	56
六角头螺栓和六角螺母用沉孔（GB/T 152.4—1988）		d_2	9	—	10	11	13	18	22	26	30	33	40	48	61	71	82	98
		t	只要能制出与通孔轴线垂直的圆平面即可															
沉头螺钉用沉孔（GB/T 152.2—2014）		d_2	6.5	8.4	9.6	10.6	12.8	17.6	20.3	24.4	28.4	32.4	40.4	—	—	—	—	—
圆柱头用沉孔（GB/T 152.3—1988）	适用于 GB/T 2671.1~2—2004 和 GB/T 65—2016 圆柱头螺钉	d_2	—	—	8	10	11	15	18	20	24	26	33	—	—	—	—	—
		t	—	—	3.2	4	4.7	6	7	8	9	10.5	12.5	—	—	—	—	—
	适用于 GB/T 70.1—2008 圆柱头螺钉	d_2	6	—	8	10	11	15	18	20	24	26	33	40	48	57	—	—
		t	3.4	—	4.6	5.7	6.8	9	11	13	15	17.5	21.5	25.5	32	38	—	—

附录 C 极限与配合

表 C-1 基孔制配合的优先配合 （GB/T 1800.1—2020）

基准孔	轴公差带代号																
	间隙配合							过渡配合				过盈配合					
H6						g5	h5	js5	k5	m5		n5	p5				
H7					f6	g6	h6	js6	k6	m6	n6	p6	r6	s6	t6	u6	x6
H8				e7	f7		h7	js7	k7	m7				s7		u7	
H8			d8	e8	f8		h8										
H9			d8	e8	f8		h8										
H10	b9	c9	d9	e9			h9										
H11	b11	c11	d10				h10										

注：框中所示的公差带代号应优先选取。

表 C-2 基轴制配合的优先配合 （GB/T 1800.1—2020）

基准轴	孔公差带代号																
	间隙配合							过渡配合				过盈配合					
h5						G6	H6	JS6	K6	M6		N6	P6				
h6					F7	G7	H7	JS7	K7	M7	N7	P7	R7	S7	T7	U7	X7
h7				E8	F8		H8										
h8			D9	E9	F9		H9										
				E8	F8		H8										
h9			D9	E9	F9		H9										
	B11	C10	D10				H10										

注：框中所示的公差带代号应优先选取。

表 C-3 优先配合中轴的极限偏差（GB/T 1800.2—2020）　　　（单位：μm）

公称尺寸 /mm		公　差　带											
		c	d	f	g			h		k	n	p	s	u
大于	至	11	9	7	6	6	7	9	11	6	6	6	6	6
—	3	−60 −120	−20 −45	−6 −16	−2 −8	0 −6	0 −10	0 −25	0 −60	+6 0	+10 +4	+12 +6	+20 +14	+24 +18
3	6	−70 −145	−30 −60	−10 −22	−4 −12	0 −8	0 −12	0 −30	0 −75	+9 +1	+16 +8	+20 +12	+27 +19	+31 +23
6	10	−80 −170	−40 −76	−13 −28	−5 −14	0 −9	0 −15	0 −36	0 −90	+10 +1	+19 +10	+24 +15	+32 +23	+37 +28
10	14	−95 −205	−50 −93	−16 −34	−6 −17	0 −11	0 −18	0 −43	0 −110	+12 +1	+23 +12	+29 +18	+39 +28	+44 +33
14	18													
18	24	−110 −240	−65 −117	−20 −41	−7 −20	0 −13	0 −21	0 −52	0 −130	+15 +2	+28 +15	+35 +22	+48 +35	+54 +41
24	30													+61 +48
30	40	−120 −280	−80 −142	−25 −50	−9 −25	0 −16	0 −25	0 −62	0 −160	+18 +2	+33 +17	+42 +26	+59 +43	+76 +60
40	50	−130 −290												+86 +70
50	65	−140 −330	−100 −174	−30 −60	−10 −29	0 −19	0 −30	0 −74	0 −190	+21 +2	+39 +20	+51 +32	+72 +53	+106 +87
65	80	−150 −340											+78 +59	+121 +102
80	100	−170 −390	−120 −207	−36 −71	−12 −34	0 −22	0 −35	0 −87	0 −220	+25 +3	+45 +23	+59 +37	+93 +71	+146 +124
100	120	−180 −400											+101 +79	+166 +144
120	140	−200 −450	−145 −245	−43 −83	−14 −39	0 −25	0 −40	0 −100	0 −250	+28 +3	+52 +27	+68 +43	+117 +92	+195 +170
140	160	−210 −460											+125 +100	+215 +190
160	180	−230 −480											+133 +108	+235 +210
180	200	−240 −530	−170 −285	−50 −96	−15 −44	0 −29	0 −46	0 −115	0 −290	+33 +4	+60 +31	+79 +50	+151 +122	+265 +236
200	225	−260 −550											+159 +130	+287 +258
225	250	−280 −570											+169 +140	+313 +284
250	280	−300 −620	−190 −320	−56 −108	−17 −49	0 −32	0 −52	0 −130	0 −320	+36 +4	+66 +34	+88 +56	+190 +158	+347 +315
280	315	−330 −650											+202 +170	+382 +350
315	355	−360 −720	−210 −350	−62 −119	−18 −54	0 −36	0 −57	0 −140	0 −360	+40 +4	+73 +37	+98 +62	+226 +190	+426 +390
355	400	−400 −760											+244 +208	+471 +435
400	450	−440 −840	−230 −385	−68 −131	−20 −60	0 −40	0 −63	0 −155	0 −400	+45 +5	+80 +40	+108 +68	+272 +232	+530 +490
450	500	−480 −880											+292 +252	+580 +540

表 C-4　优先配合中孔的极限偏差（GB/T 1800.2—2020）　　　（单位：μm）

公称尺寸/mm		公　差　带												
		C	D	F	G	H	H	H	H	K	N	P	S	U
大于	至	11	9	8	7	7	8	9	11	7	7	7	7	7
—	3	+120 +60	+45 +20	+20 +6	+12 +2	+10 0	+14 0	+25 0	+60 0	0 −10	−4 −14	−6 −16	−14 −24	−18 −28
3	6	+145 +70	+60 +30	+28 +10	+16 +4	+12 0	+18 0	+30 0	+75 0	+3 −9	−4 −16	−8 −20	−15 −27	−19 −31
6	10	+170 +80	+76 +40	+35 +13	+20 +5	+15 0	+22 0	+36 0	+90 0	+5 −10	−4 −19	−9 −24	−17 −32	−22 −37
10	14	+205 +95	+93 +50	+43 +16	+24 +6	+18 0	+27 0	+43 0	+110 0	+6 −12	−5 −23	−11 −29	−21 −39	−26 −44
14	18													
18	24	+240 +110	+117 +65	+53 +20	+28 +7	+21 0	+33 0	+52 0	+130 0	+6 −15	−7 −28	−14 −35	−27 −48	−33 −54
24	30													−40 −61
30	40	+280 +120	+142 +80	+64 +25	+34 +9	+25 0	+39 0	+62 0	+160 0	+7 −18	−8 −33	−17 −42	−34 −59	−51 −76
40	50	+290 +130												−61 −86
50	65	+330 +140	+174 +100	+76 +30	+40 +10	+30 0	+46 0	+74 0	+190 0	+9 −21	−9 −39	−21 −51	−42 −72	−76 −106
65	80	+340 +150											−48 −78	−91 −121
80	100	+390 +170	+207 +120	+90 +36	+47 +12	+35 0	+54 0	+87 0	+220 0	+10 −25	−10 −45	−24 −59	−58 −93	−111 −146
100	120	+400 +180											−66 −101	−131 −166
120	140	+450 +200	+245 +145	+106 +43	+54 +14	+40 0	+63 0	+100 0	+250 0	+12 −28	−12 −52	−28 −68	−77 −117	−155 −195
140	160	+460 +210											−85 −125	−175 −215
160	180	+480 +230											−93 −133	−195 −235
180	200	+530 +240	+285 +170	+122 +50	+61 +15	+46 0	+72 0	+115 0	+290 0	+13 −33	−14 −60	−33 −79	−105 −151	−219 −265
200	225	+550 +260											−113 −159	−241 −287
225	250	+570 +280											−123 −169	−267 −313
250	280	+620 +300	+320 +190	+137 +56	+69 +17	+52 0	+81 0	+130 0	+320 0	+16 −36	−14 −66	−36 −88	−138 −190	−295 −347
280	315	+650 +330											−150 −202	−330 −382
315	355	+720 +360	+350 +210	+151 +62	+75 +18	+57 0	+89 0	+140 0	+360 0	+17 −40	−16 −73	−41 −98	−169 −226	−369 −426
355	400	+760 +400											−187 −244	−414 −471
400	450	+840 +440	+385 +230	+165 +68	+83 +20	+63 0	+97 0	+155 0	+400 0	+18 −45	−17 −80	−45 −108	−209 −272	−467 −530
450	500	+880 +480											−229 −292	−517 −580

附录 D 金属材料与热处理

表 D-1 金属材料

标　准	名称	牌号		应用举例	说　明
GB/T 700 —2006	碳素结构钢	Q215	A级	用于制造金属结构件,如拉杆、套圈、铆钉、螺栓、短轴、心轴、凸轮(载荷不大的)、垫圈等,以及渗碳零件及焊接件	"Q"为碳素结构钢屈服强度"屈"字的汉语拼音首位字母,后面数字表示屈服强度数值。例如,Q235表示碳素结构钢屈服强度为235MPa
			B级		
		Q235	A级	用于制造金属结构件、心部强度要求不高的渗碳或碳氮共渗零件,如吊钩、拉杆、套圈、气缸、齿轮、螺栓、螺母、连杆、轮轴、楔、盖及焊接件等	
			B级		
			C级		
			D级		
		Q275		用于制造轴、销轴、制动杆、螺母、螺栓、垫圈、连杆、齿轮及其他强度较高的零件	
GB/T 699 —2015	优质碳素结构钢	10		用于制造拉杆、卡头、垫圈、铆钉及焊接件	牌号的两位数字表示碳的平均质量分数,45钢即表示碳的平均质量分数为0.45%
		15		用于制造受力不大和韧性较高的零件、渗碳零件及紧固件(如螺栓、螺钉)、法兰盘和化工贮器	碳的平均质量分数≤0.25%的碳钢属于低碳钢(渗碳钢)
		35		用于制造曲轴、转轴、销轴、杠杆、连杆、螺栓、螺母、垫圈、飞轮(多在正火、调质下使用)	碳的平均质量分数在0.25%~0.6%之间的碳钢属于中碳钢(调质钢)
		45		用于制造综合力学性能要求高的各种零件,通常经正火或调质处理后使用。如用于制造轴、齿轮、齿条、链轮、螺栓、螺母、销、钉、键、拉杆等	碳的平均质量分数>0.6%的碳钢属于高碳钢
		65		用于制造弹簧、弹簧垫圈、凸轮、轧辊等	沸腾钢在牌号后加符号"F"
		15Mn		用于制造心部力学性能要求较高且须渗碳的零件	锰的质量分数较高的钢,须加注化学元素符号"Mn"
		65Mn		用于制造耐磨性要求高的圆盘、衬板、齿轮、花键轴、弹簧等	
GB/T 3077 —2015	合金结构钢	30Mn2		用于制造起重机行车轴、变速器齿轮、冷镦螺栓及较大截面的调质零件	钢中加入一定量的合金元素,提高了钢的力学性能和耐磨性,也提高了钢的淬透性,保证金属在较大截面上获得高的力学性能
		20Cr		用于制造要求心部强度较高、承受磨损、尺寸较大的渗碳零件,如齿轮、齿轮轴、蜗杆、凸轮、活塞销等,也用于制造速度较大、中等冲击的调质零件	
		40Cr		用于制造受变载、中速、中载、强烈磨损而无很大冲击的重要零件,如重要的齿轮、轴、曲轴、连杆、螺栓、螺母	

（续）

标　准	名称	牌号	应用举例	说　明
GB/T 3077—2015	合金结构钢	35SiMn	可代替40Cr用于制造中小型轴类、齿轮等零件及430℃以下的重要紧固件等	钢中加入一定量的合金元素，提高了钢的力学性能和耐磨性，也提高了钢的淬透性，保证金属在较大截面上获得高的力学性能
		20CrMnTi	强度、韧性均高，可代替镍铬钢用于制造承受高速、中等或重负荷及冲击、磨损等的重要零件，如渗碳齿轮、凸轮等	
GB/T 11352—2009	一般工程用铸造碳钢件	ZG 230-450	用于制造轧机机架、铁道车辆摇枕、侧梁、铁铮台、机座、箱体、锤轮、450℃以下的管路附件等	"ZG"为铸钢汉语拼音的首位字母，后面数字表示屈服强度和抗拉强度。例如，ZG 230-450 表示屈服强度为230MPa、抗拉强度为450MPa 的铸钢件
		ZG 310-570	用于制造联轴器、齿轮、气缸、轴、机架、齿圈等	
GB/T 9439—2023	灰铸铁件	HT150	用于制造小负荷和对耐磨性无特殊要求的零件，如端盖、外罩、手轮、一般机床底座、床身及复杂零件、滑台、工作台和低压管件等	"HT"为灰铸铁的汉语拼音的首位字母，后面的数字表示抗拉强度。例如，HT200 表示抗拉强度为200MPa的灰铸铁
		HT200	用于制造中等负荷和对耐磨性有一定要求的零件，如机床床身、立柱、飞轮、气缸、泵体、轴承座、活塞、齿轮箱、阀体等	
		HT250	用于制造中等负荷和对耐磨性有一定要求的零件，如阀壳、液压缸、气缸、联轴器、机体、齿轮、齿轮箱外壳、飞轮、衬套、凸轮、轴承座、活塞等	
		HT300	用于制造受力大的齿轮、床身导轨、车床卡盘、剪床床身、压力机的床身、凸轮、高压液压缸、液压泵和滑阀壳体、冲模模体等	
GB/T 1176—2013	铸造锡青铜	ZCuSn5Pb5Zn5	材料耐磨性和耐蚀性均好，易加工，铸造性和气密性较好。用于制造较高负荷、中等滑动速度下工作的耐磨、耐蚀零件，如轴瓦、衬套、缸套、油塞、离合器、蜗轮等	"Z"为铸造汉语拼音的首位字母，各化学元素后面的数字表示该元素的质量分数。例如，ZCuAl10Fe3 表示 Al 的质量分数为8.5%～11%，Fe 的质量分数为2%～4%，其余为 Cu 的铸造铝青铜
	铸造铝青铜	ZCuAl10Fe3	材料力学性能高，耐磨性、耐蚀性、抗氧化性好，焊接性好，不易钎焊，大型铸件自700℃空冷可防止变脆。用于制造强度高、耐磨、耐蚀的零件，如蜗轮、轴承、衬套、管嘴、耐热管配件等	
	铸造黄铜	ZCuZn25Al6Fe3Mn3	材料力学性能很高，铸造性良好，耐蚀性较好，有应力腐蚀开裂倾向，可以焊接。用于制造高强耐磨零件，如桥梁支承板、螺母、螺杆、耐磨板、滑块和蜗轮等	

（续）

标　准	名称	牌号	应用举例	说　明
GB/T 1176 —2013	铸造黄铜	ZCuZn38Mn2Pb2	材料有较高的力学性能和耐蚀性，耐磨性较好，可加工性良好。用于一般用途的构件、船舶仪表等使用的外形简单的铸件，如套筒、衬套、轴瓦、滑块等	"Z"为铸造汉语拼音的首位字母，各化学元素后面的数字表示该元素的质量分数。例如，ZCuAl10Fe3 表示 Al 的质量分数为 8.5%～11%，Fe 的质量分数为 2%～4%，其余为 Cu 的铸造铝青铜
GB/T 1173 —2013	铸造铝合金	ZAlSi12 ZAlCu10	材料耐磨性中上等，用于制造负荷不大的薄壁零件	ZAlSi12 表示硅的质量分数为 10%～13%，余量为铝的铝硅合金；ZAlCu10 表示铜的质量分数为 9%～11%，其余为铝的铝铜合金
GB/T 3190 —2020	硬铝	2A12	材料焊接性能好，用于制造中等强度的零件	2A12 表示铜的质量分数为 3.8%～4.9%，镁的质量分数为 1.2%～1.8%，锰的质量分数为 0.3%～0.9%，其余为铝的硬铝
	工业纯铝	1060	用于制作贮槽、塔、热交换器、防止污染及深冷设备等	1060 表示杂质的质量分数≤0.4%的工业纯铝

表 D-2　非金属材料

标　准	名称	牌号	说　明	应用举例
GB/T 539 —2008	耐油石棉橡胶板	—	有厚度为 0.4～3.0mm 的十种规格	用作航空发动机用的煤油、润滑油及冷气系统结合处的密封垫材料
GB/T 5574 —2008	耐酸碱橡胶板	2707 2807 2709	较高硬度 中等硬度	具有耐酸碱性能，在-30～60℃、20%浓度的酸碱液体中工作，用于冲制密封性能较好的垫圈
	耐油橡胶板	3707 3807 3709 3809	较高硬度	可在一定温度的机油、变压器油、汽油等介质中工作，用于冲制各种形状的垫圈
	耐热橡胶板	4708 4808 4710	较高硬度 中等硬度	可在-30～100℃且压力不大的条件下，于热空气、蒸汽介质中工作，用于冲制各种垫圈和隔热垫板

表 D-3 常用的热处理名词解释

名词		说明	应用
退火		将工件加热到适当温度,保持一定时间,然后缓慢冷却(一般在炉中冷却)的热处理工艺	用来消除铸、锻、焊零件的内应力,降低硬度,便于切削加工,细化金属晶粒,改善组织,提高韧性
正火		将工件加热至奥氏体化后保温一段时间,在空气中或其他介质中冷却获得以珠光体组织为主的热处理工艺	用来处理低碳和中碳结构钢及渗碳零件,使其组织细化,提高强度与韧性,减少内应力,改善切削性能
淬火		将钢件加热到 Ac_3 或 Ac_1 点以上某一温度,保持一定时间,然后以适当方式冷却获得马氏体或(和)贝氏体组织的热处理工艺	用来提高钢的硬度和强度极限。但淬火会引起内应力,使钢变脆,所以淬火后必须回火
回火		钢件淬硬后,再加热到 Ac_1 点以下的某一温度,保温一段时间,然后冷却到室温的热处理工艺	用来消除淬火后的脆性和内应力,提高钢的塑性和冲击韧性
调质		钢件淬火并高温回火的复合热处理工艺	用来使钢获得高的韧性和足够的强度。重要的齿轮、轴及丝杠等零件必须调质处理
表面淬火		仅对工件表层进行淬火的工艺,一般包括感应淬火、火焰淬火、接触电阻加热淬火、激光淬火、电子束淬火等	使零件表面获得高硬度,而心部保持一定的韧性,使零件既耐磨又能承受冲击。表面淬火常用来处理齿轮等
渗碳		为提高钢件表层的含碳量并在其中形成一定的碳浓度梯度,将钢件在渗碳介质中加热、保温,使碳原子渗入的化学热处理工艺	提高钢件的耐磨性能、表面强度、抗拉强度及疲劳极限。用于低碳、中碳($w_C < 0.40\%$)结构钢的中小型零件
渗氮		在一定温度下(一般在 Ac_1 点下)使活性氮原子渗入工件表层的化学热处理工艺	提高钢件的耐磨性能、表面硬度、疲劳极限和耐蚀能力。用于合金钢、碳钢、铸铁件,如机床主轴、丝杠以及在潮湿碱水和燃烧气体介质的环境中工作的零件
时效处理		工件经固溶处理或淬火后在室温或高于室温的适当温度保温,以达到沉淀硬化目的的方法。在室温下进行的称为自然时效,在高于室温下进行的称为人工时效	使工件消除内应力和稳定形状,用于量具、精密丝杠、床身导轨、床身等
发蓝处理(又称发黑)		工件在空气-水蒸气或化学药物的溶液中处于室温或加热到适当温度,在工件表面形成一层蓝色或黑色氧化膜,以改善其耐蚀性和外观的表面处理工艺	使工件耐蚀、美观。用于一般联接的标准件和其他电子类零件
硬度	HBW(布氏硬度)	材料抵抗硬的物体压入其表面的能力称为"硬度"。根据测定的方法不同,可分为布氏硬度、洛氏硬度和维氏硬度 硬度的测定用于检验材料经热处理后的力学性能	用于退火、正火、调质零件及铸件的硬度检验
	HRC(洛氏硬度)		用于经淬火、回火及表面渗碳、渗氮等处理的零件硬度检验
	HV(维氏硬度)		用于薄层硬化零件的硬度检验

附录 E 零件结构要素与加工规范

R10	1.00,1.25,1.60,2.00,2.50,3.15,4.00,5.00,6.30,8.00,10.0,12.5,16.0,20.0,25.0,31.5,40.0,50.0,63.0, 80.0,100,125,160,200,250,315,400,500,630,800,1000
R20	1.12,1.40,1.80,2.24,2.80,3.55,4.50,5.60,7.10,9.00,11.2,14.0,18.0,22.4,28.0,35.5,45.0,56.0,71.0, 90.0,112,140,180,224,280,355,450,560,710,900
R40	13.2,15.0,17.0,19.0,21.2,23.6,26.5,30.0,33.5,37.5,42.5,47.5,53.0,60.0,67.0,75.0,85.0,95.0,106, 118,132,150,170,190,212,236,265,300,335,375,425,475,530,600,670,750,850,950

注：1. 本表仅摘录 1~1000mm 范围内优先数系 R 系列中的标准尺寸。
　　2. 使用时按优先顺序（R10，R20，R40）选取标准尺寸。

表 E-2　砂轮越程槽（摘自 GB/T 6403.5—2008）　　　　　（单位：mm）

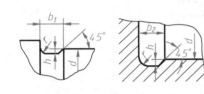

b_1	0.6	1.0	1.6	2.0	3.0	4.0	5.0	8.0	10
b_2	2.0	3.0		4.0		5.0		8.0	10
h	0.1	0.2		0.3	0.4		0.6	0.8	1.2
r	0.2	0.5		0.8		1.0	1.6	2.0	3.0
d		~10		>10~50		>50~100		>100	

注：1. 砂轮越程槽内两直线相交处，不允许产生尖角。
　　2. 砂轮越程槽深度 h 与圆弧半径 r 之间要满足 $r \leqslant 3h$。
　　3. 当磨削具有数个直径的工件时，可使用同一规格的砂轮越程槽。
　　4. 直径 d 值大的零件，允许选择小规格的砂轮越程槽。
　　5. 砂轮越程槽的尺寸公差和表面粗糙度根据该零件的结构和性能确定。

表 E-3　零件倒圆与倒角（摘自 GB/T 6403.4—2008）　　　　　（单位：mm）

型式	（图）	R、C 尺寸系列： 0.1, 0.2, 0.3, 0.4, 0.5, 0.6, 0.8, 1.0, 1.2, 1.6, 2.0, 2.5, 3.0, 4.0, 5.0, 6.0, 8.0, 10, 12, 16, 20, 25, 32, 40, 50
装配型式	$C_1 > R$　　$R_1 > R$　　$C < 0.58R_1$　　$C_1 > C$	尺寸规定： 1. R_1、C_1 的偏差为正；R、C 的偏差为负 2. 左起第三种装配方式，C 的最大值 C_{max} 与 R_1 关系如下

R_1	0.1	0.2	0.3	0.4	0.5	0.6	0.8	1.0	1.2	1.6	2.0	2.5	3.0	4.0	5.0	6.0	8.0	10	12	16	20	25
C_{max}	—	0.1	0.1	0.2	0.2	0.3	0.4	0.5	0.6	0.8	1.0	1.2	1.6	2.0	2.5	3.0	4.0	5.0	6.0	8.0	10	12

参 考 文 献

[1] 孙培先. 工程制图 [M]. 4 版. 北京：机械工业出版社，2017.

[2] 邹宜候，窦墨林，潘海东. 机械制图 [M]. 6 版. 北京：清华大学出版社，2012.

[3] 孙培先. 画法几何与工程制图 [M]. 北京：机械工业出版社，2004.

[4] 朱辉，单鸿波，曹桃，等. 画法几何及工程制图 [M]. 7 版. 上海：上海科学技术出版社，2013.

[5] 大连理工大学工程图学教研室. 机械制图 [M]. 7 版. 北京：高等教育出版社，2013.

[6] 何铭新，钱可强，徐祖茂. 机械制图 [M]. 7 版. 北京：高等教育出版社，2016.

[7] 何建英，阮春红，池建斌，等. 画法几何及机械制图 [M]. 7 版. 北京：高等教育出版社，2016.

[8] 孙培先. 画法几何与工程制图试卷汇编 [M]. 东营：中国石油大学出版社，2000.

[9] 孙培先，陈福忠. 工程透视与阴影 [M]. 东营：中国石油大学出版社，2011.

[10] 范波涛，张慧. 画法几何学 [M]. 北京：机械工业出版社，1998.

[11] 李学京. 机械制图国家标准应用指南 [M]. 北京：中国标准出版社，2008.